Lambacher Schweizer 9

Mathematik für Gymnasien

Ausgabe A

Lösungen

bearbeitet von
Christina Drüke-Noe
Edmund Herd
Andreas König
Peter Neumann
Michael Stanzel
Andrea Stühler

Ernst Klett Verlag
Stuttgart • Leipzig

1. Auflage 1 7 6 5 4 | 2021 20 19 18 17

Alle Drucke dieser Auflage sind unverändert und können im Unterricht nebeneinander verwendet werden. Die letzte Zahl bezeichnet das Jahr des Druckes.

www.klett.de

Autorinnen und Autoren: Manfred Baum, Martin Bellstedt, Dr. Dieter Brandt, Heidi Buck, Detlef Dornieden, Christina Drüke-Noe, Prof. Rolf Dürr, Hans Freudigmann, Dieter Greulich, Prof. Dr. Heiko Harborth, Dr. Frieder Haug, Edmund Herd, Thorsten Jürgensen-Engl, Andreas König, Peter Neumann, Rolf Reimer, Reinhard Schmitt-Hartmann, Ulrich Schönbach, Andrea Stühler, Dr. Peter Zimmermann
Redaktion: Andreas Marte, Nadine Meitner

Illustrationen: media office gmbh, Kornwestheim; imprint, Zusmarshausen; Rudolf Hungreder, Leinfelden
Bildkonzept Umschlag: SoldanKommunikation, Stuttgart
Titelbild: Getty Images, The Image Bank Stockbyte
Satz: imprint, Zusmarshausen
Druck: Digitaldruck Tebben GmbH, Biessenhofen

Printed in Germany
ISBN 978-3-12-734893-4

9 783127 348934

Inhaltsverzeichnis

I Reelle Zahlen – Rechnen mit Quadratwurzeln

1 Irrationale Zahlen

Seite 11

1 a) Geeignet ist jedes Zufallsexperiment, das nacheinander verschiedene Ziffern erzeugt.
b) Individuelle Ergebnisse
c) Da in b) rationale Zahlen notiert werden, ist das Ergebnis eine rationale Zahl.

2 a) 0,101 001 000 100 001 000 00…
b) Diese Dezimalzahl hat unendlich viele Nachkommastellen und wegen ihres Aufbaus keine Periode, also kann man sie nicht als Bruchzahl schreiben.
c) Individuelle Lösungen

3 a) 0,102 003 000 400 005 000 006 000 000 700…
b) An der 110. Stelle steht „4".
c) An der 55. Stelle der Summe steht „2".

4 a) 0,101 001 0001… + 0,010 110 111 0…
$= 0{,}1111111111\ldots = 0{,}\overline{1} = \frac{1}{9}$
b) Individuelle Lösungen

5 a) Die beiden Radien sind gleich groß. Der Mittelpunkt der roten Strecke ist deshalb auch die Mitte zwischen den beiden Kreismittelpunkten (aus Symmetriegründen). Die Strecke zwischen den Kreismittelpunkten ist 5 Längeneinheiten lang. Also gehört der Mittelpunkt der roten Strecke zur Zahl −0,5, denn (−3) + 2,5 = −0,5 bzw. 2 − 2,5 = −0,5.
b) Tobias hat nicht Recht. Denn man kann immer eine irrationale Zahl ähnlich wie in Aufgabe 4 erfinden, deren Punkt zur roten Strecke gehört; ggf. beginnt die sich aufbauende Serie von Nullen und Einsen „sehr weit" hinter dem Komma.

6 a) Individuelle Lösungen
b) Das arithmetische Mittel zweier reeller Zahlen liegt zwischen diesen beiden Zahlen und ist stets wieder eine reelle Zahl.
c) Zwischen einer (beliebig) gewählten (noch so kleinen) positiven reellen Zahl a und der Zahl 0 liegt die positive reelle Zahl $\frac{a}{2}$ mit $\frac{a}{2} < a$, deshalb gibt es keine kleinste positive reelle Zahl.
d) Zwischen einer (beliebig) gewählten (noch so großen) negativen reellen Zahl a und der Zahl 0 liegt die Zahl $\frac{a}{2}$ mit $\frac{a}{2} > a$, deshalb gibt es keine größte negative reelle Zahl.

2 Quadratwurzeln

Seite 14

1 a) 7 b) 20 c) 66

2 a)

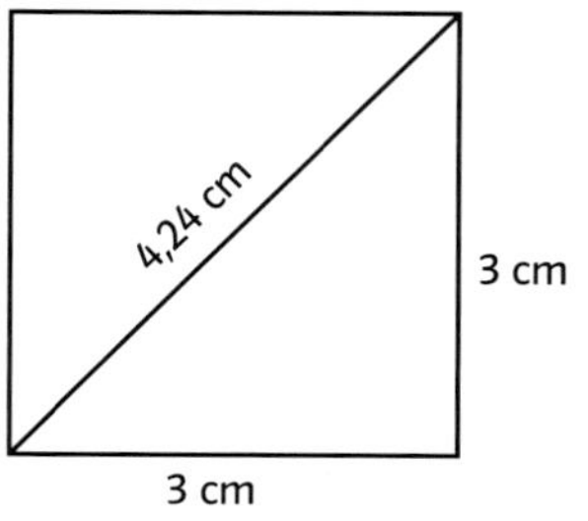

b) $32 : 2 = 16$; $\sqrt{16} = 4$

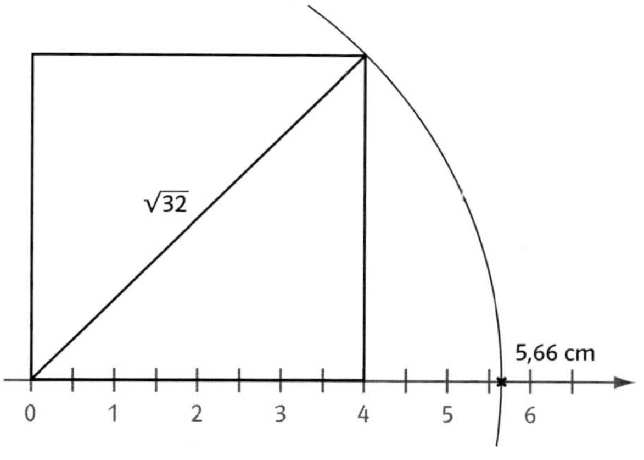

3 a) 2,828 cm b) 4,243 cm c) 5,657 cm
Die jeweiligen Überlegungen, die in einem kleinen Aufsatz zu dokumentieren sind, können sich an den Überlegungen des Lehrtextes orientieren.

4 a) 8 b) 11 c) 15 d) 16
e) 25 f) 30

5 a) 1,1 b) 0,3 c) 0,4 d) 2,1
e) 0,9 f) 0,02 g) $\frac{1}{2}$ h) $\frac{1}{3}$
i) $\frac{8}{3}$ j) $\frac{3}{10}$ k) $\frac{4}{5}$ l) $\frac{7}{4}$

6 a) 16 b) 1,73 c) $\frac{17}{19}$ d) 7
e) 11 f) 23

7 a) 3,5 m b) 2,2 m (gerundet)
c) 317,8 m (gerundet) d) 30 cm
e) 9,5 cm (gerundet) f) 1 km

8 Die Seitenlänge eines Quadrats mit dem Flächeninhalt 841 m² beträgt 29 m, der Umfang beträgt also 116 m. Da für die Einfahrt 4 m frei bleiben sollen, benötigt man 112 m Zaun.

9 a) 13 und −13 b) 0,3 und −0,3 c) 2,9 und −2,9
d) 1 und −1 e) 0

10 Johanna kann höchstens 11 mal 11 Covers, also 121 Covers anbringen.

Seite 15

11 Die Katze ist ca. 2,8 m $(\sqrt{8}\,\text{m})$ hoch auf den Baum geklettert.

12 Individuelle Lösung

13 Gerundete Ergebnisse:
a) $120\,\text{cm}^2 : 6 = 20\,\text{cm}^2$; $\sqrt{20\,\text{cm}^2} \approx 4{,}5\,\text{cm}$
b) $4{,}8\,\text{cm}^2 : 6 = 0{,}8\,\text{cm}^2$; $\sqrt{8\,\text{cm}^2} \approx 0{,}9\,\text{cm}$
c) $1000\,\text{cm}^2 : 6 \approx 166{,}7\,\text{cm}^2$; $\sqrt{166{,}7\,\text{cm}^2} \approx 12{,}9\,\text{cm}$

14 Bei der Aufgabe I: $x^2 + 7 = 7$

15 a) a muss größer als null sein. Für $a = 0$, ist null die einzige Lösung. Für $a < 0$ hat die Gleichung $x^2 = a$ keine Lösung.
b) Individuelle Lösung
z. B. rational: $x^2 = 0{,}25 \Longrightarrow x = 0{,}5$ oder $x = -0{,}5$
irrational: $x^2 = 3 \Longrightarrow x = \sqrt{3}$ oder $x = -\sqrt{3}$

16 Idee: Im Kopf zu bestimmen sind die Aufgaben, bei denen die Zahl „unter der Wurzel" eine gerade Anzahl von Nachkommastellen besitzt.
$\sqrt{0{,}01} = 0{,}1$; $\sqrt{0{,}0001} = 0{,}01$

17 a) $\sqrt{144}$ b) $\sqrt{90\,000}$ c) $\sqrt{0{,}49}$
d) $\sqrt{\frac{25}{49}}$ e) $\frac{1}{\sqrt{324}}$

18 a) $16 = 4 \cdot 4$; $2^2 = \sqrt{16} = 2 \cdot 2$; $\sqrt{4} = 2$
b) $0{,}1 = \frac{1}{10} = \sqrt{\frac{1}{100}} = \frac{10}{100} = \sqrt{0{,}01}$; $\frac{1}{100} = 0{,}01 = \left(\frac{1}{10}\right)^2$

19 a) $\sqrt{9} = 3$ b) $\sqrt{4} = 2$ c) $\sqrt{16} = 4$
d) $\sqrt{36} = 6$ e) $\sqrt{1} = 1$

20 a) 1,6 cm b) 4,5 dm c) 1,2 m

Seite 16

21 a) s mit $s^2 = 5$ ist keine rationale Zahl.
(1) Annahme: $s = \frac{p}{q}$ mit teilerfremden Zahlen p und q.
(2) $s^2 = 5 = \frac{p^2}{q^2}$
(3) $5q^2 = p^2$
(4) p^2 ist durch 5 teilbar.
(5) p ist durch 5 teilbar. Setze $p = 5r$.
(6) $5q^2 = 25r^2 \Longrightarrow q^2 = 5r^2$
(7) q^2 ist durch 5 teilbar.
(8) q ist durch 5 teilbar.
Dies ist ein Widerspruch zur Annahme, dass p und q teilerfremd sind, also zu (1).
b) Die einzigen Faktoren einer Primzahl sind 1 und die Zahl selbst. Daher gilt der Schritt (5) auch, wenn (4) gilt. Damit kann mit dem Verfahren wie in a) die Irrationalität der Wurzeln aus Primzahlen gezeigt werden.
c) Jürgen wird beim Schritt (5) scheitern, denn die Zahl 4 lässt sich in eine gerade Potenz von Primfaktoren zerlegen.
Damit muss (5) nicht gelten, wenn (4) gilt.

22 a) Lösungsidee zur Aussage:
Multipliziert man b^2 mit 10, dann endet das Ergebnis rechts mit einer ungeraden Anzahl von Nullen, also mit einer oder drei oder fünf … Nullen.
Falls b ein Vielfaches von 10 ist, dann endet b^2 (s. unten) mit einer geraden Anzahl von Nullen und $10b^2$ endet mit einer ungeraden Anzahl von Nullen.
Falls b kein Vielfaches von 10 ist, dann endet b^2 mit einer Ziffer ungleich null (s. unten) und $10b^2$ endet mit einer Null.
Lösungsidee zur Aussage:
Es gibt keine natürliche Zahl a mit dieser Eigenschaft (d. h. mit der Eigenschaft a^2 endet rechts mit einer ungeraden Anzahl von Nullen).
Falls a kein Vielfaches von 10 ist, dann endet a^2 mit einer Ziffer ungleich null, weil die Quadrate 1^2, 2^2, …, 9^2 keine Vielfachen von 10 sind.
Falls a ein Vielfaches von 10 ist, dann endet a^2 mit einer geraden Anzahl von Nullen, weil sich bei einer Multiplikation die Anzahl der End-Nullen der Faktoren beim Ergebnis addieren.
b) Es gibt keine rationale Zahl x mit $x^2 = 1000$, denn: Wäre x eine rationale Zahl, dann könnte man x als vollständig gekürzten Bruch $\frac{a}{b}$ schreiben.
Es wäre dann $\left(\frac{a}{b}\right)^2 = 1000$. Also wäre $a^2 = 1000b^2$.
Multipliziert man b^2 mit 1000, dann endet das Ergebnis rechts mit einer ungeraden Anzahl von Nullen, also mit drei oder fünf … Nullen.
Weil $a^2 = 1000b^2$ ist, müsste auch a^2 rechts mit einer ungeraden Anzahl von Nullen enden.
Es gibt keine natürliche Zahl a mit dieser Eigenschaft. Also ist x keine rationale Zahl.

23 Zunächst bilden 32 Steinchen eine Quadratseite. Nach dem Einfügen der hellgrauen Steinchen besteht eine Quadratseite aus 63 Steinchen. Somit werden $63^2 - 32^2 = 2945$ hellgraue Steinchen benötigt.

3 Näherungsweises Wurzelziehen

Seite 18

1 a) [0; 1]; [0,6; 0,7]; [0,66; 0,67]; [0,666; 0,667]; [0,6666; 0,6667]
b) [2; 3]; [2,2; 2,3]; [2,23; 2,24]; [2,236; 2,237]; [2,2360; 2,2361]
c) [8; 9]; [8,0; 8,1]; [8,03; 8,45]; [8,030; 8,031]; [8,0300; 8,0301]
d) [0; 1]; [0; 0,1]; [0,04; 0,05]; [0,047; 0,048]; [0,0475; 0,0476]

2 $1{,}5^2 + 1{,}5^2 = 4{,}5$; $\sqrt{4{,}5} = 2{,}121$

3 a) zwischen 7 und 8 b) zwischen 15 und 16
c) zwischen 26 und 27 d) zwischen 31 und 32
e) zwischen 38 und 39

4 a) 2,6 ($2{,}6^2 = 6{,}76$) nähert $\sqrt{7}$ am besten an.
b) [2,6; 2,7]

5 a) [3,74; 3,75] b) [2,44; 2,45] c) [3,31; 3,32]
d) [3,60; 3,61] e) [3,87; 3,88]

6 a) [1; 2]; [1,7; 1,8]; [1,73; 1,74]; [1,732; 1,733]; [1,7320; 1,7321]; [1,73205; 1,73206]
b) [4; 5]; [4,1; 4,2]; [4,12; 4,13]; [4,123; 4,124]; [4,1231; 4,1232]; [4,12310; 4,12311]
c) [7; 8]; [7,0; 7,1]; [7,07; 7,08]; [7,071; 7,072]; [7,0710; 7,071]; [7,07106; 7,07107]
d) [8; 9]; [8,3; 8,4]; [8,36; 8,37]; [8,366; 8,367]; [8,3666; 8,3667]; [8,36660; 8,36661]
e) [9; 10]; [9,8; 9,9]; [9,89; 9,90]; [9,899; 9,900]; [9,8994; 9,8995]; [9,89949; 9,89950]

4 Der Heron-Algorithmus

Seite 20

1 Rechtecke: individuell
a) $\sqrt{5} \approx 2{,}236$ b) $\sqrt{11} \approx 3{,}317$ c) $\sqrt{16} = 4$
d) $\sqrt{19} \approx 4{,}359$

2 Startwert 3: $x_1 = 3$
$x_2 = 0{,}5 \cdot (3 + 7 : 3) = 2{,}\overline{6}$
$x_3 = 0{,}5 \cdot (0{,}2\overline{6} + 7 : 2{,}\overline{6}) = 2{,}6458\overline{3}$
$x_4 = 0{,}5 \cdot (2{,}6548\overline{3} + 7 : 2{,}6458\overline{3}) = 2{,}645751312$
$x_5 = 2{,}645751311$
Startwert 1: $x_1 = 1$
$x_2 = 4$ $x_3 = 2{,}875$
$x_4 = 2{,}654891304$ $x_5 = 2{,}645767044$
$x_6 = 2{,}645751311$ $x_7 = 2{,}645751311$
Startwert 7: $x_1 = 7$
$x_2 = 4$ $x_3 = 2{,}875$
$x_4 = 2{,}654891304$ $x_5 = 2{,}645767044$
$x_6 = 2{,}645751311$ $x_7 = 2{,}645751311$
Also $\sqrt{7} \approx 2{,}64751$.

3 a) $\sqrt{13} \approx 3{,}60555$ b) $\sqrt{30} \approx 5{,}47723$
c) $\sqrt{1000} \approx 31{,}62278$ d) $\sqrt{1259} \approx 35{,}48239$
e) $\sqrt{1946} \approx 44{,}11349$ f) $\sqrt{5036} \approx 70{,}96478$

4 a) Er könnte auch zum richtigen Ergebnis kommen, nur muss er wahrscheinlich mehr Schritte als sonst berechnen, um ein hinreichend genaues Ergebnis zu erzielen.
b) Individuelle Lösungen

5 a) und b) Es ist vorteilhaft, stets mit der 1 zu beginnen, denn das Verfahren führt immer zu Näherungswerten für die Wurzeln mit der gewünschten Genauigkeit. Der Startwert muss aber keine Mindestgenauigkeit haben.

5 Zahlbereiche

Seite 22

1 a) $\frac{1}{7} = 0{,}\overline{142857}$; $\frac{2}{7} = 0{,}\overline{285714}$; $\frac{3}{7} = 0{,}\overline{428571}$;
$\frac{4}{7} = 0{,}\overline{571428}$; $\frac{5}{7} = 0{,}\overline{714285}$; $\frac{6}{7} = 0{,}\overline{857142}$
Die Perioden unterscheiden sich jeweils um 0,142857. Die Periodenziffern sind zyklisch vertauscht.
b) $\frac{1}{17} = 0{,}\overline{0588235294117647}$

2 a) $1{,}\overline{5}$; $1{,}\overline{6}$; 1,581139; 1,6

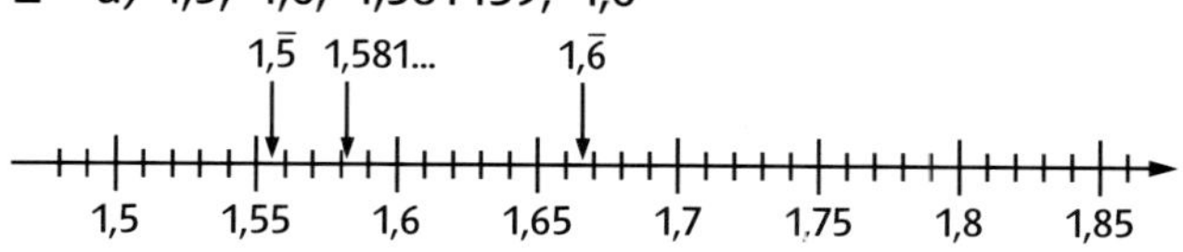

b) 0,3; 0,3; $0{,}\overline{3}$; 0,3; 0,316228

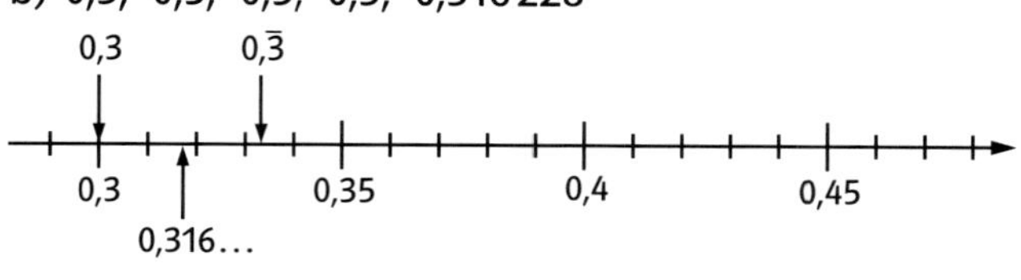

3 a) $\sqrt{2} < 1{,}41\overline{42}$
b) $\sqrt{3} < 1{,}7323322333222\ldots$
c) $\sqrt{8} > \frac{31}{11}$

4 Die blaue Strecke hat die Maßzahl $\sqrt{2}$; $\overline{AB}$ hat die Maßzahl $2\sqrt{2} = \sqrt{8} \approx 2{,}8284$.

5

	natürliche Zahl	ganze Zahl	Dezimalbruch	rationale Zahl
−3	nein	ja	ja	ja
$2,\overline{6}$	nein	nein	ja	ja
356	ja	ja	ja	ja
$x > 0$ mit $x^2 = 16$	ja	ja	ja	ja
$x > 0$ mit $x^2 = 7$	nein	nein	nein	nein
$x < 0$ mit $x^2 = -9$	nein	nein	nein	nein
$x < 0$ mit $x^3 = -8$	nein	ja	ja	ja
$x < 0$ mit $x^2 = 5$	nein	nein	nein	nein
x mit $x^2 = -26$	nein	nein	nein	nein
0,010 020 003	nein	nein	ja	ja
$\frac{3}{17}$	nein	nein	ja	ja

	irrationale Zahl	Dezimalzahl	reelle Zahl
−3	nein	ja	ja
$2,\overline{6}$	nein	ja	ja
356	nein	ja	ja
$x > 0$ mit $x^2 = 16$	nein	ja	ja
$x > 0$ mit $x^2 = 7$	ja	ja	ja
$x < 0$ mit $x^2 = -9$	nein	nein	nein
$x < 0$ mit $x^3 = -8$	nein	ja	ja
$x < 0$ mit $x^2 = 5$	ja	ja	ja
x mit $x^2 = -26$	nein	nein	nein
0,010 020 003	nein	ja	ja
$\frac{3}{17}$	nein	ja	ja

6 Rechnen mit Quadratwurzeln

Seite 24

1 a) $\sqrt{(-8)^2} = |-8| = 8$
b) $\sqrt{(a-b)^2} = |a-b|$
c) $\sqrt{10\,000} = \sqrt{10^2 \cdot 10^2} = 10 \cdot 10 = 100$
d) $\sqrt{10^5} = \sqrt{10^2 \cdot 10^2 \cdot 10} = 100\sqrt{10}$

2 a) 2 b) 7 c) 6 d) 20
e) $\sqrt{(8+1)a^2} = \sqrt{(3a)^2} = 3|a|$
f) $\sqrt{(10-1)b^2} = 3|b|$
g) $\sqrt{100x^2 + 21x^2} = \sqrt{121x^2} = 11|x|$
h) $18|x|$

3 a) $\sqrt{24} = \sqrt{6 \cdot 4} = 2\sqrt{6}$ b) $\sqrt{3 \cdot 16} = 4\sqrt{3}$
c) $\sqrt{2 \cdot 144} = 12\sqrt{2}$ d) $\sqrt{400 \cdot 5} = 20\sqrt{5}$

4 a) $\sqrt{1089} = \sqrt{121 \cdot 9} = 11 \cdot 3 = 33$
b) $\sqrt{4225} = \sqrt{169 \cdot 25} = 13 \cdot 5 = 65$
c) $\sqrt{576} = \sqrt{64 \cdot 9} = 8 \cdot 3 = 24$
d) $\sqrt{1296} = \sqrt{36 \cdot 9 \cdot 4} = 6 \cdot 3 \cdot 2 = 36$

5 a) $\sqrt{8} + \sqrt{2} = \sqrt{2 \cdot 4} + \sqrt{2} = 2\sqrt{2} + \sqrt{2} = 3\sqrt{2}$
b) $\sqrt{12} - \sqrt{3} = \sqrt{3 \cdot 4} - \sqrt{3} = 2\sqrt{3} - \sqrt{3} = \sqrt{3}$
c) $\sqrt{242} - \sqrt{288} = \sqrt{121 \cdot 2} - \sqrt{144 \cdot 2}$
$= 11\sqrt{2} - 12\sqrt{2} = -\sqrt{2}$
d) $4\sqrt{5} - \sqrt{125} = 4\sqrt{5} - \sqrt{25 \cdot 5} = 4\sqrt{5} - 5\sqrt{5} = -\sqrt{5}$

Seite 25

6 a) $2\sqrt{5} + 5$ b) $7 - 3\sqrt{7}$
c) $\sqrt{15} - 5$ d) $6 - \sqrt{30}$

7 Mögliche Argumentation (mit entsprechenden Maßzahlen bzw. Einheiten): In Fig. 1 erkennt man:
Wenn das kleine grüne Quadrat den Flächeninhalt a hat, dann hat es die Seitenlänge $\sqrt{a}$.
Wenn das kleine gelbe Quadrat den Flächeninhalt b hat, dann hat es die Seitenlänge $\sqrt{b}$.
Das große Quadrat hat dann die Seitenlänge $\sqrt{a} + \sqrt{b}$.
Man denkt sich nun ein viertes Quadrat, dessen Flächeninhalt so groß ist wie die Flächeninhalte der beiden kleinen Quadrate zusammen.
Der Flächeninhalt dieses vierten Quadrats ist $a + b$, deshalb hat es die Seitenlänge $\sqrt{a+b}$.
Der Flächeninhalt des großen Quadrats in Fig. 1 ist größer als die Flächeninhalte der beiden kleinen Quadrate zusammen.
Das gedachte vierte Quadrat hat deshalb einen kleineren Flächeninhalt als das große Quadrat in Fig. 1.
Somit ist auch die Seitenlänge des vierten Quadrats kleiner als die Seitenlänge des großen Quadrats in Fig. 1. Also gilt: $\sqrt{a} + \sqrt{b} > \sqrt{a+b}$

8 a) $2\sqrt{5} \approx 4{,}4721$;
$\frac{10}{\sqrt{5}} = \frac{10 \cdot \sqrt{5}}{\sqrt{5} \cdot \sqrt{5}} = \frac{10\sqrt{5}}{5} = 2\sqrt{5} \approx 4{,}4721$
b) $\frac{4}{\sqrt{8}} = \frac{4 \cdot \sqrt{8}}{\sqrt{8} \cdot \sqrt{8}} = \frac{4\sqrt{8}}{8} = \frac{\sqrt{8}}{2} = \frac{\sqrt{4 \cdot 2}}{2} = \frac{2\sqrt{2}}{2} = \sqrt{2} \approx 1{,}4142$
c) $\frac{2}{\sqrt{3}+2} = \frac{2(\sqrt{3}-2)}{(\sqrt{3}+2)(\sqrt{3}-2)} = \frac{2\sqrt{3}-4}{3-4} = 4 - 2\sqrt{3} \approx 0{,}5359$
d) $\frac{\sqrt{3}-\sqrt{2}}{\sqrt{2}+\sqrt{3}} = \frac{(\sqrt{3}-\sqrt{2})(\sqrt{3}-\sqrt{2})}{(\sqrt{3}+\sqrt{2})(\sqrt{3}-\sqrt{2})} = \frac{3-2\sqrt{6}+2}{3-2}$
$= 5 - 2\sqrt{6} \approx 0{,}1010$

9 Individuelle Lösungen, z. B.
a) 0,71 b) 1,34 c) 1,51 d) 0,82 e) 1,55
f) 0,58 g) 0,41 h) 0,87 i) 0,41 j) 0,04

7 Wurzelgleichungen

Seite 27

1 a) L = {100} b) L = {6,25} c) $L = \left\{\frac{1}{4}\right\}$
d) L = { } e) L = {0} f) L = {64}
g) $L = \left\{\frac{1}{2}\right\}$ h) $L = \left\{\frac{1}{8}\right\}$ i) L = {−9}
j) L = { } k) L = { } l) L = {9}

2 a) $\sqrt{2x-3} = 5$
$2x - 3 = 25$
$x = 14$
L = {14}

b) $\sqrt{2x+3} + 5 = 4$
$\sqrt{2x+3} = -1$
L = { }

c) $3 - \sqrt{5x+2} = 7$
$\sqrt{5x+2} = -4$
L = { }

d) $\sqrt{\frac{x}{2} - 6} + 5 = 2$
$\sqrt{\frac{x}{2} - 6} = -3$
L = { }

e) $\sqrt{2-3x} + \frac{1}{2} = 8$
$\sqrt{2-3x} = \frac{15}{2}$
$2 - 3x = \frac{225}{4}$
$x = -\frac{217}{12}$
$L = \left\{-\frac{217}{12}\right\}$

f) $\sqrt{2-3x} - 5 = 0$
$\sqrt{2-3x} = 5$
$-3x = 23$
$L = \left\{-\frac{23}{3}\right\}$

g) $3\sqrt{4x-5} = 12$
$\sqrt{4x-5} = 4$
$4x - 5 = 16$
$L = \left\{\frac{21}{4}\right\}$

h) $2\sqrt{\frac{x}{3} - 5} = 4$
$\frac{x}{3} - 5 = 4$
L = {27}

3 a) $\sqrt{2x-1} = \sqrt{x}$
$2x - 1 = x$
L = {1}

b) $\sqrt{-4x+3} = \sqrt{-x}$
$-4x + 3 = -x$
$x = 1$
L = { }

c) $\sqrt{x+5} = 4\sqrt{x}$
$x + 5 = 16x$
$x = \frac{1}{3}$
$L = \left\{\frac{1}{3}\right\}$

d) $\sqrt{5x-2} = 2\sqrt{x}$
$5x - 2 = 4x$
$x = 2$
L = {2}

e) $\sqrt{-5x} + 2 = 2 - \sqrt{4-x}$
$\sqrt{-5x} = -\sqrt{4-x}$
$-5x = 4 - x$
$x = -1$
L = { }

f) $\frac{1}{2}\sqrt{-2-5x} - 2 = \frac{2}{3}\sqrt{2-3x} - 2$
$\frac{1}{4}(-2-5x) = \frac{4}{9}(2-3x)$
$-\frac{2}{4} - \frac{5}{4}x = \frac{8}{9} - \frac{12}{9}x$
$\left(-\frac{5}{4} + \frac{4}{3}\right)x = \frac{1}{2} + \frac{8}{9}$
$x\frac{1}{12} = \frac{25}{18}$
$x = \frac{50}{3}$ L = { }

4 a) $\sqrt{x^2-16} = x - 2$
$x^2 - 16 = (x-2)^2$
$x^2 - 16 = x^2 - 4x + 4$ | $-x^2$ | +16 | +4x
$4x = 20$ | :4
$x = 5$ L = {5}

b) $\sqrt{x^2+4} = x + 2$
$x^2 + 4 = x^2 + 4x + 4$ | $-x^2$ | −4
$0 = 4x$ | :4
$x = 0$ L = {0}

c) $\sqrt{x^2-1} = x - 1$
$x^2 - 1 = x^2 - 2x + 1$ | $-x^2$ | +2x | +1
$2x = 2$ | :2
$x = 1$ L = {1}

d) $\sqrt{4x^2+5} = 2x - 1$
$4x^2 + 5 = 4x^2 - 4x + 1$ | $-x^2$ | +4x | −5
$4x = -4$
$x = -1$ L = {−1}

e) $2\sqrt{x^2-0{,}5x} - 2x - 1 = 0$ | +2x | +1
$2\sqrt{x^2-0{,}5x} = 2x + 1$
$4(x^2-0{,}5x) = 4x^2 + 4x + 1$
$4x^2 - 2x = 4x^2 + 4x + 1$ | $-4x^2$ | +2x | −1
$-1 = 6x$
$-\frac{1}{6} = x$ $L = \left\{-\frac{1}{6}\right\}$

f) $2\sqrt{x^2-0{,}5x} + 2x + 1 = 0$
$2\sqrt{x^2-0{,}5x} = -2x - 1$
$4(x^2-0{,}5x) = 4x^2 - 2x + 1$
$4x^2 - 2x = 4x^2 - 2x + 1$ | $-4x^2$ | +2x
$0 = 1$ L = { }

5 a) $\sqrt{x^2+5x+2} = \sqrt{x^2+27}$
$x^2 + 5x + 2 = x^2 + 27$
$5x = 25$
$x = 5$
Probe: $\sqrt{25+25+2} = \sqrt{25+27}$
$\sqrt{52} = \sqrt{52}$
L = {5}

b) $\sqrt{9x^2+x-8} = 3\sqrt{x^2+2x-1}$
$9x^2 + x - 8 = 9(x^2 + 2x - 1)$
$9x^2 + x - 8 = 9x^2 + 18x - 9$
$17x = 1$
$x = \frac{1}{17}$
Probe: $\sqrt{\frac{9}{289} + \frac{1}{17} - 8} = 3\sqrt{\frac{1}{289} + \frac{2}{17} - 1}$
$\sqrt{\frac{9 + 17 - 2312}{289}} = \sqrt{\frac{9 + 306 - 2601}{289}}$
$\sqrt{-\frac{2286}{289}} = \sqrt{-\frac{2289}{289}}$
L = { }

c) $\sqrt{\frac{1}{4}x^2 + 16} = \frac{1}{2}\sqrt{x^2 + 5x - 1}$

$\frac{1}{4}x^2 + 16 = \frac{1}{4}(x^2 + 5x - 1)$

$\frac{1}{4}x^2 + 16 = \frac{1}{4}x^2 + \frac{5}{4}x - \frac{1}{4}$

$\frac{5}{4}x = \frac{65}{4}$

$5x = 65$

$x = 13$

Probe: $\sqrt{\frac{169}{4} + \frac{64}{4}} = \sqrt{\frac{169}{4} + \frac{65}{4} - \frac{1}{4}}$

$\sqrt{\frac{233}{4}} = \sqrt{\frac{233}{4}}$

$L = \{13\}$

d) $\sqrt{x^2 + 6x + 9} = \sqrt{x^2 - 1}$

$x^2 + 6x + 9 = x^2 - 1$

$6x = -10$

$x = -\frac{5}{3}$

Probe: $\sqrt{\frac{25}{9} - \frac{90}{9} + \frac{81}{9}} = \sqrt{\frac{25}{9} - \frac{9}{9}}$

$\sqrt{\frac{16}{9}} = \sqrt{\frac{16}{9}}$

$\frac{4}{3} = \frac{4}{3}$

$L = \left\{-\frac{5}{3}\right\}$

e) $\sqrt{x^2 - 6x + 4} = \sqrt{x^2 - 3}$

$x^2 - 6x + 4 = x^2 - 3$

$6x = 7$

$x = \frac{7}{6}$

Probe: $\sqrt{\frac{49}{36} - \frac{252}{36} + \frac{144}{36}} = \sqrt{\frac{49}{36} - \frac{108}{36}}$

$\sqrt{-\frac{59}{36}} = \sqrt{-\frac{59}{36}}$

$L = \{\ \}$

f) $\sqrt{2x^2 - 4x + 16} = \sqrt{2(x + 3)^2}$

$2x^2 - 4x + 16 = 2x^2 + 4 \cdot 3x + 18$

$16x = -2$

$x = -\frac{1}{8}$

Probe: $\sqrt{\frac{1}{32} + \frac{16}{32} + \frac{512}{32}} = \sqrt{2\left(-\frac{1}{8} + 3\right)^2}$

$\sqrt{\frac{529}{32}} = \sqrt{\frac{1}{32} - \frac{48}{32} + \frac{576}{32}}$

$\sqrt{\frac{529}{32}} = \sqrt{\frac{529}{32}}$

$L = \left\{-\frac{1}{8}\right\}$

6 a) $x - 6 = \sqrt{x^2 + 12}$

$x^2 - 12x + 36 = x^2 + 12$

$12x = 24$

$x = 2$

Probe: $2 - 6 = \sqrt{4 + 12}$

$-4 = \sqrt{16}$

$-4 = 4$

$L = \{\ \}$

b) $x - a = \sqrt{x^2 + b}$

$x^2 - 2ax + a^2 = x^2 + b$

$2ax = a^2 - b$

$x = \frac{a^2 - b}{2a}$

Dann, wegen $x - a = \frac{a^2 - b}{2a} - \frac{2a^2}{2a} = \frac{-a^2 - b}{2a} < 0$,
wäre $\sqrt{x^2 + b} < 0$.

7 a) $\sqrt{x + 1} = \sqrt{x - 1} + 1$ | quadrieren

$x + 1 = (x - 1) + 2\sqrt{x - 1} + 1$

$2\sqrt{x - 1} = 1$ | :2 | quadrieren

$x - 1 = \frac{1}{4}$ | +1

$x = \frac{5}{4}$

Probe: $\sqrt{\frac{5}{4} + \frac{4}{4}} = \sqrt{\frac{5}{4} - \frac{4}{4}} + 1$

$\sqrt{\frac{9}{4}} = \sqrt{\frac{1}{4}} + 1$

$\frac{3}{2} = \frac{1}{2} + 1$

$L = \left\{\frac{5}{4}\right\}$

b) $\sqrt{x + 1} = \sqrt{x - 1} + \sqrt{2}$ | quadrieren

$x + 1 = x - 1 + 2\sqrt{x - 1}\sqrt{2} + 2$

$2\sqrt{x - 1}\sqrt{2} = 0$

$4(x - 1) \cdot 2 = 0$

$8x - 8 = 0$

$8x = 8$

$x = 1$

Probe: $\sqrt{1 + 1} = \sqrt{1 - 1} + \sqrt{2}$

$\sqrt{2} = \sqrt{0} + \sqrt{2}$

$\sqrt{2} = \sqrt{2}$

$L = \{1\}$

c) $\sqrt{x + 1} = \sqrt{x - 1} + 2$

$x + 1 = x - 1 + 4\sqrt{x - 1} + 4$

$4\sqrt{x - 1} = -2$ | :4 | quadrieren

$(x - 1) = \frac{1}{4}$

$x = \frac{5}{4}$

Probe: $\sqrt{\frac{5}{4} + \frac{4}{4}} = \sqrt{\frac{5}{4} - \frac{4}{4}} + 2$

$\sqrt{\frac{9}{4}} = \sqrt{\frac{1}{4}} + 2$

$L = \{\ \}$

d) $\sqrt{x + 1} = \sqrt{x - 1} + a$

$x + 1 = (x - 1) + 2a\sqrt{x - 1} + a^2$

$2 - a^2 = 2a\sqrt{x - 1} < 0$ für $a > \sqrt{2}$

Wiederholen – Vertiefen – Vernetzen

Seite 28

1 $\sqrt{5\,\text{cm}^2} \approx 2{,}236\,\text{cm}$

2 1. Gesucht wird eine Zahl x, die quadriert 6 ergibt. Da $2^2 = 4$ und $3^2 = 9$ ist, muss x zwischen 2 und 3 liegen.

2. Wäre die gesuchte Zahl x eine Bruchzahl, so könnte man x als vollständig gekürzten Bruch $\frac{a}{b}$ schreiben.
3. Da $\frac{a}{b}$ zwischen 2 und 3 liegt, ist $\frac{a}{b}$ keine ganze Zahl. Also ist $b \approx 1$.
4. Multipliziert man $\frac{a}{b}$ mit sich selbst, dann erhält man $\frac{a \cdot a}{b \cdot b}$.
5. Da sich $\frac{a}{b}$ nicht mehr kürzen lässt, lässt sich auch $\frac{a \cdot a}{b \cdot b}$ nicht mehr kürzen.
6. Da $b \neq 1$ ist, ist auch $b \cdot b \neq 1$.
7. Weil der Nenner des Bruches $\frac{a \cdot a}{b \cdot b}$ nicht 1 ist, kann $\frac{a \cdot a}{b \cdot b}$ keine ganze Zahl, also nicht 6 sein. Es gibt keine Bruchzahl, die quadriert 6 ergibt.
8. Die Zahl x, die quadriert 6 ergibt, ist keine rationale Zahl.

3 $x \approx 7{,}07$

4 $-\sqrt{72} \approx -8{,}485$

5 a) 14 b) $\sqrt{75} = \sqrt{25 \cdot 3} = 5\sqrt{3} \approx 8{,}6603$
c) 3,1 d) $\sqrt{51} \approx 7{,}1414$
e) 0,2 f) $\frac{\sqrt{144}}{298} = \frac{12}{\sqrt{298}} \approx 0{,}6951$

6 a) 18 cm b) 3,2 m c) 4,5 ha
d) ≈ 0,0632 dm e) ≈ 0,6008 m

7 a) $180\,\text{cm}^2 : 6 = 30\,\text{cm}^2$; $\sqrt{30}\,\text{cm} \approx 5{,}4772\,\text{cm}$
b) $0{,}96\,\text{dm}^2 : 6 = 0{,}16\,\text{dm}^2$; $\sqrt{0{,}16}\,\text{dm} = 0{,}4\,\text{dm}$
c) $12\,\text{cm}^2 : 6 = 2\,\text{cm}^2$; $\sqrt{2}\,\text{cm} \approx 1{,}4142\,\text{cm}$

8 a) $\sqrt{2} < 1{,}4142$ b) $\sqrt{3} < 1{,}732\,322\,3\ldots$
c) $\sqrt{8} < \frac{37}{11}$

9 $\sqrt{10} \approx 3{,}1623$;
[3,1; 3,2]; [3,16; 3,17]; [3,162; 3,163]

10 a) $\frac{1}{7} \approx 0{,}142\,857$; [0; 1]; [0,1; 0,2]; [0,14; 0,15]; [0,142; 0,143]; [0,1428; 0,1429]
b) $\sqrt{\frac{1}{7}} \approx 0{,}377\,964$; [0; 1]; [0,3; 0,4]; [0,37; 0,38]; [0,377; 0,378]; [0,3779; 0,3780]
c) $\sqrt{14} \approx 3{,}741\,657$; [3; 4]; [3,7; 3,8]; [3,74; 3,75]; [3,741; 3,742]; [3,7416; 3,7417]
d) $\sqrt{1{,}8} \approx 1{,}341\,641$; [1; 2]; [1,3; 1,4]; [1,34; 1,35]; [1,341; 1,342]; [1,3416; 1,3417]
e) $-\sqrt{2} \approx -1{,}414\,212$; [−2; −1]; [−1,5; −1,4]; [−1,42; −1,41]; [−1,415; −1,414]; [−1,4143; −1,4142]

11 a) $\sqrt{1{,}3} \approx 1{,}140$ b) $\sqrt{12{,}8} \approx 3{,}578$
c) $\sqrt{34{,}82} \approx 5{,}901$ d) $\sqrt{127{,}5} \approx 11{,}292$
e) $\sqrt{0{,}59} \approx 0{,}768$

12 a) Individuelle Lösung; z. B.: 1,5
b) Individuelle Lösung; z. B.: 1,15
c) Individuelle Lösung; z. B.: 1,3

13 Der mit den Maßen von Fig. 3 berechnete Flächeninhalt beträgt $1{,}6318\,\text{m}^2$, der durch die Messung berechnete beträgt $1{,}6\,\text{m}^2$. Die Abweichung beträgt $0{,}0318\,\text{m}^2$. Dies entspricht ca. 2 % des tatsächlichen Flächeninhalts.

Seite 29

14 a) Startwert 7: 3 Schritte; Startwert 6: 3 Schritte
b) Dann benötigt man 5 Schritte. Der Algorithmus führt auch zum Ziel, es werden aber mehr Schritte benötigt.

15 a) $(11 - 3)\sqrt{5} = 8\sqrt{5}$ b) $(0{,}1 - 1)\sqrt{7} = -0{,}9\sqrt{7}$
c) $\left(\frac{3}{5} - \frac{1}{2}\right)\sqrt{2} = \frac{1}{10}\sqrt{2}$

16 a) $\sqrt{4 \cdot 7} + \sqrt{7 \cdot 25} = 2\sqrt{7} + 7\sqrt{5}$
b) $\sqrt{16 \cdot 0{,}03} - \sqrt{0{,}03} = (4 - 1)\sqrt{0{,}03} = 3\sqrt{0{,}03}$
c) $\sqrt{a^2 \cdot b} + \sqrt{a \cdot b^2} = |a|\sqrt{b} + |b|\sqrt{a}$

17 a) $(3 - \sqrt{2})^2 = 9 - 6\sqrt{2} + 2 = 11 - 6\sqrt{2}$
b) $\left(\frac{1}{2} - \sqrt{8}\right)\left(\frac{1}{2} + \sqrt{8}\right) = \frac{1}{4} - 8 = -7\frac{3}{4}$
c) $(4\sqrt{5} + 5\sqrt{3})(5\sqrt{3} - 4\sqrt{5})$
$= (5\sqrt{3} + 4\sqrt{5})(5\sqrt{3} - 4\sqrt{5})$
$= (5\sqrt{3})^2 - (4\sqrt{5})^2 = 25 \cdot 3 - 16 \cdot 5 = 75 - 80 = -5$

18 a) $(\sqrt{8} + \sqrt{2})\sqrt{2} = \sqrt{16} + \sqrt{4} = 4 + 2 = 6$
b) $\sqrt{5}\,(\sqrt{125} - \sqrt{80}) = \sqrt{625} - \sqrt{400} = 25 - 20 = 5$
c) $(\sqrt{80} + \sqrt{20}) : \sqrt{5} = \sqrt{\frac{80}{5}} + \sqrt{\frac{20}{5}} = \sqrt{16} + \sqrt{4}$
$= 4 + 2 = 6$
d) $(\sqrt{108} - \sqrt{48}) : \sqrt{3} = \sqrt{36} - \sqrt{16} = 6 - 4 = 2$
e) $2\sqrt{3}(\sqrt{24} - \sqrt{32}) = \sqrt{288} - \sqrt{384}$
$= 12\sqrt{2} - 8\sqrt{6}$
f) $(\sqrt{28} - \sqrt{7}) : \sqrt{7} = \sqrt{\frac{28}{7}} - \sqrt{\frac{7}{7}} = \sqrt{4} - \sqrt{1} = 2 - 1 = 1$

19 a) $\frac{7}{\sqrt{5}} = \frac{7 \cdot \sqrt{5}}{\sqrt{5} \cdot \sqrt{5}} = \frac{7\sqrt{5}}{5}$
b) $\frac{\sqrt{3}}{\sqrt{15}} = \frac{\sqrt{3} \cdot \sqrt{15}}{\sqrt{15} \cdot \sqrt{15}} = \frac{\sqrt{3 \cdot 3 \cdot 5}}{15} = \frac{3\sqrt{5}}{15} = \frac{\sqrt{5}}{5}$
c) $\frac{2}{\sqrt{7} - 3} = \frac{2(\sqrt{7} + 3)}{(\sqrt{7} - 3)(\sqrt{7} + 3)} = \frac{2\sqrt{7} + 6}{7 - 9} = \frac{2(\sqrt{7} + 3)}{-2}$
$= -(\sqrt{7} + 3)$
d) $\frac{\sqrt{7} - 3}{\sqrt{7} + 3} = \frac{(\sqrt{7} - 3)(\sqrt{7} - 3)}{(\sqrt{7} + 3)(\sqrt{7} - 3)} = \frac{7 - 6\sqrt{7} + 9}{7 - 9} = \frac{2 - 6\sqrt{7}}{-2}$
$= 3\sqrt{7} - 1$
e) $\frac{5}{3 - \sqrt{a}} = \frac{5(3 + \sqrt{a})}{(3 - \sqrt{a})(3 + \sqrt{a})} = \frac{15 + 5\sqrt{a}}{9 - a^2}$; $a^2 \neq 9$

f) $\frac{x}{3+\sqrt{2x}} = \frac{x\cdot(3-\sqrt{2x})}{(3+\sqrt{2x})(3-\sqrt{2x})} = \frac{3x - x\sqrt{2x}}{9-2x}$
$= \frac{x(3-\sqrt{2x})}{9-2x};\ x \neq \frac{9}{2}$

20 a) a und b seien zwei rationale Zahlen mit $a < b$. Dann ist $a + a < a + b$, also $2a < a + b$ und $a < \frac{a+b}{2}$.
Außerdem ist $a + b < b + b$, also $a + b < 2b$ und $\frac{a+b}{2} < b$.
Damit gilt $a < \frac{a+b}{2} < b$.
Da a und b rationale Zahlen sind, ist $\frac{a+b}{2}$ ebenfalls eine rationale Zahl. Sie liegt zwischen a und b.
b) a sei eine rationale Zahl, b eine irrationale Zahl.
Annahme: $a + b = \frac{p}{q}$ (rational)
Dann wäre auch $b = \frac{p}{q} + a$ rational. Das ist aber ein Widerspruch zur Voraussetzung, dass b irrational ist.
Also ist $a + b$ irrational.

21 a) $\sqrt{8} + \sqrt{18} = \sqrt{4\cdot 2} + \sqrt{9\cdot 2} = 2\sqrt{2} + 3\sqrt{2}$
$= 5\sqrt{2} = \sqrt{50}$
b) Falls $a = s^2 r$ und $b = t^2 r$ ($r, s, t, \in \mathbb{N}$), folgt $\sqrt{a} + \sqrt{b} = s\sqrt{r} + t\sqrt{r} = \sqrt{(s+t)^2 r}$.

22 a) $\sqrt{a}$ und $\sqrt{b}$ seien zwei irrationale Quadratwurzeln. Annahme: $\sqrt{a} + \sqrt{b} = r \in \mathbb{Q}$
Durch Quadrieren der Gleichung $\sqrt{a} = r - \sqrt{b}$ erhält man: $a = r^2 - 2r\sqrt{b} + b$ und damit
$a - b = r(r - 2\sqrt{b})$. Die linke Seite der Gleichung ist eine rationale Zahl, r ist rational, also muss auch $r - 2\sqrt{b}$ und damit $\sqrt{b}$ eine rationale Zahl sein.
Dies steht im Widerspruch zur Annahme.
b) Nein: z.B. $\sqrt{8}\sqrt{2} = \sqrt{16} = 4$.

23 a) $10 - \sqrt{81} = 10 - 9 = 1$
b) $\sqrt{4{,}41} + \sqrt{0{,}81} = 2{,}1 + 0{,}9 = 3$
c) $4\cdot\sqrt{2{,}25} = 4\cdot 1{,}5 = 6$
d) $\sqrt{256} : 6 = 16 : 6 = \frac{16}{6} = \frac{8}{3}$

24 $\overline{PQ} = 3\cdot\sqrt{2} - 2 \approx 2{,}24$
$\overline{RQ} = 2\cdot\sqrt{2} \approx 2{,}83$
$\overline{RP} = 2 - \sqrt{2} \approx 0{,}59$
$\overline{RM} = (2 - \sqrt{2}) + \frac{1}{2}(3\cdot\sqrt{2} - 2) = 1 + \frac{1}{2}\sqrt{2} \approx 1{,}71$

Seite 30

25 a) $\sqrt{0{,}36}\sqrt{1{,}21} = 0{,}6\cdot 1{,}1 = 0{,}66$; rational
b) $\sqrt{37}\sqrt{37} = 37$; rational
c) $25\sqrt{5}$; irrational, da $\sqrt{5}$ irrational und 25 natürlich
d) $(2 + \sqrt{2})^2 = 6 + 4\sqrt{2}$; irrational
e) $(2 + \sqrt{2})(\sqrt{2} - 2) = (\sqrt{2} + 2)(\sqrt{2} - 2)$
$= 2 - 4 = -2$; rational

26 a) Jede reelle Zahl kann man als Punkt auf der Zahlengeraden darstellen. Da es immer Nachbarpunkte auf der Zahlengeraden gibt, existiert zu jeder reellen Zahl eine größere und eine kleinere reelle Zahl.
b) Zwischen null und einer positiven reellen Zahl a liegt $\frac{a}{2}$.
c) Zu jedem Punkt der Zahlengeraden kann man eine Intervallschachtelung angeben, d.h., es gibt keine größte negative reelle Zahl, da links von ihr noch eine reelle Zahl liegt. Oder: Zwischen Null und der negativen reellen Zahl a liegt $\frac{a}{2}$, es gilt $a < \frac{a}{2} < 0$.
d) Für alle $r, s \in \mathbb{R}$ gibt es ein Intervall [r; s], in dem die reelle Zahl $\frac{r+s}{2}$ liegt.
e) Sind $r = a_1, a_2, a_3, a_4 \ldots$ und $s = b_1, b_2, b_3 \ldots$ reelle Zahlen, $r < s$; so vergleicht man diese Zahlen stellenweise. Ist n die erste Stelle, an der sich r und s unterscheiden, so ist $b_1, b_2, b_3, b_4 \ldots b_n$ rational.

27 Die Begründungsidee basiert darauf, dass für die Diagonale d eines Quadrats mit der Seitenlänge a gilt $d = a\cdot\sqrt{2}$ und somit d irrational ist.

28 a) Gerundete Ergebnisse
3-m-Brett: 0,8 Sekunden
5-m-Turm: 1 Sekunde
10-m-Turm: 1,4 Sekunden
b)

Fallhöhe (in m)	Falldauer (in s; gerundet)
0	0
1	0,45
5	1
10	1,4
15	1,7
20	2
100	4,5

c) Idee: Die Falldauer nimmt nicht im gleichen Maße zu wie die Fallhöhe … Erklärung dieses Effekts über die vermutete quadratische Zunahme der Geschwindigkeit.

29 a) Aus $a : b = b : \frac{a}{2}$ ergibt sich die Beziehung $2a^2 = b^2$ und somit $a = b\sqrt{2}$.
b) $a = 29{,}7\,cm$; $b = 21\,cm$; $a : b = 1{,}414\,285\,714 \ldots$

c)

DIN-A	1	2	3	4	5
Fläche	$0{,}5\,m^2$	$0{,}25\,m^2$	$12{,}5\,dm^2$	$625\,cm^2$	$312{,}5\,cm^2$

Exkursion: Wurzelziehen per Hand

Seite 31

1 Die drei Differenzen 13 – 9; 498 – 469 und 2976 – 2976 entsprechen den drei Rechenschritten (1); (2) und (3).

2

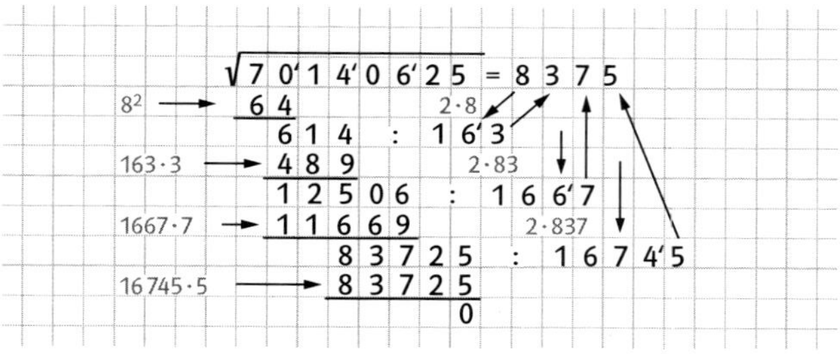

3

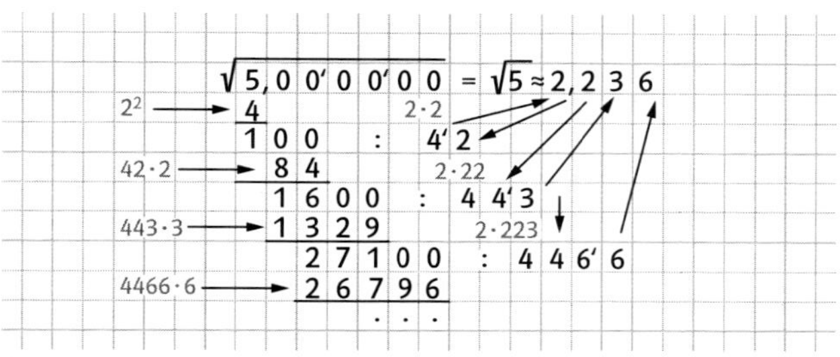

II Die Satzgruppe des Pythagoras

1 Der Kathetensatz

Seite 41

1 a) Das gegebene Rechteck ist ABCD. Man konstruiert F so, dass $\overline{AB} = \overline{CF}$. EGHC ist das gesuchte Quadrat (a′ = 3 cm). Die Konstruktionen für b) (a′ ≈ 3,9 cm) und c) (a′ ≈ 2,7 cm) sind analog.

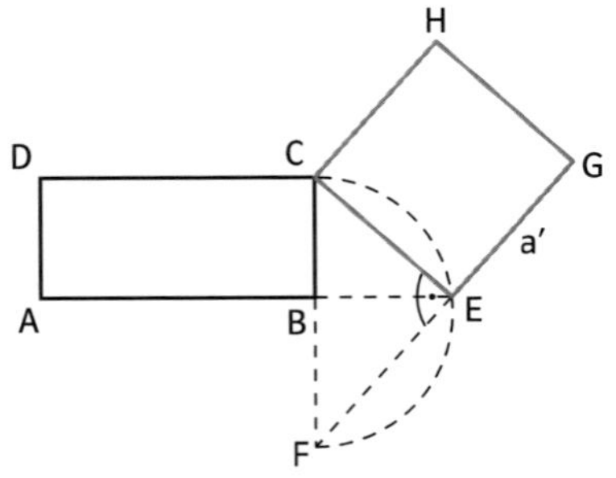

2 a) Das gesuchte Quadrat ist BGHE, wobei $\overline{AB}$ = 4 cm und $\overline{BC}$ = 3 cm sind.

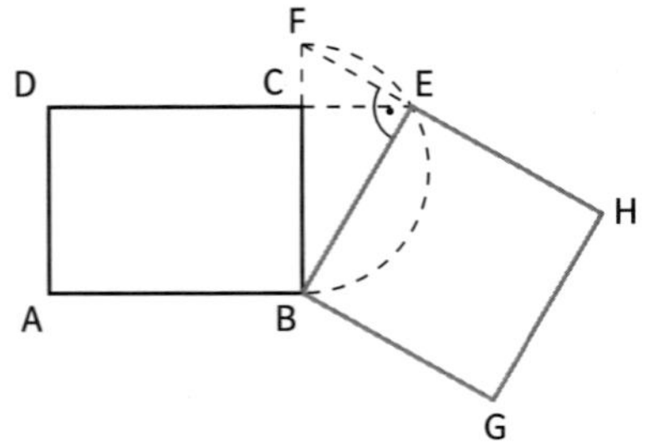

b) Analog zu a) mit $\overline{AB}$ = 5 cm und $\overline{BC}$ = 4 cm.
c) Analog zu a) mit $\overline{AB}$ = 7 cm und $\overline{BC}$ = 4 cm.
d) Analog zu a) mit $\overline{AB}$ = 7 cm und $\overline{BC}$ = 5 cm.
e) Analog zu a) mit $\overline{AB}$ = 7 cm und $\overline{BC}$ = 1 cm.

3 a) Die gesuchte Strecke ist $\overline{EC}$, wobei $\overline{AB}$ = 3 cm, $\overline{BC}$ = 2 cm und $\overline{CE} = \sqrt{6}$ cm sind.

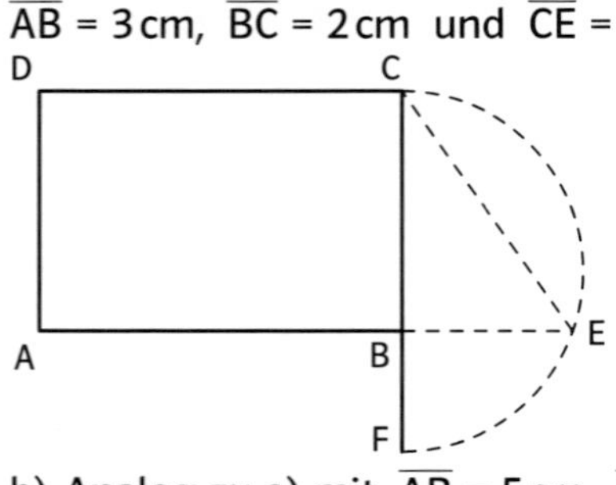

b) Analog zu a) mit $\overline{AB}$ = 5 cm, $\overline{BC}$ = 3 cm und $\overline{CE} = \sqrt{15}$ cm
c) Analog zu a) mit $\overline{AB}$ = 6 cm, $\overline{BC}$ = 4 cm und $\overline{CE} = \sqrt{24}$ cm
d) Analog zu a) mit $\overline{AB}$ = 13 cm, $\overline{BC}$ = 2 cm und $\overline{CE} = \sqrt{26}$ cm
e) Analog zu a) mit $\overline{AB}$ = 13 cm, $\overline{BC}$ = 1 cm und $\overline{CE} = \sqrt{13}$ cm

4 Aus dem Parallelogramm konstruiert man ein flächengleiches Rechteck und aus diesem ein flächengleiches Quadrat. Eine Quadratseite ist (gemessen) etwa
a) 4,6 cm, b) 5,2 cm lang.

5 a) CGHF ist das gesuchte Quadrat.
Eine Quadratseite ist 4 cm lang.

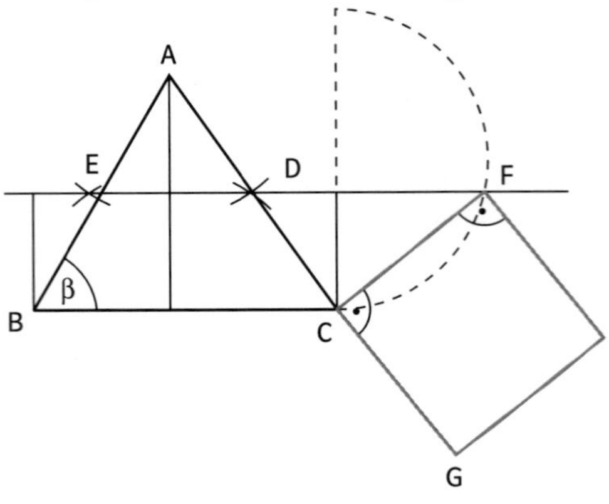

b) Analog; eine Quadratseite ist (gemessen) etwa 4,7 cm lang.

Seite 42

6 Das Rechteck ist nach dem Kathetensatz flächengleich mit dem Quadrat, wobei die kurze Seite die halbe Länge und die längere Seite genau die Länge der Diagonalen des Quadrats hat. Es gilt also $1\,\text{cm}^2 = d \cdot \frac{1}{2}d = \frac{1}{2}d^2$ und damit folgt $d^2 = 2\,\text{cm}^2$, $d = \sqrt{2}$ cm.

7 a) c = 12,8 cm; p = 9,6 cm; a ≈ 11,09 cm
b) c = 6,0 m; a ≈ 3,79 m; b ≈ 4,65 m
c) q = 7,28 m; a = 2,4 m; b ≈ 7,63 m
d) p = 187,5 m; b = 125,0 m; a ≈ 216,51 m
e) $p = 1,\overline{66}$ cm; $q = 13,\overline{33}$ cm; b ≈ 14,14 cm
f) q = 17,5 mm; p = 52,5 mm; a ≈ 60,62 mm

8 Die Hypotenuse ist 22,5 cm lang.

9 Die Seiten des Rechtecks sind 10,0 cm und 7,5 cm lang.

10 $\overline{OA} = 2 \cdot \sqrt{2}$ cm ≈ 2,83 cm
$\overline{OB}$ = 4 cm
$\overline{OC} = 2 \cdot \sqrt{2} \cdot \sqrt{3}$ cm ≈ 4,90 cm
$\overline{OD} = 4 \cdot \sqrt{2}$ cm ≈ 5,66 cm
$\overline{OE} = 2 \cdot \sqrt{2} \cdot \sqrt{5}$ cm ≈ 6,32 cm
$\overline{OF} = 4 \cdot \sqrt{3}$ cm ≈ 6,93 cm
$\overline{OG} = 2 \cdot \sqrt{2} \cdot \sqrt{7}$ cm ≈ 7,48 cm

11 Man bezeichnet den rechten oberen Winkel mit C, den linken mit A und den rechten mit B.
grüne Dreiecke: Die zugehörige Kongruenzabbildung ist eine Punktspiegelung.
gelbe Dreiecke: Die zugehörige Kongruenzabbildung ist die Verkettung aus einer Parallelverschiebung und der Punktspiegelung an der Mitte von $\overline{BC}$.
rosafarbene Vierecke: Die zugehörige Kongruenzabbildung ist die Punktspiegelung an der Mitte von $\overline{BC}$.

12 a) Die Dreiecke haben a, b und c bzw. h, p und a als gemeinsame Seiten, sie sind also nach dem Kongruenzsatz sss kongruent.
b) Beide Figuren haben $(c + h)$, p, a und $(a + b)$ als gemeinsame Seiten. Weiterhin haben beide Figuren zwischen $(h + c)$ und p sowie zwischen $(a + b)$ und a einen rechten Winkel und stimmen auch im Winkel zwischen p und a überein, also sind Fig. 6 und Fig. 7 kongruent.
Da die beiden gleichfarbigen Dreiecke flächengleich sind, müssen demzufolge auch das Quadrat mit der Seitenlänge a und das Rechteck mit den Seiten p und c flächengleich sein. Damit wurde der Kathetensatz bewiesen.

2 Der Satz des Pythagoras

Seite 44

1 a) $r^2 + q^2 = p^2$ b) $s^2 + t^2 = u^2$
c) $\overline{YZ}^2 + \overline{ZX}^2 = \overline{XY}^2$ d) $\overline{GA}^2 + \overline{SG}^2 = \overline{AS}^2$

2 a) $x = 1$ b) $x = 2$ c) $x = 6$ d) $x = 5$

3 a) 53 cm b) 65 cm
c) $\sqrt{79{,}68}\,\text{m} \approx 8{,}9\,\text{m}$ d) $\sqrt{47120}\,\text{cm} \approx 217{,}1\,\text{cm}$

4 zum Beispiel: Quadrat: $e^2 = 2a^2$;
gleichschenkliges Dreieck: $f^2 = h^2 + \frac{l^2}{4}$;
gleichschenkliges Trapez: $b^2 = h^2 + \left(\frac{d-s}{2}\right)^2$;
Drachen: $\overline{CD}^2 = \overline{EC}^2 + \overline{ED}^2$; $\overline{AB}^2 = \overline{AE}^2 + \overline{EB}^2$

Seite 45

5

	a	b	c
a)	40 cm	9 cm	41 cm
b)	39 m	80 m	89 m
c)	8 km	12 km	≈ 14,42 km
d)	24 m	7 m	25 m
e)	12 cm	35 cm	37 cm
f)	5 mm	4 mm	≈ 6,40 mm
g)	6 cm	8 cm	10 cm
h)	65 m	72 m	97 m
i)	≈ 17,3 km	10 km	20 km

6 Es sei die andere Kathete.
$s = 3 \cdot \sqrt{3} \cdot \sqrt{7}\,\text{cm} \approx 13{,}75\,\text{cm}$;
$A = 9 \cdot \sqrt{3} \cdot \sqrt{7}\,\text{cm}^2 \approx 41{,}24\,\text{cm}^2$

7 a) Die Diagonale ist 37 cm lang.
b) Die Diagonale ist etwa 148,41 cm lang.

8 a) $a = \sqrt{22\,564}\,\text{cm} \approx 150{,}21\,\text{cm}$
b) $b = 10 \cdot \sqrt{5} \cdot \sqrt{17}\,\text{cm} \approx 92{,}2\,\text{cm}$

9 a) $c = 24\,\text{cm}$ b) $c \approx 87{,}73\,\text{cm}$

10 $h_c = 3 \cdot \sqrt{7}\,\text{cm} \approx 7{,}94\,\text{cm}$

11 a) $h_c = 12\,\text{cm}$; $A = 60\,\text{cm}^2$
b) $h_a \approx 2{,}4\,\text{cm}$; $A \approx 2{,}4 \cdot \sqrt{5{,}8}\,\text{cm}^2 \approx 5{,}78\,\text{cm}^2$

12 $h_c = 60\,\text{cm}$; $a = 75\,\text{cm}$

13 a) Falsch. Ist das Dreieck gleichschenklig und rechtwinklig, so kann der Satz des Pythagoras angewendet werden.
b) Wahr. Wenn der Zusammenhang $a^2 + b^2 = c^2$ gilt, dann ist das Dreieck rechtwinklig. Somit ist z. B. $\gamma = 90° \neq 60°$; also ist das Dreieck nicht gleichseitig.

14 a)

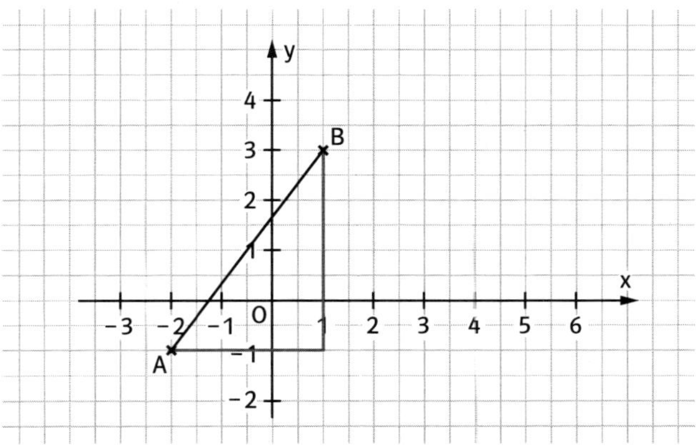

Länge der Strecke AB: $\sqrt{(3\,\text{cm})^2 + (4\,\text{cm})^2} = 5\,\text{cm}$
b) $\overline{PQ} = \sqrt{(x_2 - x_1)^2 + (y_2 - y_1)^2}$

c)

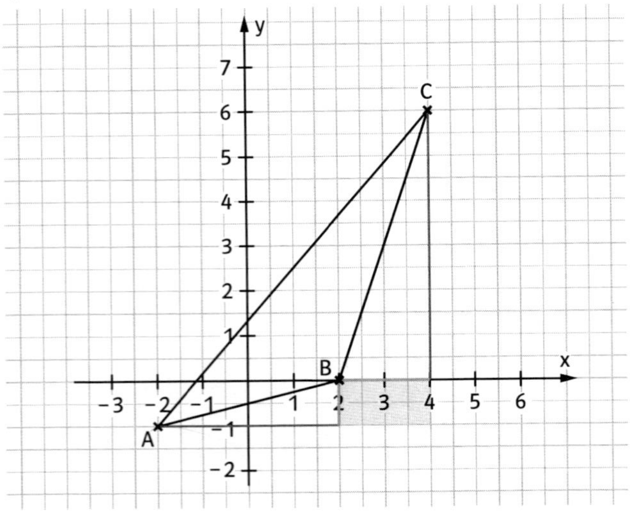

$AB = \sqrt{4^2 + 1^2}\,\text{cm} = \sqrt{17}\,\text{cm} = 4{,}1\,\text{cm};$

$BC = \sqrt{2^2 + 6^2}\,\text{cm} = \sqrt{40}\,\text{cm} = 2\sqrt{10}\,\text{cm} \approx 6{,}3\,\text{cm};$

$AC = \sqrt{6^2 + 7^2}\,\text{cm} = \sqrt{36 + 49}\,\text{cm} = \sqrt{85}\,\text{cm} \approx 9{,}2\,\text{cm}.$

Flächeninhalt:

$\left(\frac{1}{2}\cdot 6\,\text{cm}\cdot 7\,\text{cm} - \frac{1}{2}\cdot 4\,\text{cm}\cdot 1\,\text{cm} - \frac{1}{2}\cdot 2\,\text{cm}\cdot 6\,\text{cm}\right)$
$- 2\,\text{cm}\cdot 1\,\text{cm} = 11\,\text{cm}^2$

Seite 46

15 a) $\overline{PA} = \overline{PB} = 4{,}2\,\text{cm}$
b) $\overline{PA} = \overline{PB} = \sqrt{78{,}75}\,\text{cm} \approx 8{,}87\,\text{cm}$

16 a) Der Abstand der Sehne vom Kreismittelpunkt beträgt 8 cm.
b) Der Abstand der Sehne vom Kreismittelpunkt beträgt etwa 145 cm.

17 a) $A = 16\,\text{cm}^2$; $c = 4\cdot\sqrt{5}\,\text{cm} = 8{,}94\,\text{cm}$;
$h_c = 1{,}6\cdot\sqrt{5}\,\text{cm} = 3{,}58\,\text{cm}$.
b) Die Hypotenusenabschnitte sind etwa 7,16 cm und 1,79 cm lang.

18 a) Die Katheten sind etwa 17,89 cm und 35,78 cm (12,65 cm und 37,95 cm) lang.
b) Die lange Seite des Rechtecks ist $2\sqrt{2}$-mal so lang wie die kurze Seite.

19 a) Die Quadratseite ist etwa 5,30 cm lang.
b) Die Dreieckseite ist etwa 4,16 cm lang.

20 a) Die Schenkel sind 10 cm, die Diagonale ist etwa 14,42 cm lang.
b) Die Schenkel sind etwa 64,35 cm, die Diagonale ist etwa 1,18 m lang.

21 a) $h_a = 12\,\text{cm}$ b) $A = 252\,\text{cm}^2$

22 a)
$A_{CGHI} = A_{ABCD} + A_{BEFG}$

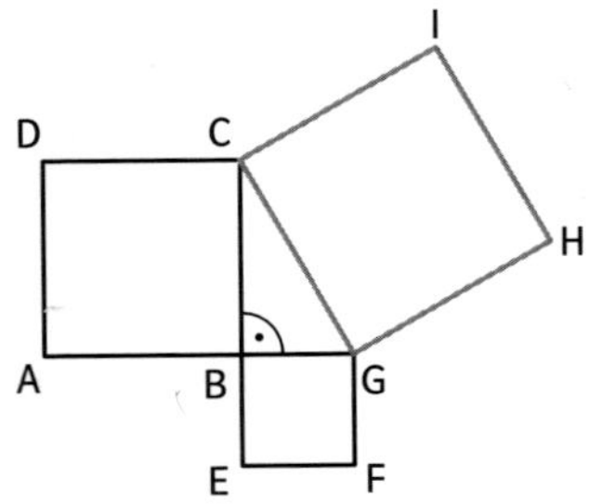

b) $A_{BHIE} = A_{CEFG} - A_{ABCD}$

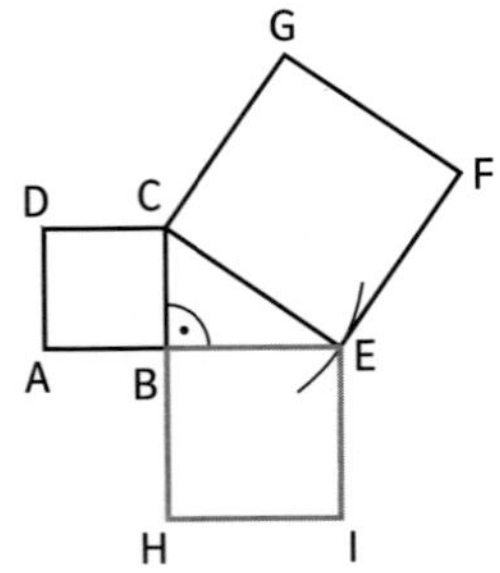

23 Das Quadrat 2 hat den doppelten und das Quadrat 3 hat den dreifachen Flächeninhalt des Ausgangsquadrats 1.

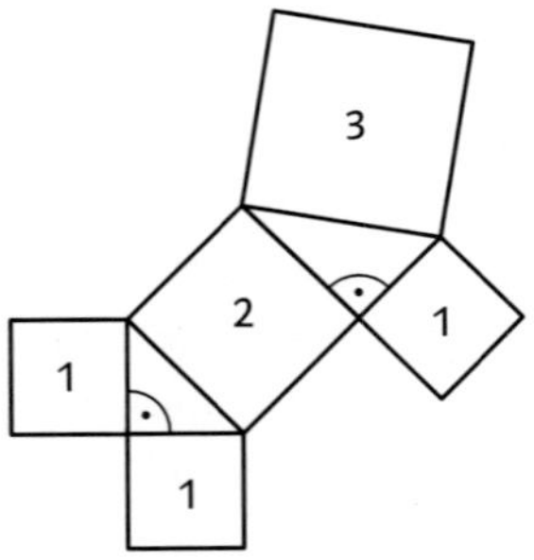

24 a) Mit dem Satz des Pythagoras gilt für die Hypotenusen:
$c^2 = 1 + 1 = 2$, also $c = \sqrt{2}$
$d^2 = 1 + 2 = 3$, also $d = \sqrt{3}$
$e^2 = 1 + 3 = 4$, also $e = \sqrt{4}$
$f^2 = 1 + 4 = 5$, also $f = \sqrt{5}$
b)

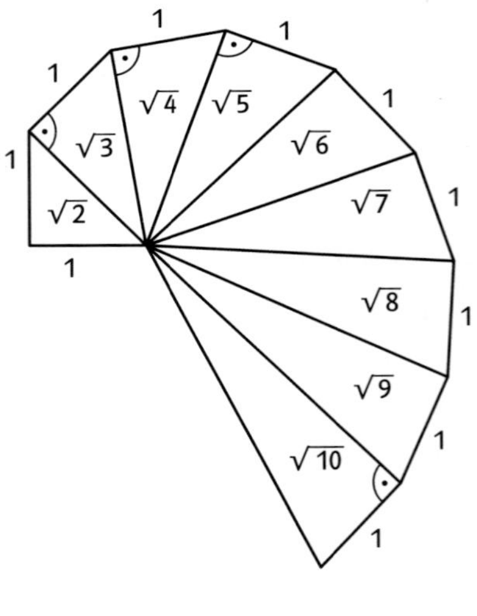

Seite 47

25 a) Die Höhe der Seite $\overline{FB}$ des Dreiecks FBC zu C ist genauso lang wie $\overline{FG}$, da $\overline{CG}$ parallel zu $\overline{FB}$ ist. Also gilt $A_{FBC} = \frac{1}{2}(\overline{FB}\cdot\overline{FG}) = \frac{1}{2}\,\overline{FB}^2$, womit die Fläche des Dreiecks FBC halb so groß wie die Fläche des

Quadrats FBAG ist. Weiterhin gilt $\overline{FB} = \overline{BA}$ und $\overline{BD} = \overline{BC}$.
Außerdem gilt $\sphericalangle FBC = 90° + \sphericalangle ABC = \sphericalangle ABD$, womit nach sws die Dreiecke FBC und ABD kongruent sind. Die Höhe der Seite $\overline{BD}$ des Dreicks ABD zum Punkt A ist genauso lang wie $\overline{DL}$, da $\overline{BD}$ parallel zu $\overline{AL}$ ist. Demzufolge gilt $A_{ABD} = \frac{1}{2}(\overline{BD} \cdot \overline{DL})$, womit die Fläche des Dreiecks ABD halb so groß wie die Fläche des Rechtecks, das von $\overline{BD}$ und $\overline{DL}$ gebildet wird, ist. Somit sind das Quadrat FBAG und das von $\overline{BD}$ und $\overline{DL}$ gebildete Rechteck flächengleich. Mit den selben Argumenten zeigt man
$A_{BCK} = \frac{1}{2}(\overline{BC} \cdot \overline{KH}) = \frac{1}{2}\overline{CK}^2$ und $A_{ECA} = \frac{1}{2}(\overline{LE} \cdot \overline{EC})$, sowie die Kongruenz der Dreiecke BCK und ECA, woraus die Flächengleichheit des Quadrats ACKH und des von $\overline{LE}$ und $\overline{CE}$ gebildeten Rechtecks folgt.
b) Mit diesem Beweis wurde gleichzeitig auch der Kathetensatz bewiesen, er unterscheidet sich vom Beweis des Kathetensatzes (Schülerbuch, Seite 40) nur darin, dass die Dreiecke FBC, ABC, BCK und ECA anstatt von Parallelogrammen betrachtet wurden, deren Diagonalen die Seiten $\overline{FC}$, $\overline{AD}$, $\overline{BK}$ und $\overline{AE}$ sind.

26 a) Die rechtwinkligen Dreiecke befinden sich am Rand der Fig. 2, nämlich die Flächen 2, 3, und 4 sowie das Dreieck unten links. Die blauen Kathetenquadrate gehören zu den Flächen 3 und 4. Das rote Quadrat in der Mitte ist das Hypotenusenquadrat.
b) Die Fläche des Hypotenusenquadrats ist die Fläche der Fig. 2 verringert um zwei Dreiecke, nämlich das Dreieck links unten und das Dreieck 2. Die Summe der Flächen der beiden Kathetenquadrate ist ebenfalls die Fläche der Fig. 2 verringert um zwei Dreiecke, nämlich die Dreiecke 3 und 4.

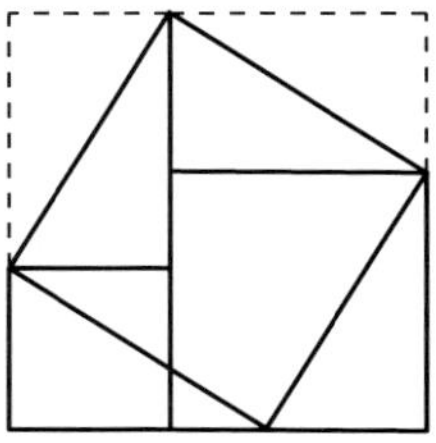

Bei Ergänzung der Figur zu einem Quadrat gleiche Argumentation wie oben, nur dass hier jeweils die vierfache Dreiecksfläche abgezogen wird.

27 $c^2 = 4 \cdot \frac{1}{2}ab + (b - a)^2 = 2ab + b^2 - 2ab + a^2$
$= b^2 + a^2$

28 a) Das blaue Sechseck ist achsensymmetrisch zur rotgetrichelten Achse. (Das grüne Sechseck ist punktsymmetrisch zum Mittelpunkt des großen Quadrats.)
b) Drehe das grüne Sechseck um 90° nach links mit dem Eckpunkt A als Drehzentrum. Die beiden Sechsecke haben somit gleichen Flächeninhalt:
$a^2 + b^2 + 2 \cdot \frac{1}{2}ab = c^2 + 2 \cdot \frac{1}{2}ab$
$a^2 + b^2 = c^2$

29 Die Drehung des oberen Dreiecks 1 um 90°, gegen den Uhrzeigersinn, bildet dieses auf das Ursprungsdreieck ab, welches durch Verschiebung um die Hypotenusenlänge nach unten auf das untere Dreieck 1 abgebildet wird.
Durch Verschiebung um die Hypotenusenlänge nach unten wird das obere auf das untere Viereck 2 abgebildet.
Durch Drehung um 90°, im Uhrzeigersinn, wird das obere auf das untere Dreieck 3 abgebildet.
Die Drehung des oberen Vierecks 4 am linken Eckpunkt des Ausgangsdreiecks ergibt das untere Viereck 4.
Verschiebt man das obere Dreieck 5 um die doppelte Hypotenusenlänge nach unten und um die Hypotenusenlänge nach links und dreht es dann um 90°, im Uhrzeigersinn, so erhält man das untere Dreieck 5.

30 $\frac{b+c}{2} \cdot (b + c) = 2 \cdot \frac{1}{2}bc + \frac{1}{2}r^2$
$(b + c)^2 = 2bc + r^2$
$b^2 + 2bc + c^2 = 2bc + r^2$
$b^2 + c^2 = r^2$

3 Die Umkehrung des Satzes von Pythagoras

Seite 49

1 a) (I) $\sqrt{8^2 + 15^2}\,cm = 17\,cm$; rechtwinkliges Dreieck
(II) $\sqrt{10^2 + 13^2}\,cm \neq 17\,cm$; kein rechtwinkliges Dreieck
(III) $\sqrt{20^2 + 99^2}\,m = 101\,m$; rechtwinkliges Dreieck
(IV) $\sqrt{36^2 + 77^2}\,km \neq 83\,km$; kein rechtwinkliges Dreieck
b) $\sqrt{16^2 + 62^2}\,cm \approx 64{,}03\,cm \neq 64\,cm$
Mögliche Seitenlängen

1. Kathete	2. Kathete	Hypotenuse
16 cm	62 cm	$10\sqrt{41}$ cm
16 cm	$\sqrt{3840}$ cm	64 cm
62 cm	$\sqrt{252}$ cm	64 cm

2 a) Die Anzahl der grünen Quadrate stimmt jeweils nicht mit der Anzahl der gelben überein.
b) Das Dreieck ist spitzwinklig.
c) Das Dreieck hat einen stumpfen Winkel.

3 In dem skizzierten Dreieck ist $\sqrt{120^2 + 90^2}\,cm = 150\,cm$; das Dreieck ist somit rechtwinklig.

4 a) $\alpha = 90°$
$\beta \approx 37°$
$\gamma \approx 53°$
b) Individuelle Lösung

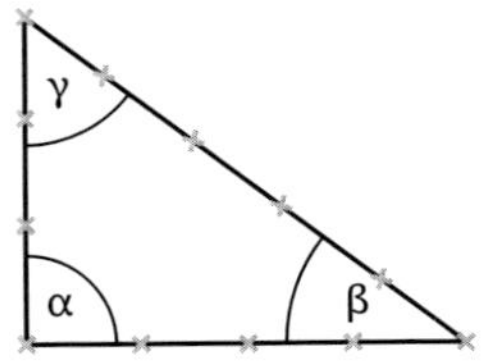

5 a) Für $m > n$ gilt:
$c^2 = (m^2 + n^2)^2 = m^4 + 2m^2n^2 + n^4$
$a^2 = (m^2 - n^2)^2 = m^4 - 2m^2n^2 + n^4$
$b^2 = (2mn)^2 = 4m^2n^2$
Es ergibt sich $a^2 + b^2 = m^4 + 2m^2n^2 + n^4 = c^2$.
Damit ist das Dreieck rechtwinklig.
b) Individuelle Lösung, z. B.:
$m = 2,\ n = 1,$ also $a = 3,\ b = 4,\ c = 5;$
$m = 3,\ n = 1,$ also $a = 8,\ b = 6,\ c = 10;$
$m = 3,\ n = 2,$ also $a = 5,\ b = 12,\ c = 13;$
$m = 4,\ n = 3,$ also $a = 7,\ b = 24,\ c = 25;$
$m = 5,\ n = 4,$ also $a = 9,\ b = 40,\ c = 41$

6 a) $a^2 + b^2 = yc + xc = (x + y)c = c^2$. Also ist das Dreieck rechtwinklig.
b) Es genügt auch, wenn man nur weiß, dass $a^2 = yc$ gilt: $h_c^2 = a^2 - y^2$; $b^2 = x^2 + h_c^2$.
Somit ist $b^2 = x^2 + a^2 - y^2 = yc + (x + y)\cdot(x - y)$
$= cy + cx - cy = cx$.
Also ist auch die zweite Bedingung $b^2 = xc$ erfüllt.

4 Der Höhensatz

Seite 51

1 Die Konstruktion wie im Schülerbuch Fig. 2, Seite 50. Für die Quadratseite c gilt:
a) $c = 3{,}0\,\text{cm}$ b) $c \approx 3{,}4\,\text{cm}$
c) $c \approx 3{,}1\,\text{cm}$ d) $c \approx 4{,}0\,\text{cm}$

2 a) Konstruktion wie im Schülerbuch Fig. 2, Seite 50. $c \approx 4{,}6\,\text{cm}$
b) Konstruktion wie im Schülerbuch Fig. 1, Seite 41.
$c \approx 4{,}6\,\text{cm}$

3 Wähle A auf der Verlängerung der Quadratseite so, dass $\overline{AD} = 3\,\text{cm}$ beträgt. Die Senkrechte zu $\overline{AC}$ in C schneidet die Verlängerung der Quadratseite in B. $\overline{DB}$ ist die gesuchte Länge des Rechtecks. Das Rechteck ist $8\frac{1}{3}\,\text{cm}$ lang.

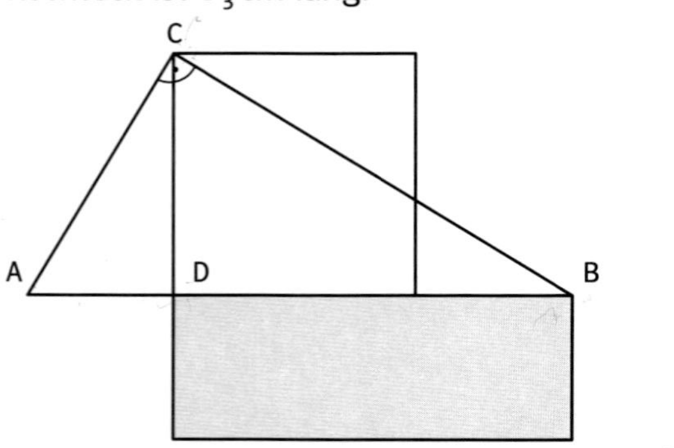

4 a)

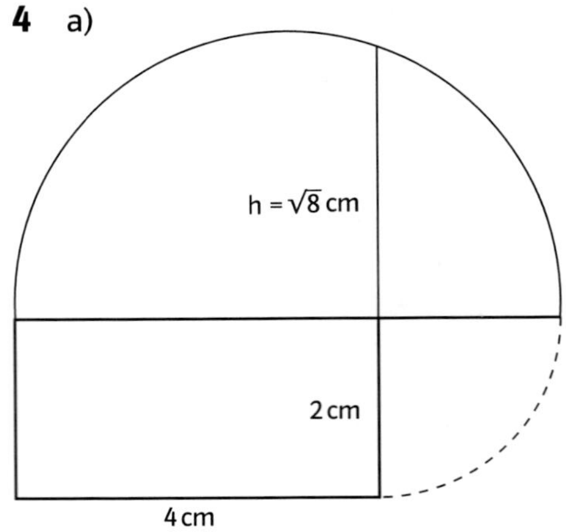

b) Bis e) analog zu a), nur mit den Seitenlängen 5 cm und 2 cm (5 cm und 3 cm, 7 cm und 1 cm bzw. 11 cm und 1 cm).

5 Zeichne $\overline{AC}$ mit der Länge $b = 5{,}4\,\text{cm}$. Der Kreis um M_b mit Radius $s_b = 5\,\text{cm}$ schneidet die Parallele zu $\overline{AC}$ im Abstand $h_b = 4{,}8\,\text{cm}$ im Punkt B. Ein zweiter Schnittpunkt liefert ein kongruentes Dreieck. Das Rechteck mit $\overline{AB}$ als Länge und der halben Höhe h_b als Breite hat denselben Flächeninhalt wie das Dreieck. Verwandle das Rechteck nach Fig. 2 im Schülerbuch S. 41 in ein flächengleiches Quadrat. Die Quadratseite ist 3,6 cm lang.

6 a) $c = 8{,}2\,\text{cm}$; $h = 4\,\text{cm}$; $a = \frac{4}{5}\sqrt{41}\,\text{cm} \approx 5{,}12\,\text{cm}$;
$b = \sqrt{41}\,\text{cm} \approx 6{,}40\,\text{cm}$; $A = 16{,}4\,\text{cm}^2$
b) $q = 9\,\text{cm}$; $c = 13\,\text{cm}$; $a = 2\sqrt{13}\,\text{cm} \approx 7{,}21\,\text{cm}$;
$b = 3\sqrt{13}\,\text{cm} \approx 10{,}82\,\text{cm}$; $A = 39\,\text{cm}^2$
c) $p = \sqrt{55}\,\text{cm} \approx 7{,}42\,\text{cm}$; $q = \frac{9}{55}\sqrt{55}\,\text{cm} \approx 1{,}21\,\text{cm}$;
$c = \frac{64}{55}\sqrt{55}\,\text{cm} \approx 8{,}63\,\text{cm}$; $b = \frac{24}{55}\sqrt{55}\,\text{cm} \approx 3{,}24\,\text{cm}$;
$A = \frac{96}{55}\sqrt{55}\,\text{cm}^2 \approx 12{,}94\,\text{cm}^2$
d) $p = 3\,\text{cm}$; $h = 2\sqrt{3}\,\text{cm} \approx 3{,}46\,\text{cm}$;
$a = \sqrt{21}\,\text{cm} \approx 4{,}58\,\text{cm}$; $b = 2\sqrt{7}\,\text{cm} \approx 5{,}29\,\text{cm}$;
$A = 7\sqrt{3}\,\text{cm}^2 \approx 12{,}12\,\text{cm}^2$
e) $b = \sqrt{15{,}75}\,\text{cm} \approx 3{,}97\,\text{cm}$; $p = \frac{20{,}25}{6}\,\text{cm} = 3{,}375\,\text{cm}$
$q = 2{,}625\,\text{cm}$; $h = \sqrt{8{,}86}\,\text{cm} \approx 2{,}98\,\text{cm}$; $A = 8{,}93\,\text{cm}^2$
f) $q = 6\,\text{cm}$; $h = \sqrt{7{,}2}\,\text{cm} \approx 2{,}68\,\text{cm}$;
$a = \sqrt{8{,}64}\,\text{cm} \approx 2{,}94\,\text{cm}$; $b = \sqrt{43{,}2}\,\text{cm} \approx 6{,}57\,\text{cm}$;
$A = \frac{18}{5}\sqrt{7{,}2}\,\text{cm}^2 \approx 9{,}66\,\text{cm}^2$

7 a) Maße individuell verschieden, z. B.: $p = 0{,}5\,\text{cm}$, $h = 1\,\text{cm}$; $q = 2\,\text{cm}$.
Es gilt $q = 4p$.

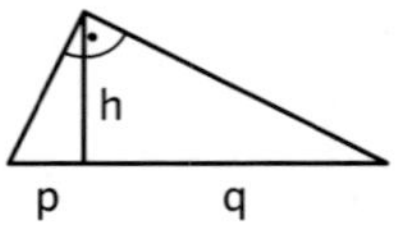

b) Mit dem Höhensatz gilt $h^2 = p\cdot q$. Wegen $h = k\cdot p$ folgt $(k\cdot p)^2 = p\cdot q$, also $k^2\cdot p^2 = p\cdot q$ und somit gilt $q = k^2\cdot p$.

8 Konstruiere ein rechtwinkliges Dreieck mit dem Hypotenusenabschnitt 4 cm und der Höhe 1 cm. Der andere Hypotenusenabschnitt hat dann die Länge $\frac{1}{4}$ cm.

9 Der Satz des Thales besagt, dass C auf dem Halbkreis liegt. Es ist also $\frac{c}{2} = \overline{AM} = \overline{MB}$. Nach dem Satz des Pythagoras gilt:
$h^2 = \left(\frac{c}{2}\right)^2 - \overline{DM}^2 = \left(\frac{c}{2} - \overline{DM}\right) \cdot \left(\frac{c}{2} + \overline{DM}\right) = qp$

5 Berechnungen an Figuren

Seite 53

1 Die Diagonale ist
a) $d = 4 \cdot \sqrt{2}\,cm = 5{,}66\,cm$,
b) $d = 1{,}5 \cdot \sqrt{2}\,m = 2{,}12\,m$,
c) $d = 2\,dm$ lang.

2 a) $a = \frac{1}{\sqrt{2}} \cdot 7\,cm \approx 4{,}9\,cm$ b) $d \approx 17{,}1\,cm$

3 a) Das Dreieck hat eine Fläche von $\frac{1}{36}\sqrt{3}\,m^2 \approx 481{,}1\,cm^2$.
b) Das Dreieck hat einen Umfang von $2\sqrt{3\sqrt{3}}\,m \approx 4{,}56\,m$.

4 Das Dreieck hat eine Höhe von $5 \cdot \sqrt{3}\,cm \approx 8{,}66\,cm$ und hat einen Flächeninhalt von $25 \cdot \sqrt{3}\,cm^2 \approx 43{,}30\,cm^2$.

5 a) $d = \sqrt{\left(\frac{a+c}{2}\right)^2 + h^2}$ b) $d = \sqrt{76{,}5}\,cm$
c) $A \approx 51{,}85\,cm^2$

Seite 54

6 a) Die Diagonale ist $8\sqrt{3} \approx 13{,}86\,cm$ $(4{,}5\sqrt{3}\,cm \approx 7{,}79\,cm;\ 6\,cm)$ lang.
b) Die Kante ist $\frac{8}{3}\sqrt{3}\,cm \approx 4{,}62\,cm$ $(1{,}5\sqrt{3}\,cm \approx 2{,}60\,cm;\ 2\,cm)$ lang.

7 a)

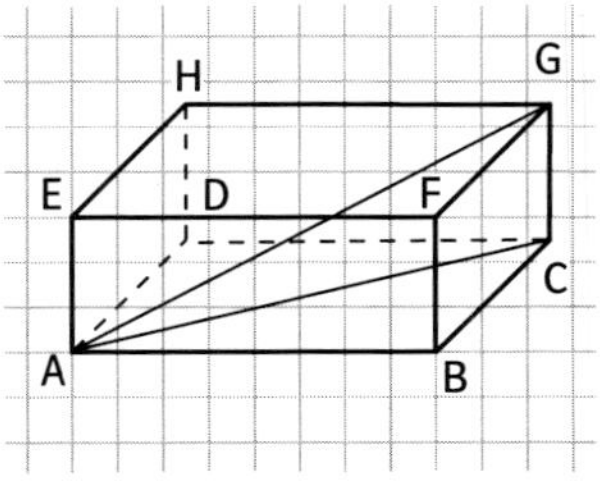

$\overline{AC} = \sqrt{89}\,cm \approx 9{,}4\,cm$
$\overline{AC} = \overline{BD} = \overline{EG} = \overline{FH}$
$\overline{AF} = \sqrt{73}\,cm \approx 8{,}5\,cm$
$\overline{AF} = \overline{BE} = \overline{DG} = \overline{CH}$
$\overline{BG} = \sqrt{34}\,cm \approx 5{,}8\,cm$
$\overline{BG} = \overline{CF} = \overline{AH} = \overline{DE}$

Es gibt drei unterschiedlich lange Flächendiagonalen.
b) $\overline{AG} = \sqrt{98}\,cm \approx 9{,}9\,cm$
c) Individuelle Lösung

8 Es entsteht eine Raute mit der Seitenlänge $s = \sqrt{13}\,cm \approx 3{,}6\,cm$.

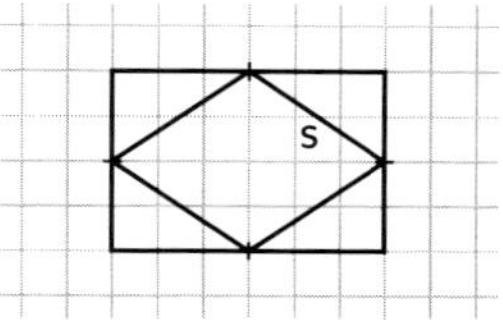

9 a) Höhe $h = \frac{a}{2}\sqrt{3}$; Mittellinie $m = \frac{5}{2}a$;
Flächeninhalt $A = \frac{5}{4}a^2\sqrt{3}$
b) $a = \sqrt{\frac{54}{5\sqrt{3}}}\,cm \approx 2{,}5\,cm$

10 Rechnerisch:
Aus $d = a\sqrt{2}$ erhält man $a = \frac{d}{\sqrt{2}}$ und damit $A = \frac{d^2}{2}$.
Verdopplung von d:
Seitenlänge $a' = \frac{2d}{\sqrt{2}} = 2 \cdot \frac{d}{\sqrt{2}} = 2 \cdot a$,
d. h., die Seitenlänge verdoppelt sich.
Flächeninhalt $A' = \frac{d'^2}{2} = \frac{(2d)^2}{2} = \frac{4d^2}{2} = 2d^2 = 4 \cdot A$,
d. h., der Flächeninhalt vervierfacht sich.
Geometrisch:

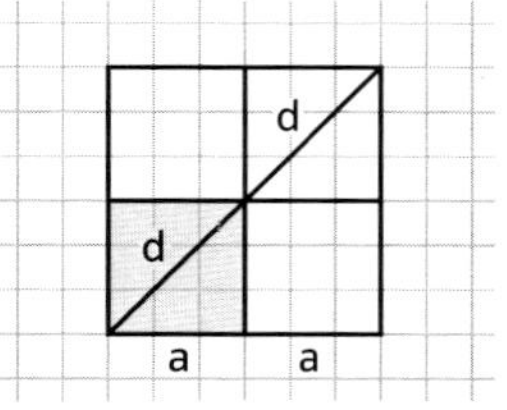

Verdopplung von d:
Seitenlänge verdoppelt sich, Flächeninhalt vervierfacht sich.

11 a) $s = \frac{1}{2}\sqrt{e^2 + f^2}$
b) $s = \frac{1}{2}\sqrt{88{,}25}\,cm \approx 4{,}70\,cm$

12 a) $A_Q = 2r^2$
b) $A_D = \frac{1}{2}(\sqrt{2} - 1)r^2$, also $A = 4A_D + A_Q = 2\sqrt{2}\,r^2$
c) $a = \sqrt{2 - \sqrt{2}}\,r$; $A = 50\sqrt{2}\,cm^2 = 70{,}71\,cm^2$;
$a = 5\sqrt{2 - \sqrt{2}}\,cm \approx 3{,}83\,cm$

Seite 55

13 Die Dachsparren müssen $\sqrt{42{,}25}\,m + 0{,}2\,m = 6{,}70\,m$ lang werden.

14 Der Schrank darf maximal $\sqrt{5{,}4}\,m \approx 2{,}32\,m$ hoch sein.

15 $x \approx 2{,}91\,m$; $y \approx 4{,}55\,m$

16 Das gespannte Seil ist 20,05 m lang.

17 a) Nach dem Satz des Pythagoras gilt $(r + h)^2 = s^2 + r^2$. Damit ergibt sich $s^2 = r^2 + 2rh + h^2 - r^2 = 2rh + h^2$ und somit $s = \sqrt{2rh + h^2}$.
b) $s \approx 19{,}55\,km$ $(s \approx 4{,}51\,km)$
c) Das Schiff ist mindestens 15,96 km entfernt.
d) Da r wesentlich größer als h ist, gilt $\sqrt{2rh} \approx \sqrt{2rh + h^2}$.

18 ca. 3,359 km

19 a) Oberflächeninhalt $O = 336\,\text{cm}^2$
b) Oberflächeninhalt
$O = 64(1 + \sqrt{3})\,\text{cm}^2 \approx 174{,}85\,\text{cm}^2$; $\left(a^2(1 + \sqrt{3})\,\text{cm}^2\right)$

Seite 56

20 Ansatz: $x^2 = (x - 3)^2 + 81$
Das Rohr ist 15 Ellen lang, die Wand 12 Ellen hoch.

21 Ansatz: $2500 + x^2 = 1600 + (60 - x)^2$
(x ist die Entfernung vom höheren Turm)
Der Brunnen steht 22,5 eln vom einen und 37,5 eln vom anderen Turm entfernt.

22 a) $h = a\sqrt{2}$ $\quad h \approx 6{,}36\,\text{cm}$
b) $A_o = 2\sqrt{3}a^2$ $\quad A_o = 40{,}5\sqrt{3}\,\text{cm}^2 \approx 70{,}15\,\text{cm}^2$

23 a) $A_o = \sqrt{3}a^2$; $A_o = 56{,}25\sqrt{3}\,\text{cm}^2 \approx 97{,}43\,\text{cm}^2$
b) $h = \frac{a}{3}\sqrt{6}$; $h = 2{,}5\sqrt{6}\,\text{cm} \approx 6{,}12\,\text{cm}$
c) Die Seite muss $5\sqrt{6}\,\text{cm} \approx 12{,}25\,\text{cm}$ lang sein.
d) Das Tetraeder ist $\frac{\sqrt{2\sqrt{3}}}{3}\,\text{m} \approx 0{,}62\,\text{m}$ hoch.
($a \approx 0{,}76\,\text{m}$)

Wiederholen – Vertiefen – Vernetzen

Seite 57

1 a) $c = 17\,\text{cm}$; $a = \sqrt{85}\,\text{cm} = 9{,}22\,\text{cm}$;
$b = 2\sqrt{51}\,\text{cm} = 14{,}28\,\text{cm}$; $h = 2\sqrt{15}\,\text{cm} = 7{,}75\,\text{cm}$
b) $b = 10\,\text{cm}$; $p = 4{,}5\,\text{cm}$; $c = 12{,}5\,\text{cm}$; $a = 7{,}5\,\text{cm}$
c) $c = 114\frac{1}{12}\,\text{cm} \approx 114{,}08\,\text{cm}$;
$p = 102\frac{1}{12}\,\text{cm} \approx 102{,}08\,\text{cm}$; $h = 35\,\text{cm}$;
$a = 107\frac{11}{12}\,\text{cm} \approx 107{,}92\,\text{cm}$

2 a) $e = \sqrt{136 + 40\sqrt{5}}\,\text{cm} \approx 15{,}01\,\text{cm}$;
$f = \sqrt{136 - 40\sqrt{5}}\,\text{cm} \approx 6{,}82\,\text{cm}$; $A = 40\,\text{cm}^2$
b) $e = f = \sqrt{73}\,\text{cm} = 8{,}54\,\text{cm}$; $A = 24\,\text{cm}^2$

3 a) Die Diagonalen sind $e = 3\sqrt{5}\,\text{cm} \approx 6{,}71\,\text{cm}$ und $f = \sqrt{73}\,\text{cm} \approx 8{,}54\,\text{cm}$ lang. Der Flächeninhalt beträgt $21\,\text{cm}^2$.
b) Die Diagonale e ist 6,8 cm und die Höhe h ist 3,2 cm lang.
$e^2 + b^2 = 46{,}24\,\text{cm}^2 + 16\,\text{cm}^2 = 62{,}24\,\text{cm}^2 \neq 70{,}56\,\text{cm}^2 = a^2$.

4 $\overline{AS} = a\sqrt{2 + \sqrt{3}}$
Abstand des Punktes D von $\overline{AS}$: $\frac{a}{2}\sqrt{2 - \sqrt{3}}$

5 a) $A = 2r^2\sqrt{2}$; $U = 8r\sqrt{2 - \sqrt{2}}$.
Bem.: Betrachte das einbeschriebene Quadrat wie in Fig. 5 auf Seite 54 des Schülerbuchs. Es hat die Seite $r\sqrt{2}$.
Für die Seite des Achtecks ergibt sich dann
$a = \sqrt{\left(\frac{r}{2}\sqrt{2}\right)^2 + \left(r - \frac{r}{2}\sqrt{2}\right)^2} = r\sqrt{2 - \sqrt{2}}$.
b) $A = 112{,}5\sqrt{2}\,\text{cm}^2 = 159{,}10\,\text{cm}^2$;
$U = 60\sqrt{2 - \sqrt{2}}\,\text{cm} = 45{,}92\,\text{cm}$

6 $h_c = 12\,\text{cm}$; $h_a = h_b = \frac{c}{b}\cdot h_c = 9\frac{3}{13}\,\text{cm} \approx 9{,}23\,\text{cm}$

7 a) $h = 2\sqrt{21}\,\text{cm} \approx 9{,}17\,\text{cm}$;
$A_0 = \left(24(\sqrt{3} + 2\sqrt{6})\right)\text{cm}^2 \approx 159{,}14\,\text{cm}^2$
b) $s = 17\,\text{cm}$;
$A_0 = \left(24(4\sqrt{3} + \sqrt{273})\right)\text{cm}^2 = 562{,}82\,\text{cm}^2$

Seite 58

8 a) Die Höhe des Körpers beträgt $(4 + 2\sqrt{2})\,\text{cm} \approx 6{,}83\,\text{cm}$.
b) Siehe Schülerbuch Fig. 1. Die Höhe des Körpers ist die Strecke $\overline{RS} + \overline{AE}$.
c) Siehe Schülerbuch Fig. 1.
$\overline{AS} = 4\sqrt{2 + \sqrt{2}}\,\text{cm} \approx 7{,}39\,\text{cm}$
d) Die Höhe der Seitenfläche beträgt $2\sqrt{3}\,\text{cm} \approx 3{,}46\,\text{cm}$.
e)

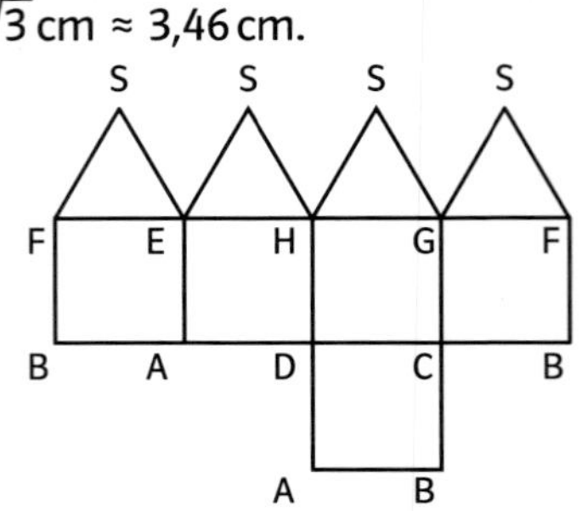

$A_0 = 16\cdot(5 + \sqrt{3})\,\text{cm}^2 = 107{,}71\,\text{cm}^2$

9 1. Fall: $\alpha > 1$
Die Länge der Strecke $\overline{AB}$ sei a cm. Der Kreis um A mit Radius 1 cm schneidet den Thaleskreis über $\overline{AB}$ in C. Der Fußpunkt h_c ist $\frac{1}{a}$ cm von A entfernt.

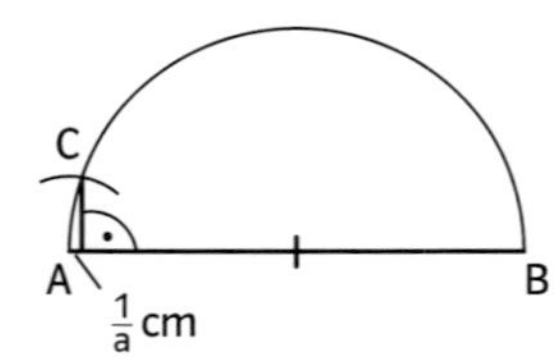

2. Fall: $\alpha < 1$
Die Länge der Strecke $\overline{AC}$ sei 1 cm. Der Kreis um A mit Radius a cm schneidet den Thaleskreis über $\overline{AC}$ in D. $\overline{AD}$ schneidet die Senkrechte zu $\overline{AC}$ durch C in B. $\overline{AB}$ ist $\frac{1}{a}$ cm.

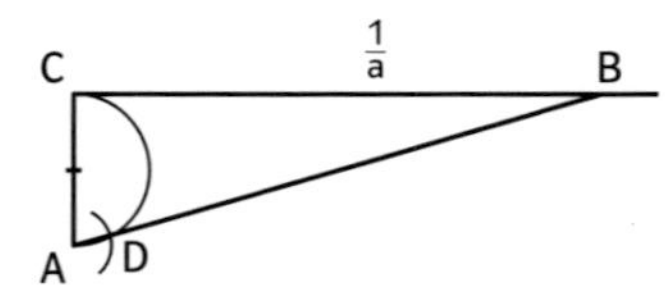

10 a) $b_2 = 5{,}4\,cm$; $a_2 = 7{,}2\,cm$; $b_1 = 9{,}6\,cm$; $b = 15\,cm$; $q = 12\,cm$; $a_1 = 4{,}05\,cm$; $a = 11{,}25\,cm$; $p = 6{,}75\,cm$; $c = 18{,}75\,cm$; $h = 9\,cm$
b) $b_2 = 9{,}6\,cm$; $b = 15\,cm$; $b_1 = 5{,}4\,cm$; $h_2 = 7{,}2\,cm$; $q = 9\,cm$; $p = 16\,cm$; $c = 25\,cm$; $a = 20\,cm$; $a_2 = 7{,}2\,cm$; $a_1 = 12{,}8\,cm$

11 a) $d = 25\,cm$
b) Nein, da die Diagonale des Fensters nur $0{,}2\sqrt{85}\,m \approx 1{,}84\,m$ groß ist. Die kürzere Seite der Spanplatte ist aber 1,85 m lang.
c) Der Strohhalm ragt ungefähr 7,5 cm aus der Dose.

12 Der Satz des Thales besagt, dass C auf dem Halbkreis liegt. $h^2 = r^2 - x^2 = (r - x)(r + x) = p \cdot q$

13 a) Man benennt die Ecken. Die Dreiecke EAD und EDI, DCF und DFG, sowie EBF und EFH sind jeweils kongruent, da $\overline{ED}$, $\overline{DF}$ bzw. $\overline{EF}$ die Diagonalen der Rechtecke EADI, DCFG bzw. EBFH sind. Es gilt
$A_{IDGH} = A_{EBFH} - A_{EBF} - A_{EDI} - A_{DFG}$,
sowie $A_{ABCD} = A_{EBFH} - A_{EFH} - A_{EAD} - A_{DCF}$.
Mit den Dreieckskongruenzen folgt sofort
$A_{IDGH} = A_{ABCD}$.

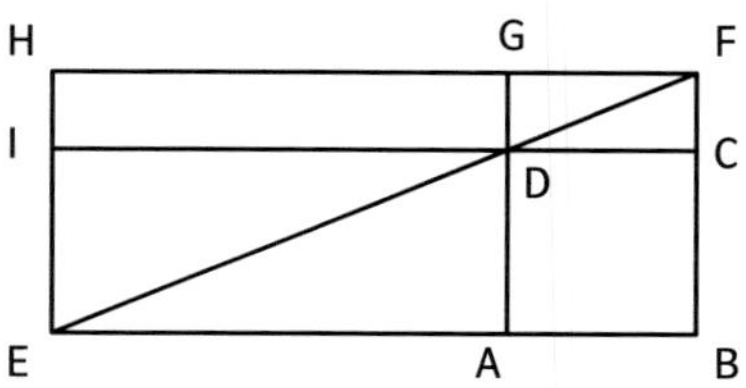

b) Wie in Fig. 5 im Schülerbuch, mit $\overline{AB} = \overline{BC} = 2{,}5\,cm$ und $\overline{EA} = 6{,}0\,cm$.
c) Es existiert zu einem gegebenen Flächeninhalt nur ein Quadrat mit diesem Flächeninhalt.

Seite 59

14 a) Zeichne $\overline{BC}$ mit der Länge 6,4 cm und trage an B den Winkel $\beta = 60°$ bis zum Schnittpunkt mit der Parallele zu $\overline{BC}$ im Abstand $h_a = 5\,cm$ ab, dieser Schnittpunkt ist A. Das Rechteck mit der Länge $\overline{BC}$ und der halben Höhe h_a hat denselben Flächeninhalt wie das Dreieck. Verwandle das Rechteck nach Fig. 2, Seite 50, im Schülerbuch in ein flächengleiches Quadrat. Die Quadratseite ist 4 cm lang.
b) Konstruktion wie in Aufgabe a), nur mit der Seite $\overline{AB}$ und dem Winkel α. Die Quadratseite ist $\sqrt{22{,}05}\,cm = 4{,}70\,cm$ lang.

15 a) Wie in Fig. 2, Seite 50 im Schülerbuch. Die Länge der Quadratseite beträgt $\sqrt{21}\,cm = 4{,}58\,cm$ $\left(\sqrt{15{,}54}\,cm = 3{,}94\,cm\right)$.
b) Es gilt $a \cdot b = c^2$, wenn c die Seitenlänge des flächengleichen Quadrats zum Rechteck mit den Seiten a und b ist. Nach $a < c < b$ und $c = \sqrt{a \cdot b}$ folgt $a < \sqrt{a \cdot b} < b$.
Variante: $a = \sqrt{a \cdot a} < \sqrt{a \cdot b} < \sqrt{b \cdot b} = b$
c) $\overline{CM} = \frac{1}{2}(a + b)$
Für $a \neq b$ bilden D, M und C ein rechtwinkliges Dreieck, in dem $\overline{CM}$ die Hypotenuse der Länge $\frac{1}{2}(a + b)$ ist. Weiter gilt nach dem Höhensatz, angewandt auf das Dreieck ABC, $\overline{DC} = \sqrt{a \cdot b}$, und da $\overline{DC}$ als Kathete des Dreiecks DMC kürzer als die Hypotenuse $\overline{CM}$ ist, ist der Beweis erbracht.

16 Verbindet man die Kugelmittelpunkte, so ergibt sich eine quadratische Pyramide mit $a = 4r$. Für deren Höhe ergibt sich $\frac{a}{2}\sqrt{2} = 2r\sqrt{2}$. Der Stapel ist also $\left(2r\sqrt{2} + 2r\right) = \left(2 + 2\sqrt{2}\right)r$ hoch.

17 a) $1^2 + 2^2 = 5$

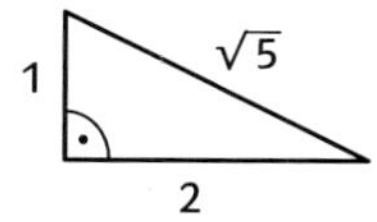

b) $1^2 + 3^2 = 10$

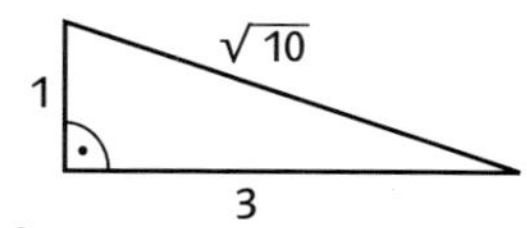

c) $4^2 - 1^2 = 15$

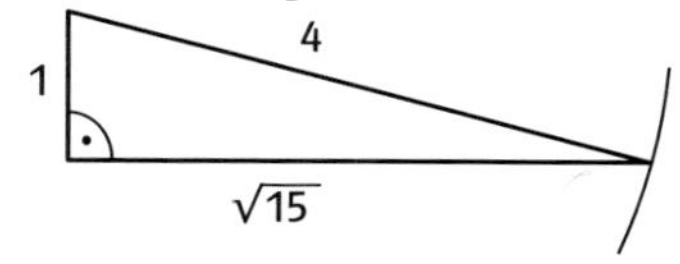

d) $\left(\frac{3}{2}\sqrt{7}\right)^2 = 4{,}5^2 - \left(\sqrt{4{,}5}\right)^2$

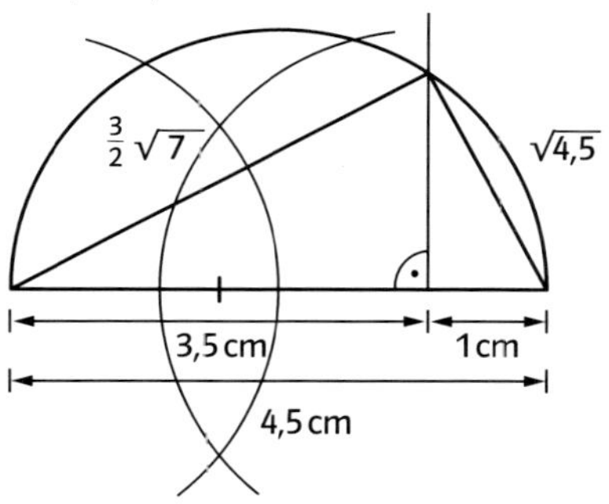

18 a)

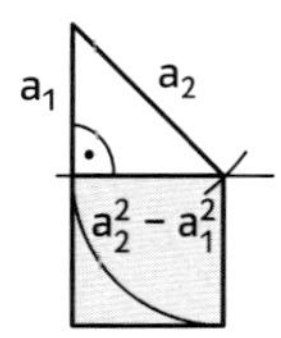

b)

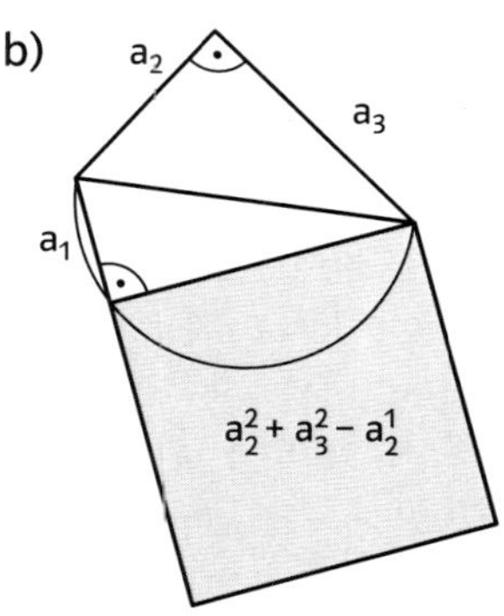

c)

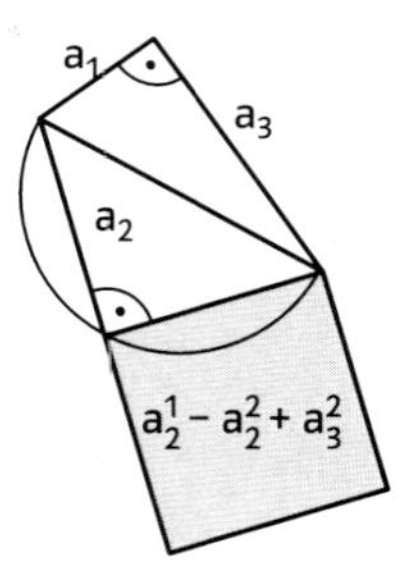

19 a) siehe Aufgabe 18 b) b) siehe Aufgabe 18 b)
c) $42 = 25 + 16 + 1$
d) $38 = 25 + 9 + 4$ Wie c) e) $35 = 36 - 1$
f) $39 = 64 - 25$ g) $40 = 36 + 4$

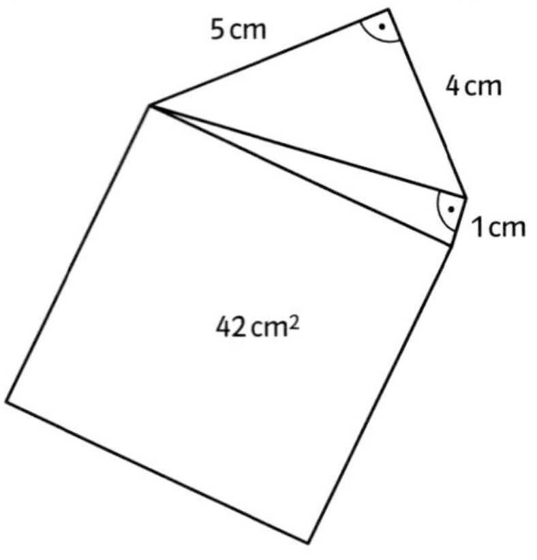

20 a) Konstruiere zuerst zwei Quadrate, die denselben Flächeninhalt haben wie die Rechtecke. Zeichne dann ein rechtwinkliges Dreieck mit den Quadratseiten als Katheten. Das Quadrat über der Hypotenuse ist das gesuchte Quadrat.
b) Die Quadratseite ist 4 cm lang.

21 $O = 6 \cdot (2\,\text{cm})^2 = 24\,\text{cm}^2$; $24\,\text{cm}^2 = 25\,\text{cm}^2 - 1\,\text{cm}^2$

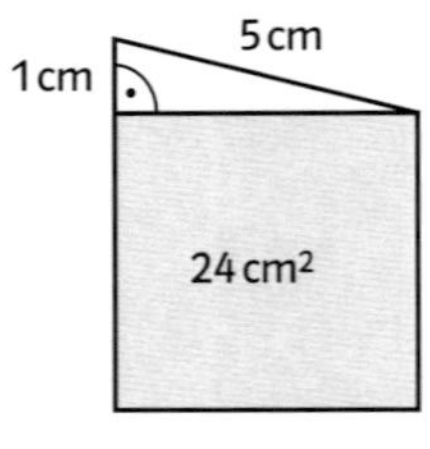

Seite 60

22 $\measuredangle ACD = \measuredangle CBD$ (da $\measuredangle ACD = 90° \measuredangle - DCB = \measuredangle CBD$)
$\measuredangle ACD = \measuredangle EDC$ (da ADCE Rechteck)
$\measuredangle CBD = \measuredangle GDF$ (da $\Delta CBD = \Delta GDF$ nach sws; $\overline{GD} = \overline{DB} = q$; $\overline{DC} = \overline{GF} = h$; $\measuredangle CDB = \measuredangle DGF = 90°$)
Nun folgt, da C, D und G auf einer Geraden liegen und $\measuredangle EDC = \measuredangle GDF$ (Scheitelwinkel), dass D auf der Geraden durch E und F liegen muss. Den Schnittpunkt der Verlängerung von $\overline{EC}$ mit der Senkrechten auf $\overline{GF}$ im Punkt F nenne man K. Der Schnittpunkt von $\overline{FK}$ und $\overline{AB}$ heiße L.
Es gilt: $pq = A_{IGDA} = A_{IFKE} - A_{EFK} - A_{ADE} - A_{GFD}$
und $h^2 = A_{DLKC} = A_{IFKE} - A_{IFE} - A_{DCE} - A_{FLD}$.
Nun gilt aber $A_{EFK} = A_{IFE}$; $A_{ADE} = A_{DCE}$ und

$A_{GFD} = A_{FLD}$, da $\overline{EF}$, $\overline{DE}$ und $\overline{FE}$ Diagonalen der Rechtecke IFKE, ADCE und GFLD sind, also $h^2 = pq$.

23 $a^2 + b^2 = (x^2 + xy) + (y^2 + xy) = x^2 + 2xy + y^2$
$= (x + y)^2 = c^2$
Also ist das Dreieck rechtwinklig.

24 Die Längenänderung beträgt etwa 0,16 cm (0,64 cm; 2,50 cm).

25 a) (3; 4; 5): $3^2 + 4^2 = 9 + 16 = 25 = 5^2$;
(5; 12; 13): $5^2 + 12^2 = 25 + 144 = 169 = 13^2$;
(8; 15; 17): $8^2 + 15^2 = 64 + 225 = 289 = 17^2$

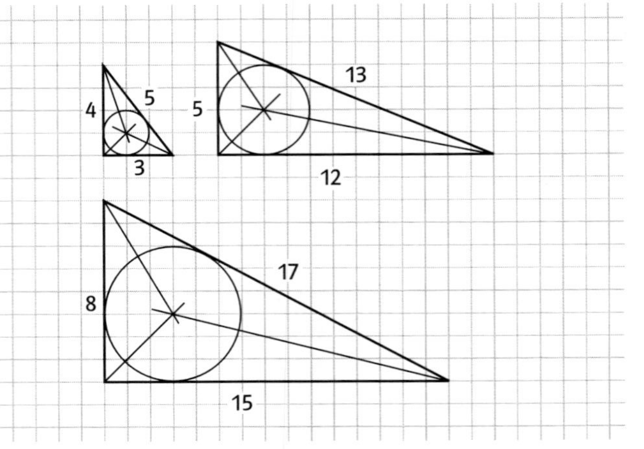

Die Inkreisradien sind 1 cm, 2 cm bzw. 3 cm lang.
Die Maßzahlen scheinen alle ganzzahlig zu sein.
b) Die Teildreiecke AMB, BMC und AMC haben die Flächeninhalte $\frac{1}{2}cr$, $\frac{1}{2}ar$ und $\frac{1}{2}br$. Der Flächeninhalt des gesamten Dreiecks beträgt $\frac{1}{2}ab$.
Somit gilt:
$\frac{1}{2}cr + \frac{1}{2}ar + \frac{1}{2}br = \frac{1}{2}ab$ $\quad | \cdot 2$
$cr + ar + br = ab$ $\quad |$ (r ausklammern)
$(c + a + b) \cdot r = ab$ $\quad | : (a + b + c)$
$r = \frac{ab}{a + b + c}$
Daraus folgt die Behauptung.
c) Es seien D, E und F die Berührpunkte des Inkreises mit den Seiten a, b und c.
Dann gilt: $\overline{BF} = \overline{BD} = a - r$ und $\overline{AF} = \overline{AE} = b - r$
Daraus folgt $\overline{AB} = c = a - r + b - r \Longrightarrow$
$r = \frac{1}{2}(a + b - c)$.
Mit dem Ergebnis aus b) folgt die Behauptung.
d) $(a + b - c)^2 = a^2 + b^2 + c^2 + 2ab - 2ac - 2bc$
$= 2c^2 + 2ab - 2ac - 2bc = 2(c^2 + ab - ac - bc)$
Also ist $(a + b - c)^2$ eine gerade Zahl. Das ist aber nur möglich, wenn auch $(a + b - c)$ gerade ist. Es ist also $\frac{1}{2}(a + b - c)$ eine ganze Zahl. Zusammen mit den Aussagen aus b) und c) folgt daraus: In einem pythagoreischen Dreieck hat der Inkreisradius immer eine ganzzahlige Maßzahl.
e) Die Aussagen der Teile b), c) und d) zeigen: Bei einem pythagoreischen Zahlentripel ist das Produkt der beiden kleineren Zahlen immer ein ganzzahliges Vielfaches der Summe aus den drei Zahlen.

26 Das Seil ist $\sqrt{2500}$ Fuß ≈ 50 Fuß lang.

27 Der Baum ist in einer Höhe von 22,5 Fuß umgeknickt.

Exkursion: Quadraturen

Seite 61

1 (1) Das Produkt der Hypotenusenabschnitte ist gleich dem Quadrat der Höhe (Höhensatz).
(2) Die Summe der Kathetenquadrate ist gleich dem Hypotenusenquadrat (Satz des Pythagoras).

2 a) Dreieck: $\frac{r^2}{2}$

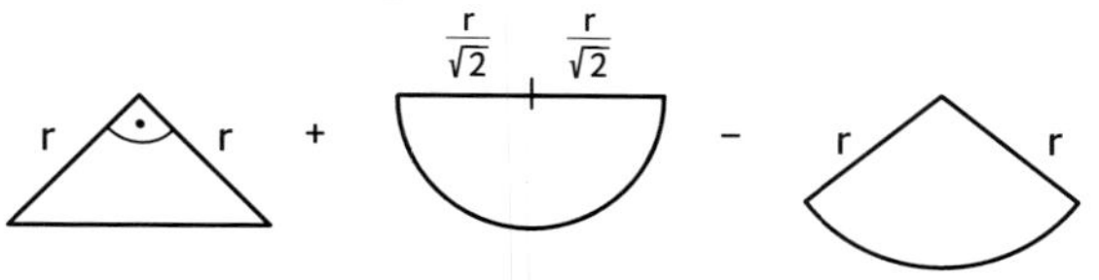

$\frac{r^2}{2} + \frac{r}{\sqrt{2}^2} \cdot \frac{\pi}{2} - r^2 \cdot \frac{\pi}{4} = \frac{r^2}{2}$

Das flächengleiche Quadrat hat die Seitenlänge $\frac{r}{\sqrt{2}}$.

b) Dreieck: $\frac{a \cdot b}{2}$

beide Möndchen:

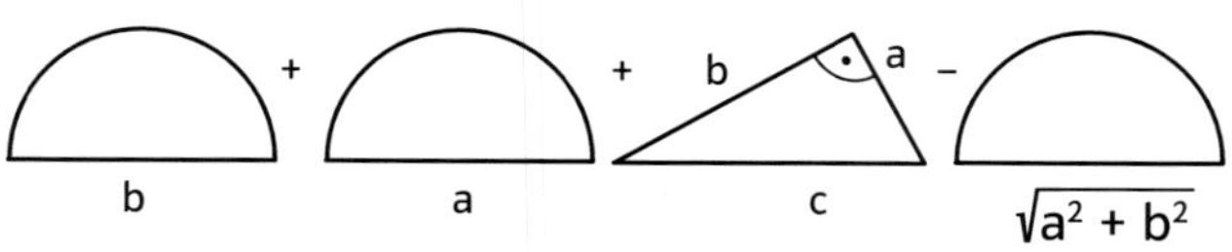

$\left(\frac{b}{2}\right)^2 \cdot \frac{\pi}{2} + \left(\frac{a}{2}\right)^2 \cdot \frac{\pi}{2} + \frac{a \cdot b}{2} - \left(\sqrt{\frac{a^2 + b^2}{2}}\right)^2 \cdot \frac{\pi}{2} = \frac{a \cdot b}{2}$

Das flächengleiche Quadrat hat die Seitenlänge $\sqrt{\frac{a \cdot b}{2}}$.

c) Die Figur von c) ist aus vier Figuren wie a) zusammengesetzt. Das flächengleiche Quadrat hat die Seitenlänge $\sqrt{2} \cdot r$.
d) Die Flächengleichheit ist aus der Figur ersichtlich. Das flächengleiche Quadrat hat die Seitenlänge $\frac{\pi}{2} \cdot r$.

3 Der kleine Kreis habe den Radius r und damit die Fläche $\pi \cdot r^2$.
Sichel und kleiner Kreis haben den gleichen Flächeninhalt.

4 $A_{Kreis} = \pi \cdot 1^2 = \pi$, $A_{Quadrat} = \pi$,
also ist die Seitenlänge $\sqrt{\pi}$.

5 a) Individuelle Lösung
b) Im Dreieck AMC gilt der Satz des Pythagoras:
$4x^2 = x^2 + r^2 \Longrightarrow x = \frac{r}{\sqrt{3}}$
Die Näherung weicht um etwa −0,000019 % von π ab.

III Ähnliche Figuren – Strahlensätze

1 Vergrößern und Verkleinern von Figuren

Seite 69

1

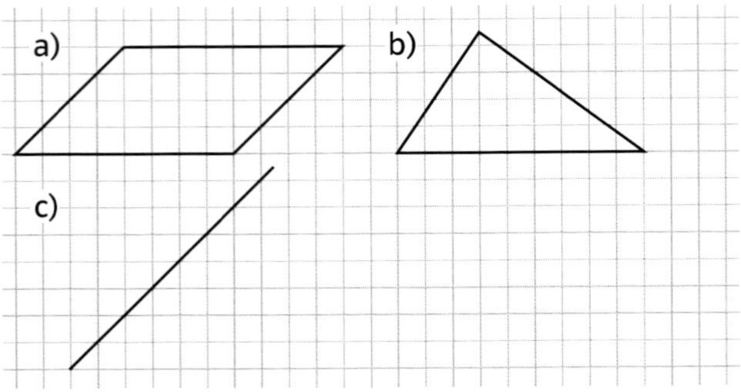

c)

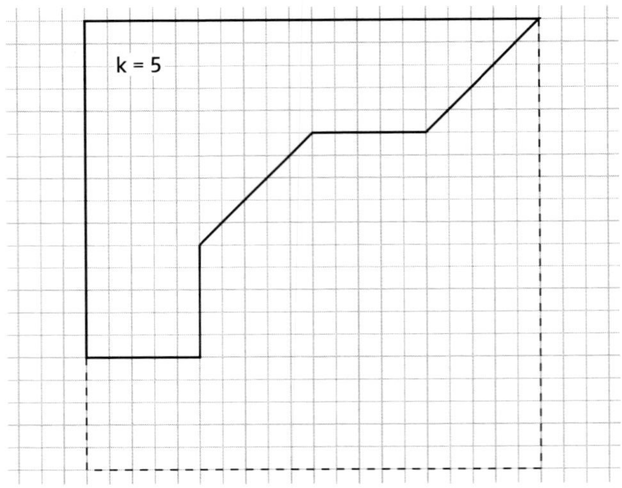

2 a)

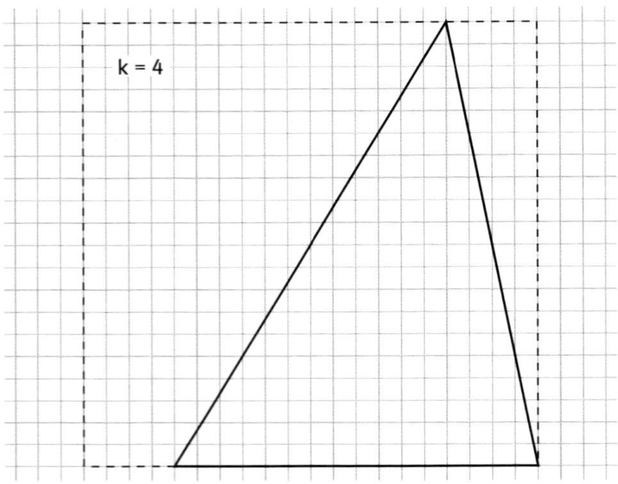

b)

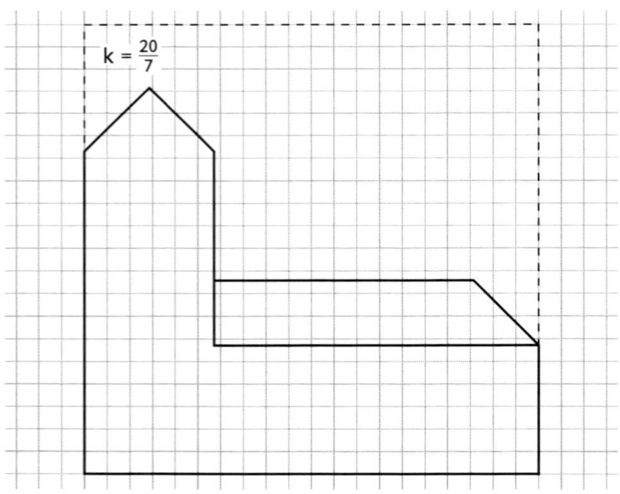

Seite 70

3 Gelb ist mit orange ähnlich k = 3;
gelb ist mit blau ähnlich k = 4;
orange ist mit blau ähnlich $k = \frac{4}{3}$.

4 a)

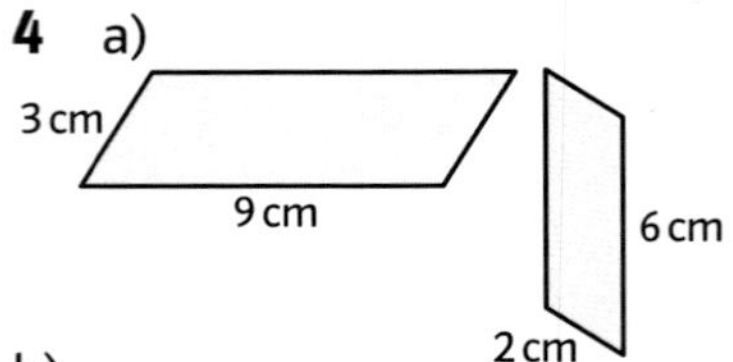

b)

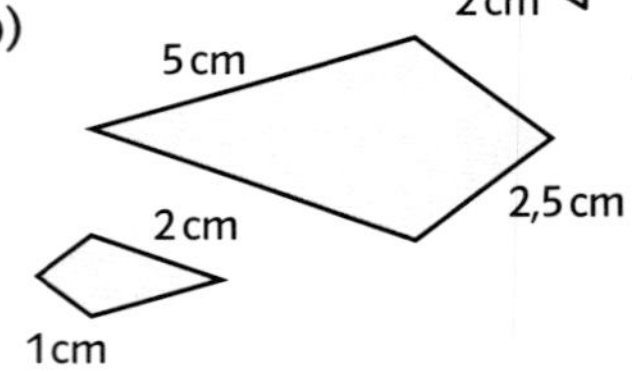

c)

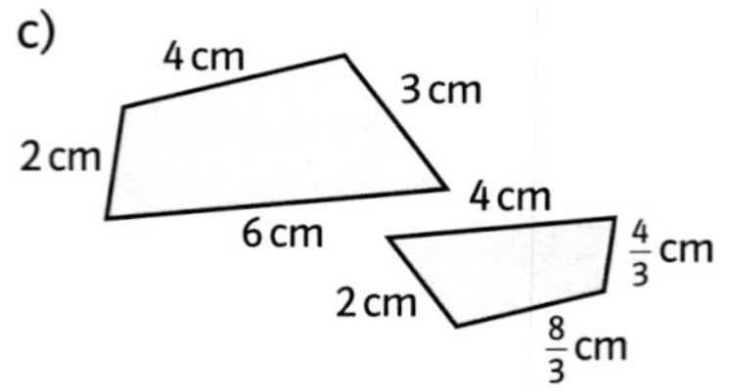

5 a) Es liegt keine maßstäbliche Vergrößerung vor. Dies ist unter anderem an den veränderten Winkeln der Pyramide zu erkennen.
b) Aus dem Bild wurde ein Ausschnitt ausgewählt und dieser vergrößert. Dabei wurde die Breite des Bildes stärker vergrößert als die Höhe. Eine maßstäbliche Vergrößerung entsteht nur, wenn Höhe und Breite des Bildes proportional verändert werden. Dies ist z. B. mit MS Word durch das Ziehen an einer Bildecke möglich.

6 a) Zum Format des Negativs ist nur das Papierformat 10 x 15 ähnlich, da auch hier das Verhältnis der langen zur kurzen Seite 1,5 ist.
b) Wenn Negativ- und Bildformat nicht ähnlich sind, werden in der Regel Randbereiche des Negativs nicht auf das Papier abgedruckt. Um das ganze Negativ-Bild auf das Papier drucken zu können, müsste das Bild verzerrt dargestellt werden.
c) Weitere mögliche Maße sind z. B. 20 x 30, 30 x 45, 40 x 60 (Angaben in cm).

7 Der Overheadprojektor muss so eingerichtet werden, dass das Bild genau senkrecht auf die Projektionswand projiziert wird. Dabei entstehen keine Verzerrungen und die Winkeltreue der Abbildung ist vorhanden.

2 Zentrische Streckungen

Seite 72

1

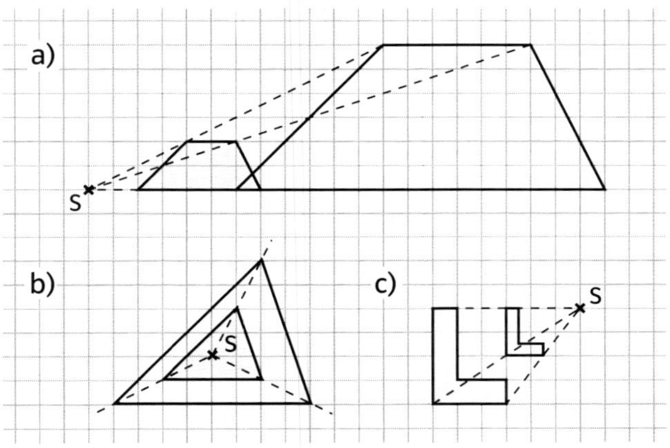

2 a) A′(3 | 1), B′(7 | −3), C′(7 | 9)

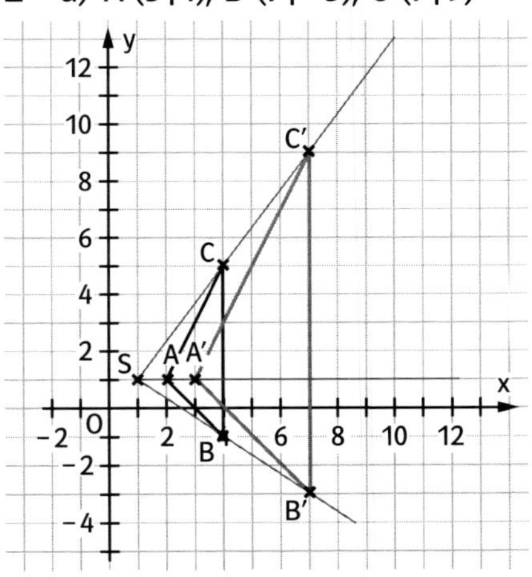

b) A′(3 | 1), B′(4 | 0), C′(4 | 3)

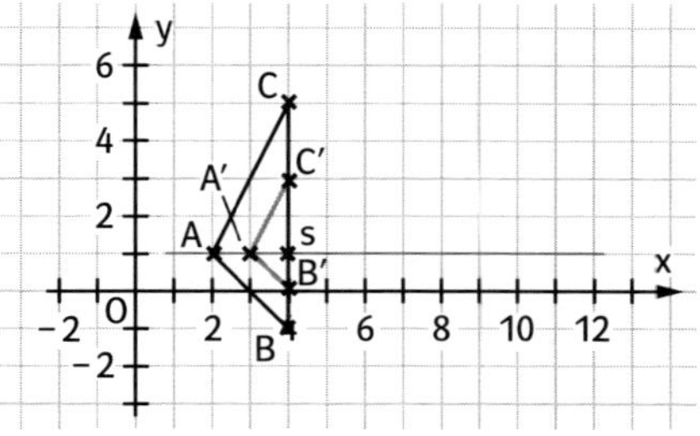

c) A′(0 | −1), B′(6 | −7), C′(6 | 11)

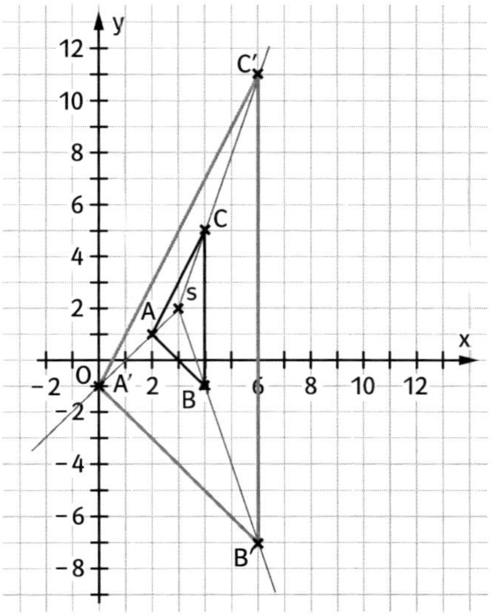

d) A′(1 | 2), B′(4 | −1), C′(4 | 8)

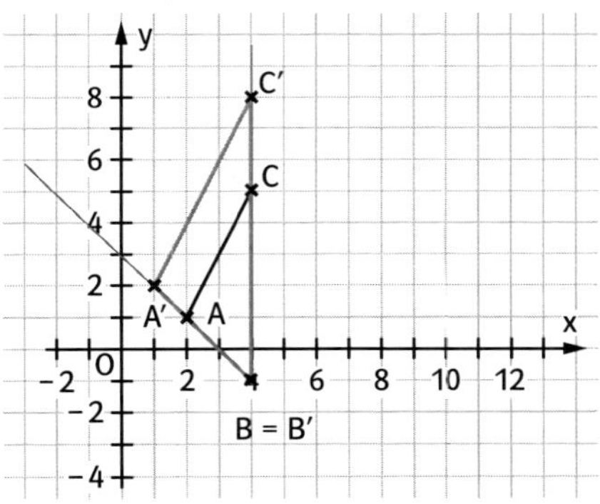

Seite 73

3

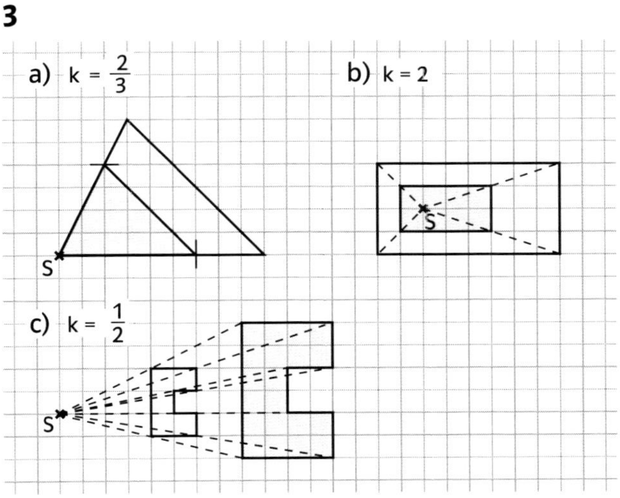

4 a) Nein, die Eckpunkte des „Bildvierecks" liegen nicht auf der Geraden durch das „Streckungszentrum" und den jeweiligen Eckpunkt.
b) Ja, bei Original und Bild sind die Winkel gleich groß und die Seiten jeweils verhältnisgleich. (Streckungszentrum: Schnittpunkt der Diagonalen)
c) Ja, bei Original und Bild sind die Winkel gleich groß und die Seiten jeweils verhältnisgleich. (Streckungszentrum ist der Schnittpunkt der Diagonalen)
d) Nein, die Längsseiten stehen im Verhältnis 3 : 4, die Querseiten im Verhältnis 1 : 2.

5 a) $b' = 3\,cm$ b) $a' = 4{,}5\,cm$

6

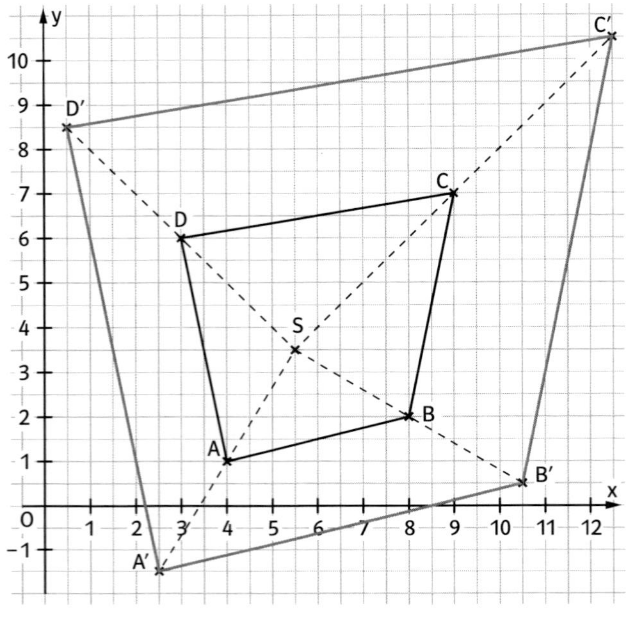

7 a) Die zentrische Streckung wird mehrfach ausgeführt. Das Bild hängt von der Lage der gewählten Streckzentren ab.
b) Liegt das Streckzentrum innerhalb der Figur, so liegt das Original vollständig innerhalb der gestreckten Figur.
Weitere besondere Lagen des Streckzentrums sind:
- Streckzentrum auf einer Kante der Figur.
- Streckzentrum in einem Eckpunkt der Figur.
- Streckzentrum hat von der Figur eine größere Entfernung als die Hälfte der Entfernung vom Streckzentrum zum entferntesten Punkt der Figur.

8
a)

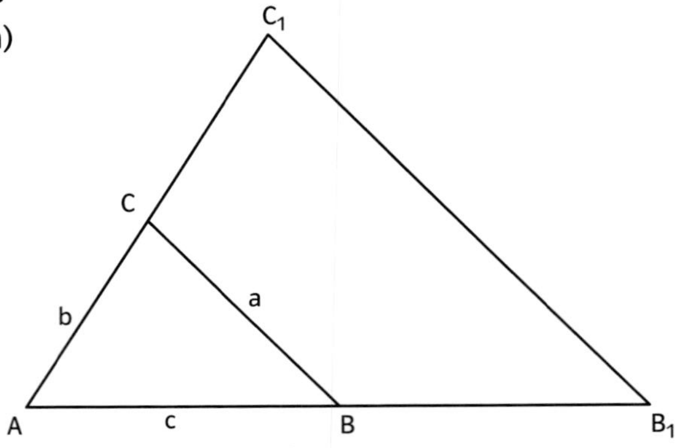

b)

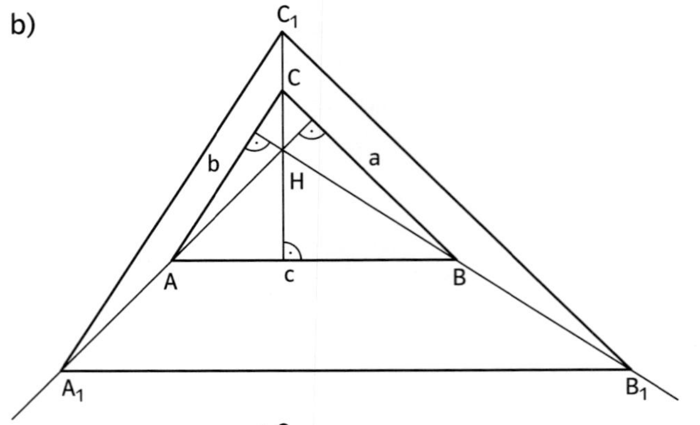

c)

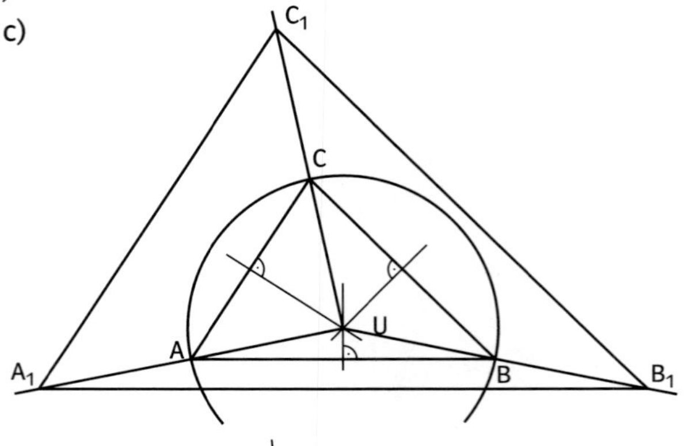

d)

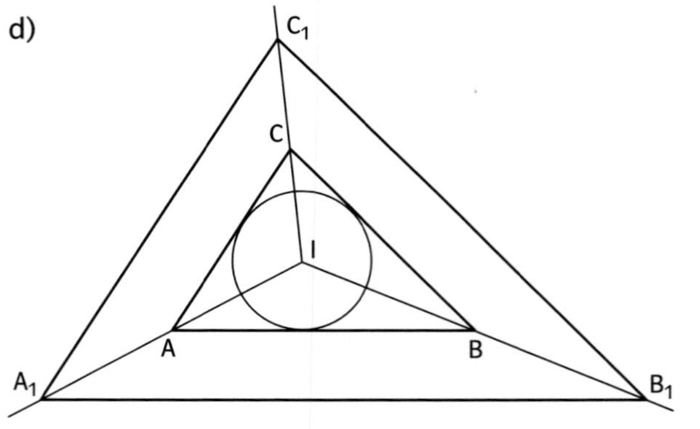

Seite 74

9

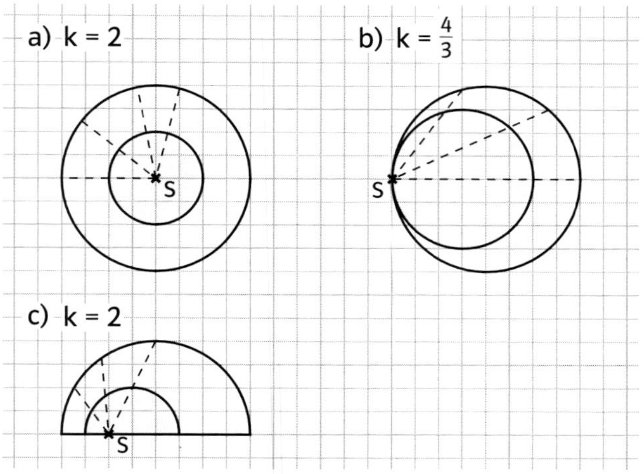

10 In das Dreieck ABC wird ein kleines Quadrat eingezeichnet, sodass eine Seite des Quadrats auf einer Dreiecksseite $\overline{AB}$ liegt und ein weiterer Eckpunkt auf der Seite $\overline{AC}$ des Dreiecks. Durch eine zentrische Streckung mit dem Streckzentrum A wird das Quadrat so vergrößert, dass es gerade noch in das Dreieck hineinpasst.

11

a)

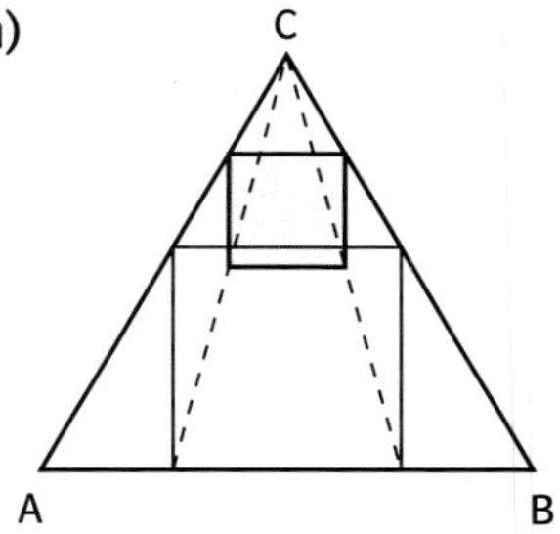

b) z. B.

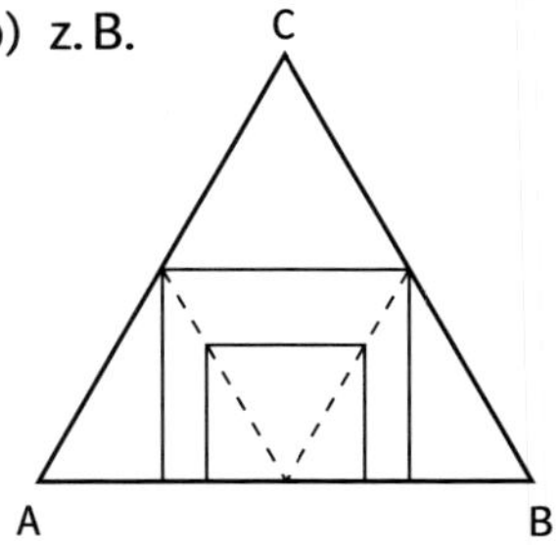

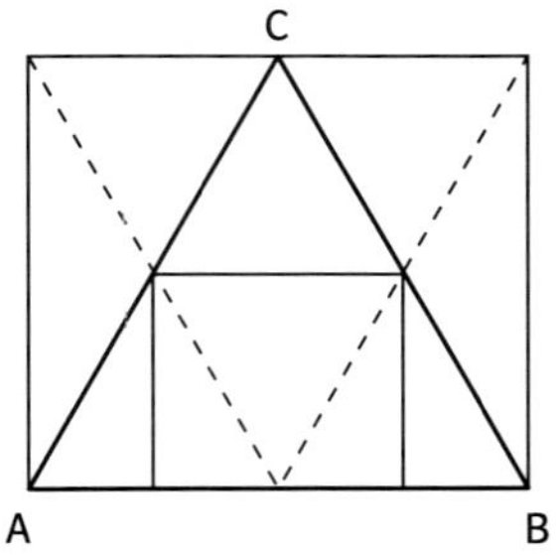

12 a) b) k = 3

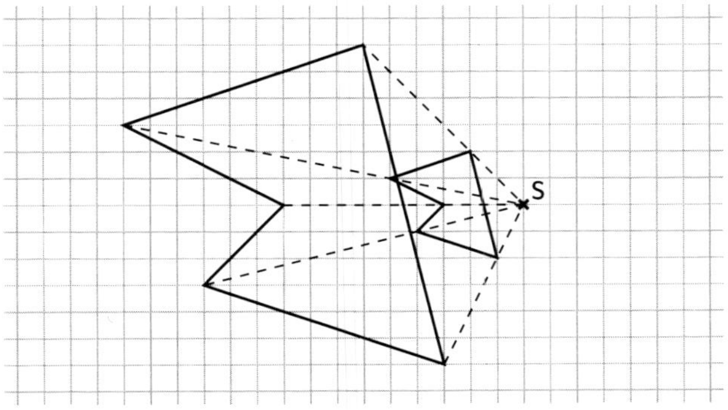

13 a) Nein. Das Zentrum S wäre der Punkt (2 | 2). Von da aus ist für die Abbildung von A auf A′ k = 3 und für die von B auf B′ k = 2.

b) Nein. Das Zentrum S wäre der Punkt (2 | 2). Von da aus ist für die Abbildung von A auf A′ $k = \frac{1}{3}$ und für die von B auf B′ $k = \frac{1}{2}$.

c) Ja. S (−1 | −1); $k = \frac{5}{4}$

d) Nein. Das Zentrum S wäre der Punkt (10 | 10). Von da aus ist für die Abbildung von A auf A′ $k = \frac{3}{4}$ und für die von B auf B′ $k = \frac{5}{8}$.

14 Wendet man eine zentrische Streckung auf eine Figur an, so ändern sich die Größen der Winkel nicht. In einem gleichseitigen Dreieck hat jeder Winkel eine Größe von 60°. Dies gilt auch für die Bildfigur. Sie ist demnach auch ein gleichseitiges Dreieck.

Da außerdem die Seitenverhältnisse einander entsprechender Seiten gleich bleiben, hat die Bildfigur eines Quadrats ebenfalls vier gleich lange Seiten und vier rechte Winkel. Die Bildfigur eines Quadrats ist also ein Quadrat. Analog wird eine Raute stets auf eine Raute mit gleich großen Winkeln abgebildet.

3 Flächeninhalte

Seite 76

1 a) $A = 36\,cm^2$ $A' = 144\,cm^2$

b) $A = 55\,cm^2$ $A' = 35{,}2\,cm^2$

2 a) $A = 0{,}5 \cdot 3\,cm \cdot 2\,cm = 3\,cm^2$; $A' = k^2 \cdot A = 27\,cm^2$

b) $A = 4\,cm \cdot 1\,cm = 4\,cm^2$; $A' = k^2 \cdot A = 1\,cm^2$

3 Der Umfang multipliziert sich mit k, also mit 5 bzw. $\frac{1}{2}$. (Der Flächeninhalt multipliziert sich mit k^2, also mit 25 bzw. $\frac{1}{4}$).

4 $k = \frac{3}{4}$; $A' = 12\frac{3}{8}\,cm^2$; ($k = 1{,}4$; $A' = 43{,}12\,cm^2$)

5 a) Da das Streckzentrum nicht vorgegeben ist, kann man z. B. S = A wählen.

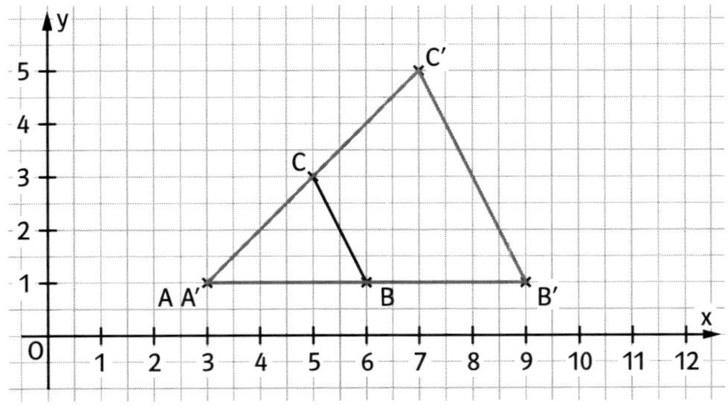

$A_{ABC} = \frac{1}{2} \cdot 3 \cdot 2 = 3\,FE$; $A_{A'B'C'} = \frac{1}{2} \cdot 6 \cdot 4 = 12\,FE$

b) $A_{ABC} \cdot k^2 = A_{A'B'C'}$; $A_{ABC} \cdot \frac{1}{4} = A_{A'B'C'}$; $k^2 = \frac{1}{4} \Longrightarrow k = \frac{1}{2}$

6 Der Streckfaktor beträgt $\sqrt{2}$.

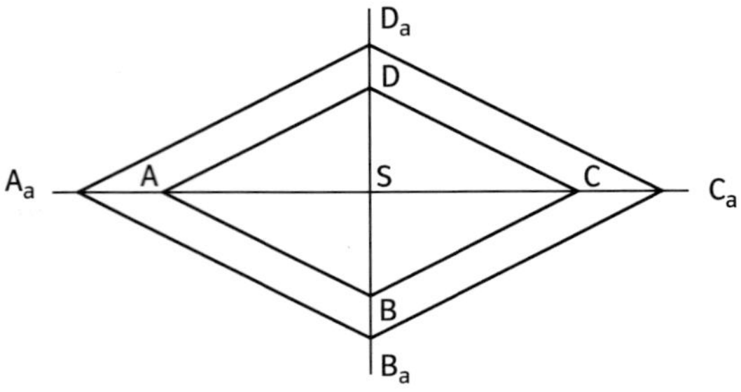

7 1. Möglichkeit: Der Streckfaktor ist $k_1 = \frac{36\,\text{cm}}{15\,\text{cm}} = \frac{12}{5} = 2{,}4$.
Die zweite Seitenlänge beträgt demnach $k_1 \cdot 24\,\text{cm} = 57{,}6\,\text{cm}$ und der Flächeninhalt des Bildrechtecks somit $A' = 24\,\text{cm} \cdot 57{,}6\,\text{cm} = 1382{,}4\,\text{cm}^2$.
2. Möglichkeit: Der Streckfaktor ist $k_2 = \frac{36\,\text{cm}}{24\,\text{cm}} = \frac{3}{2} = 1{,}5$. Die zweite Seitenlänge beträgt demnach $k_2 \cdot 15\,\text{cm} = 22{,}5\,\text{cm}$ und der Flächeninhalt des Bildrechtecks somit
$A' = 15\,\text{cm} \cdot 22{,}5\,\text{cm} = 337{,}5\,\text{cm}^2$.

10 Für das Volumen V′ des Bildkörpers und das Volumen V des Ausgangskörpers gilt bei einer zentrischen Streckung mit dem Streckfaktor k der Zusammenhang $V' = k^3 \cdot V$.
a) $V' = k^3 \cdot V = 8 \cdot 27\,\text{cm}^3 = 216\,\text{cm}^3$.
b) $k^3 = \frac{V'}{V} = 27$. Der Streckfaktor beträgt also $k = 3$.
c) Es ist $V = V' : k^3 = 48\,\text{cm}^3$. Der Quader kann also z. B. die Abmessungen $a = 2\,\text{cm}$, $b = 3\,\text{cm}$ und $c = 8\,\text{cm}$ haben (oder $a = 4\,\text{cm}$, $b = 4\,\text{cm}$, $c = 3\,\text{cm}$).

4 Strahlensätze

Seite 78

1

a)

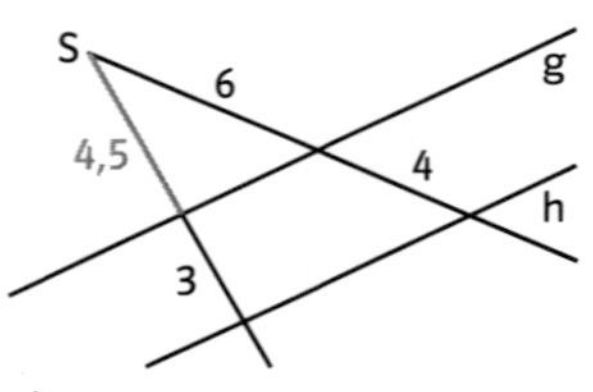

b)

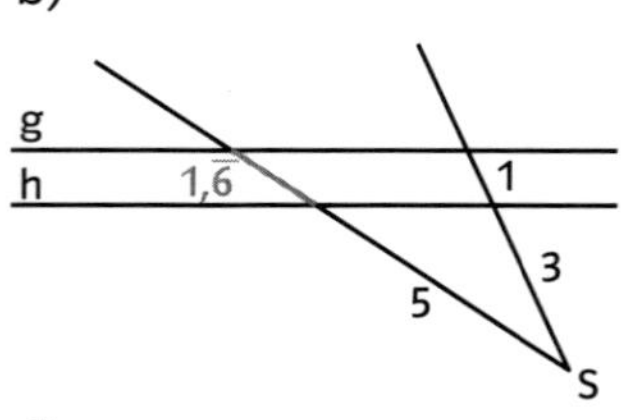

c)

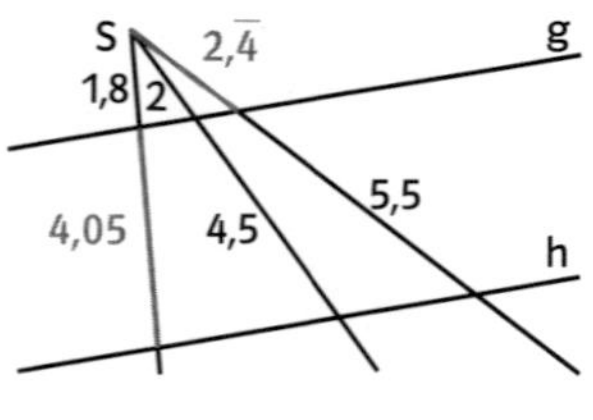

d)

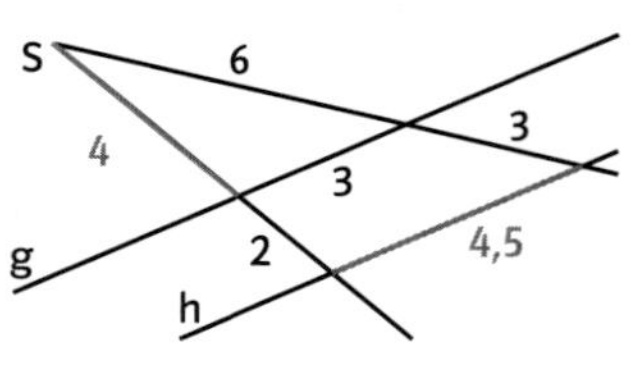

e)

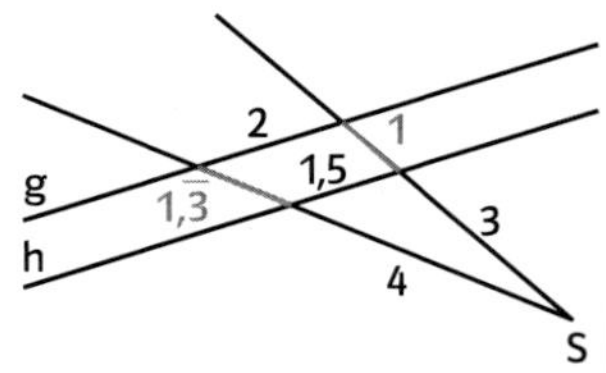

f)

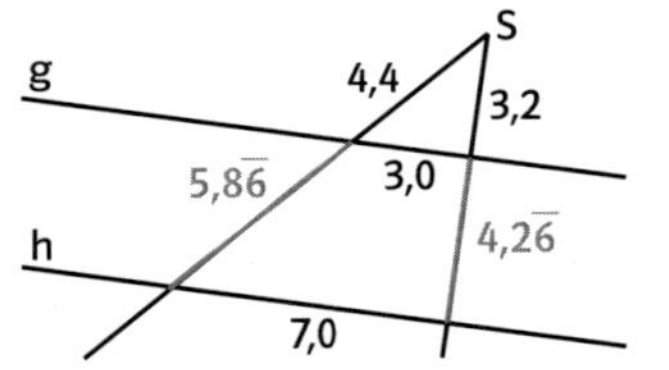

2 a) $\frac{t}{u} = \frac{v}{w}$; $\frac{t}{t+u} = \frac{v}{v+w}$; $\frac{u}{t+u} = \frac{w}{v+w}$
und $\frac{t}{t+u} = \frac{r}{s}$; $\frac{v}{v+w} = \frac{r}{s}$
b) $\frac{e}{f} = \frac{a-b}{b}$; $\frac{e}{e+f} = \frac{a-b}{a}$; $\frac{f}{e+f} = \frac{b}{a}$
und $\frac{b}{a} = \frac{c}{d}$; $\frac{f}{e+f} = \frac{c}{d}$

Seite 79

3 a) $\frac{x}{102} = \frac{103}{37}$; $x \approx 283{,}95$
Der See ist 283,95 m lang.
b) $\frac{x+86}{x} = \frac{95}{58}$; $x \approx 134{,}81$
Der See ist 134,81 m lang.

4 $\frac{x}{2{,}1 - 1{,}4} = \frac{200 + 1{,}5}{1{,}5}$; $x \approx 94$; $k \approx 94 + 1{,}4$
Der Kirchturm ist etwa 95,4 m hoch.

5 $\frac{7{,}2}{10} = \frac{x}{1}$; $x \approx 0{,}72$
Die kleine Öffnung ist etwa 0,72 cm groß.
$\frac{3{,}8}{10} = \frac{x}{1}$; $x \approx 0{,}38$
Der Draht hat eine Dicke von ca. 0,38 cm.

6 a) Diese Aussage ist falsch, denn nach dem 2. Strahlensatz ist $\frac{\overline{SA'}}{\overline{SA}} = \frac{\overline{A'B'}}{\overline{AB}}$ also
$\frac{\overline{A'B'}}{\overline{AB}} = \frac{\overline{SA'}}{\overline{SA}} = \frac{\overline{SA} + \overline{AA'}}{\overline{SA}} = \frac{\overline{SA}}{\overline{SA}} + \frac{\overline{AA'}}{\overline{SA}} = 1 + \frac{\overline{AA'}}{\overline{SA}} > \frac{\overline{AA'}}{\overline{SA}}$
b) Diese Aussage ist wahr, denn nach dem 2. Strahlensatz ist $\frac{\overline{SA'}}{\overline{SA}} = \frac{\overline{A'B'}}{\overline{AB}}$, also auch $\frac{\overline{A'B'}}{\overline{SA'}} = \frac{\overline{AB}}{\overline{SA}}$.
c) Beide Strahlensätze haben die Voraussetzung, dass zwei sich schneidende Strahlen (oder Geraden) von zwei parallelen Geraden geschnitten werden. Ist dies der Fall, so gelten beide Strahlensätze. Ist die Voraussetzung für einen der beiden Strahlensätze erfüllt, gilt demnach automatisch auch der andere.

Seite 80

7 Die Geraden sind zueinander nicht parallel,
denn $4{,}9 : 1{,}7 \approx 2{,}88 \neq 4{,}8 : 1{,}6 = 3$; $g \nparallel k$
$3{,}8 : 1{,}7 \approx 2{,}24 \neq 3{,}7 : 1{,}6 = 2{,}3125$; $g \nparallel h$
$4{,}9 : 3{,}8 \approx 1{,}29 \neq 4{,}8 : 3{,}7 \approx 1{,}30$. $h \nparallel k$

8 a) $\overline{B'D}$ und $\overline{BD'}$ sind parallel, daher gilt nach dem 2. Strahlensatz: $\overline{AB'} : \overline{AD} = \overline{AB} : \overline{AD'}$
$\Longrightarrow AB' \cdot \overline{AD'} = \overline{AD} \cdot \overline{AB} \Longrightarrow A_{AB'C'D'} = A_{ABCD}$

b)

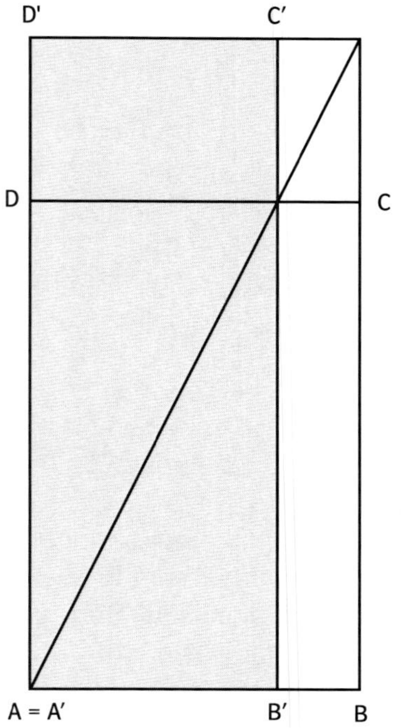

9

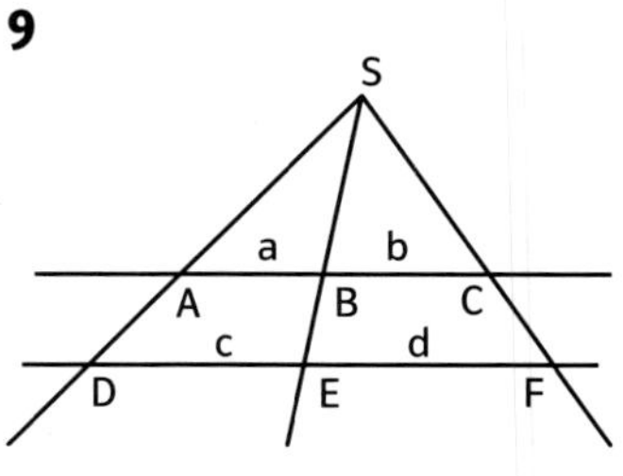

$\overline{SB}:a = \overline{SE}:c$ und
$\overline{SB}:b = \overline{SE}:d$,
also
$a:b = c:d$.

10

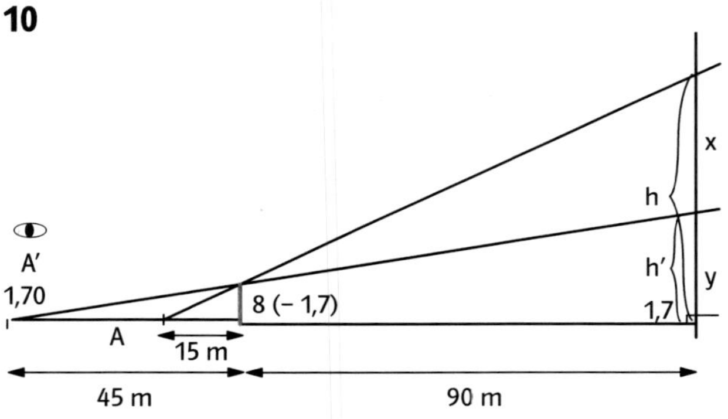

$\frac{h}{8} = \frac{105\,m}{15\,m} \iff h = 56\,m \qquad \frac{h'}{8} = \frac{135\,m}{45\,m} \iff h' = 24\,m$

Wobei h bzw. h' der nicht sichtbare Teil des Mastes ist. Dabei sieht man beim zweiten Blick 32 m mehr. Da dies doppelt so viel ist wie beim ersten Blick, der Mast ist 24 m + 2·32 m = 88 m hoch.

5 Erweiterung der Strahlensätze

Seite 82

1 Es gilt $\frac{r}{z} = \frac{x}{y}$; $\frac{x}{x+y} = \frac{r}{r+z} = \frac{y}{x+y} = \frac{z}{r+z}$
und $\frac{x}{y} = \frac{m}{n}$; $\frac{r}{z} = \frac{m}{n}$.

2 a) $\frac{a}{b} = \frac{d}{e}$ b) $\frac{s}{i} = \frac{d}{e+f}$ c) $\frac{a+b}{c} = \frac{d+e}{f}$
d) $\frac{b}{b+c} = \frac{r}{i}$ e) $\frac{a+b}{a} = \frac{d+e}{d}$
f) $\frac{b+c}{d} = \frac{i}{\square}$ keine Strahlensatzgleichung

3 a)

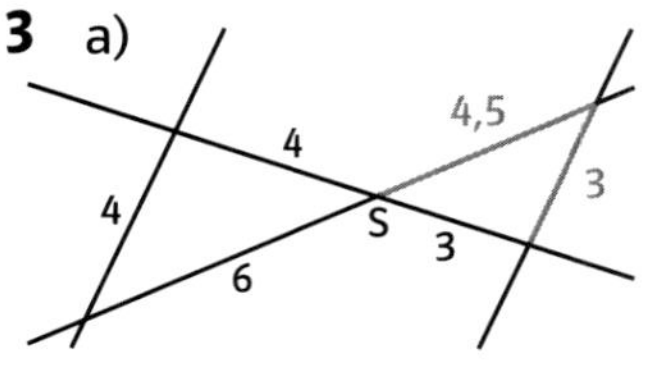

b)

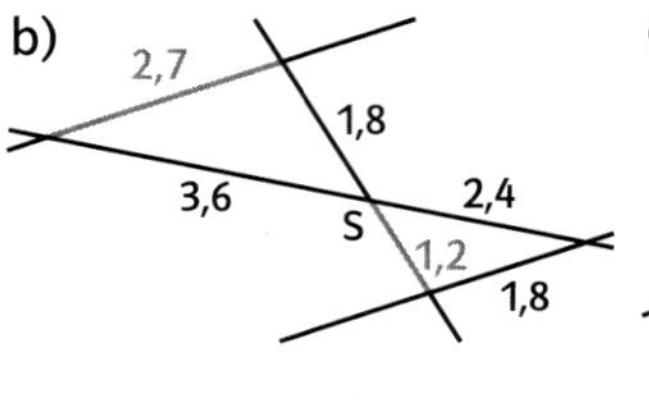

c)

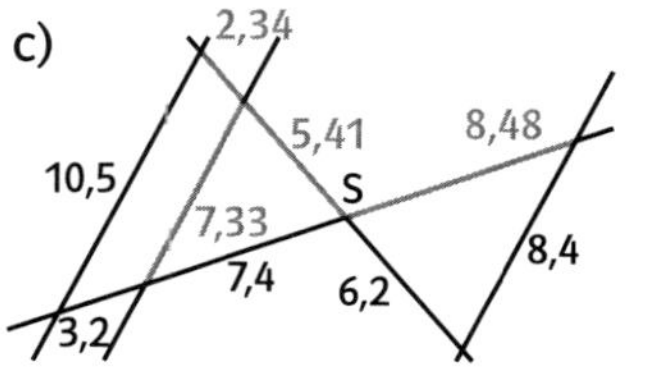

4 a)

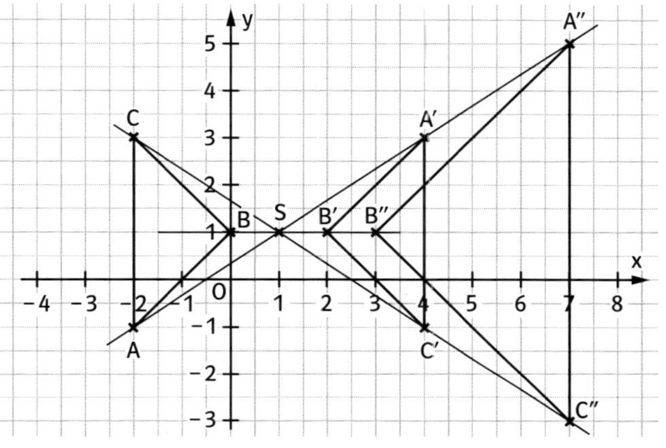

A'(4 | 3); B'(2 | 1); C'(4 | –3)
A''(7 | 5); B''(3 | 1); C''(7 | –3)

b)

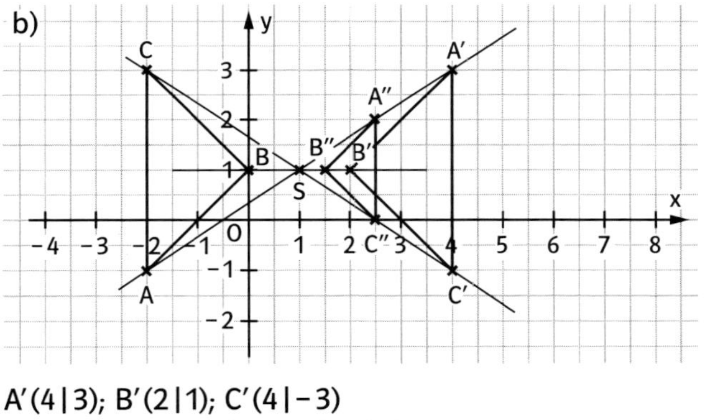

A'(4 | 3); B'(2 | 1); C'(4 | –3)
A''(2,5 | 2); B''(1,5 | 1); C''(2,5 | 0)

c)

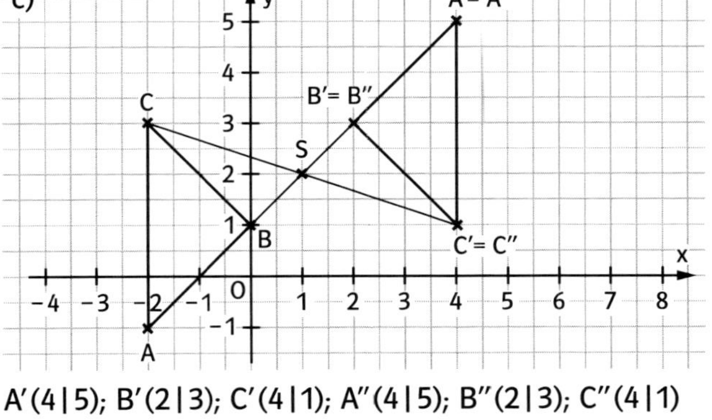

A'(4 | 5); B'(2 | 3); C'(4 | 1); A''(4 | 5); B''(2 | 3); C''(4 | 1)

5 a) A′(−1 | 1); B′(−1 | −1); C′(2 | −1); D′(2 | 1)
A″(−1 | 0,5); B″(−1 | 0,5); C″(0,5 | −0,5); D″(0,5 | −0,5)

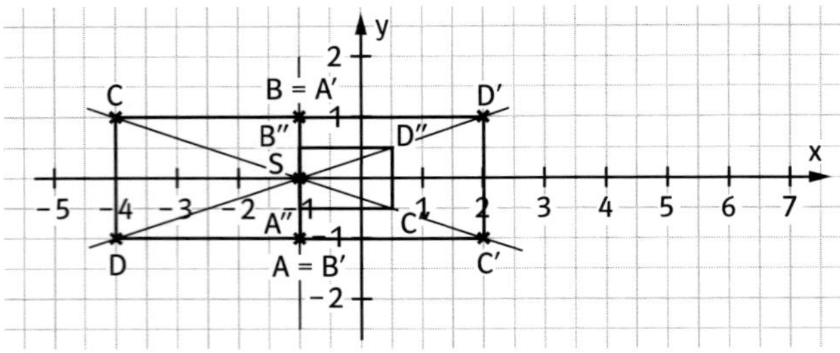

b) A′(−1 | 3); B′(−1 | 1); C′(2 | 1); D′(2 | 3)
A″(−1 | 4); B″(−1 | 1); C″(3,5 | 1); D″(3,5 | 4)

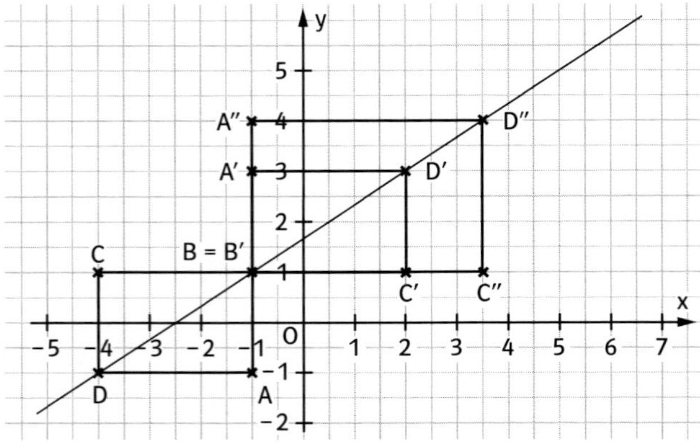

c) A′(3 | 5); B′(3 | 3); C′(6 | 3); D′(6 | 5)
A″(2 | 3,5); B″(2 | 2,5); C″(3,5 | 2,5); D″(3,5 | 3,5)

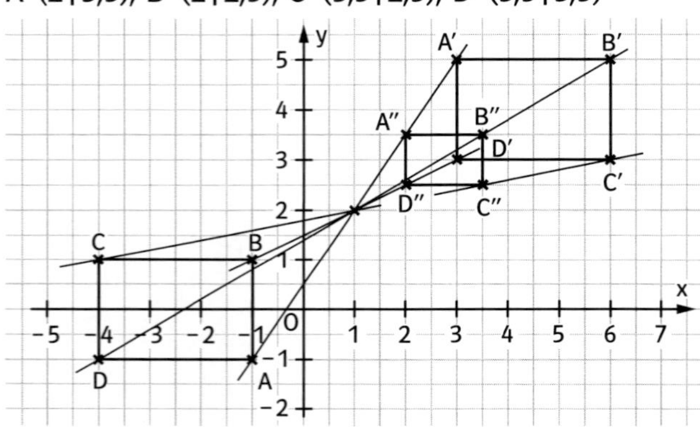

6 Der Abstand zwischen den Felspunkten beträgt 610 m.

Seite 83

7 Der Fluss ist 7,5 m breit.

8 Der Turm wird in einer Größe von 28,5 cm abgebildet.

9 a) Anke steht ca. 1,28 km vom Dorf entfernt.
b) Der Ansatz und die Lösung der Aufgabe werden durch die Auswahl der Schülerinnen und Schüler beeinflusst.

6 Ähnlichkeitsabbildungen

Seite 85

1 a) Drehung von Δ ABC um A im Uhrzeigersinn um 90°; zentrische Streckung mit Streckzentrum A und Streckfaktor $\frac{1}{3}$
b) Zentrische Streckung mit Streckzentrum B und Streckfaktor $\frac{2}{3}$; Achsenspiegelung an g (g ist Mittelsenkrechte von $\overline{C'G}$ bzw. $\overline{A'F}$)

2 a) $\overline{AB} : \overline{BC} = 5 : 1{,}6$; $\overline{A'B'} : \overline{B'C'} = 4{,}3 : 1{,}2 \neq 5 : 1{,}6$
Entsprechende Seitenverhältnisse in beiden Rechtecken stimmen nicht überein. Die Gerade CC′ müsste dann auch durch A verlaufen.
b) Der dritte Winkel im Ausgangsdreieck beträgt 80°, also ist kein rechter Winkel in diesem Dreieck vorhanden (Ähnlichkeitsabbildungen sind aber winkeltreu).

3 a)

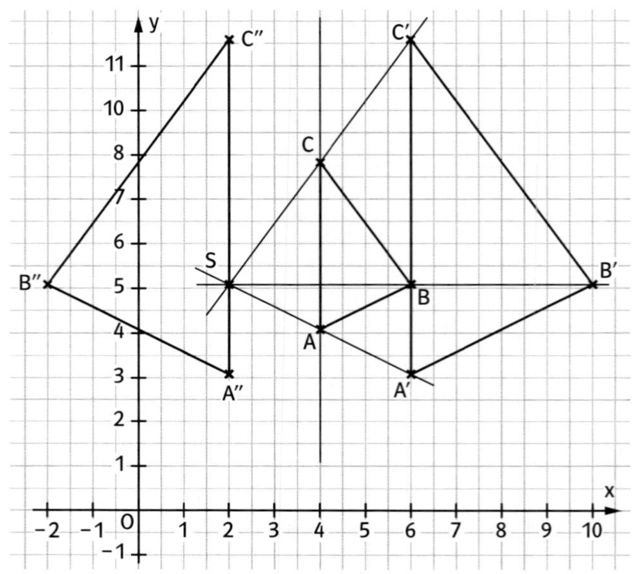

A′(6 | 3); B′(10 | 5); C′(6 | 11),
A″(2 | 3); B″(−2 | 5); C″(2 | 11)

b)

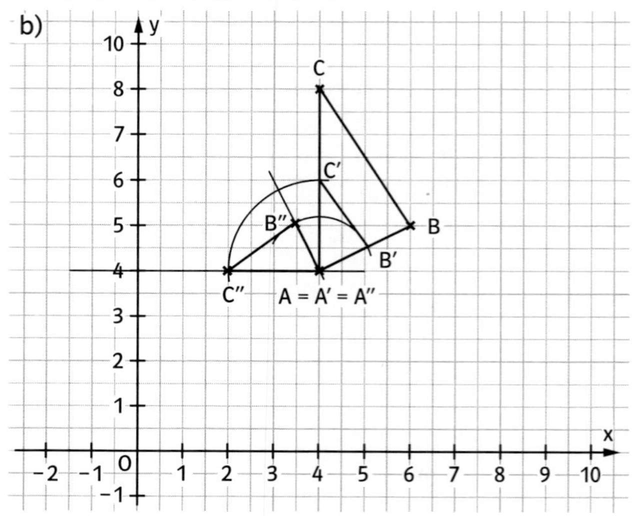

A′ = A; B′(5 | 5,5); C′(4 | 6), A″ = A; B″(3,5 | 5); C″(4 | 2)

c) Das Bilddreieck A″B″C″ von a) hat verglichen mit dem Ausgangsdreieck ABC den vierfachen Flächeninhalt. Der Flächeninhalt des Bilddreiecks A″B″C″ von b) beträgt ein Viertel des Flächeninhaltes des Ausgangsdreiecks ABC.
Damit hat das Bilddreieck A″B″C″ von a) den 16-fachen Flächeninhalt vom Bilddreieck A″B″C″ von b).
d) Hier sind mehrere Lösungen möglich, z. B. eine Drehung um A um 270°, anschließend eine Spiegelung an der Geraden g mit g: $x = 3$ und eine zentrische Streckung mit Streckzentrum S(2 | 3) und Streckfaktor $k = 4$.

4 a) zentrische Streckung $Z_{M;2}$
b) grün auf rot: Drehung um 45° um M; zentrische Streckung $Z_{M;\sqrt{2}}$;
rot auf blau: Drehung um 45° um M; zentrische Streckung $Z_{M;W2}$
c) Das rote Quadrat hat einen doppelt so großen Flächeninhalt wie das grüne Quadrat, das blaue hat den doppelten Flächeninhalt vom roten Quadrat. Die Diagonalen des großen Quadrats teilen das grüne Quadrat in vier Dreiecke; diese Dreiecke sind genauso groß wie die jeweils gegenüberliegenden Teilflächen des roten Quadrats, die außerhalb des grünen Quadrats liegen. Der Flächeninhalt wird also verdoppelt; analog beim Vergleich des blauen Quadrats mit dem roten Quadrat.
d) Der Flächeninhalt verdoppelt sich jeweils. Das bedeutet, dass sich der Flächeninhalt von der ersten zur zehnten Figur insgesamt neunmal verdoppelt. Das erste, grüne Quadrat hat einen Flächeninhalt von $2\,cm^2$.
Das zweite, rote Quadrat hat einen Flächeninhalt von $2 \cdot 2\,cm^2 = 4\,cm^2$.
Das blaue Quadrat hat den Flächeninhalt
$2 \cdot 2 \cdot 2\,cm^2 = 2^2 \cdot 2\,cm^2 = 8\,cm^2$.
Der Flächeinhalt der 10. Figur beträgt also
$2^9 \cdot 2\,cm^2 = 512 \cdot 2\,cm^2 = 1024\,cm^2$.

5 a) Kongruente Figuren haben gleiche Seitenlängen und gleich große Winkel; demnach sind die Längenverhältnisse einander entsprechender Seiten und die Winkel in Figur und Bildfigur gleich groß. Daher lassen sich kongruente Figuren durch Drehen und Verschieben auf einander abbilden, sie sind also stets ähnlich.
b) Diese Aussage ist falsch. Eine zentrische Streckung etwa mit einem Streckfaktor $k = 2$ verdoppelt die Seitenlängen einer Figur; Bild und Ausgangsfigur sind also nicht mehr deckungsgleich, da die Seiten nicht mehr gleich lang sind.
c) Diese Aussage ist falsch. Bei einer zentrischen Streckung mit Streckfaktor $k = 1$ oder einer Drehung werden die Seitenlängen nicht verändert.

7 Ähnliche Dreiecke

Seite 87

1 a) nicht zueinander ähnlich, da $\gamma = 50°$
b) zueinander ähnlich, da $\alpha = 55°$
c) nicht zueinander ähnlich, da $\beta = 20°$

2 a) nicht zueinander ähnlich
b) zueinander ähnlich
c) nicht zueinander ähnlich
d) nicht zueinander ähnlich
e) zueinander ähnlich
f) zueinander ähnlich

3 a) Die Winkel in beiden Dreiecken sind jeweils 90°, 45° und 45° groß.
b) Alle Winkel in beiden Dreiecken sind 60° groß.

Seite 88

4 a) △AED ist ähnlich △ABE ist ähnlich △BCF ist ähnlich △CDF ist ähnlich △ABD ist ähnlich △BCD.
Stellvertretend für alle Einzelnachweise wird ein Beweis aufgeschrieben. Die anderen Beweise können analog geführt werden.
△AED ist ähnlich △ABE.
∢DEA = ∢AEB = 90°, nach Skizze
∢EAD = 90° − ∢BAE, 90°-Winkel des Rechtecks
∢EBA = 180° − 90° − ∢BAE = 90° − ∢BAE, da Innenwinkelsumme im Dreieck ABE.
Es folgt ∢EAD = ∢EBA und ∢ADE = ∢BAE, da Innenwinkelsumme im Dreieck.
b) △AED: $\overline{DA} = 6\,cm$; $\overline{AE} = 4{,}8\,cm$; $\overline{ED} = 3{,}6\,cm$
△ABE: $\overline{AB} = 8\,cm$; $\overline{BE} = 6{,}4\,cm$; $\overline{AE} = 4{,}8\,cm$
c) $\overline{DB}$ lässt sich am einfachsten mit dem Satz des Pythagoras berechnen. Im Dreieck ABD gilt $\overline{DB}^2 = a^2 + b^2 = 64\,cm^2 + 36\,cm^2 = 100\,cm^2$.
Demnach ist $\overline{DB} = 10\,cm$.

5

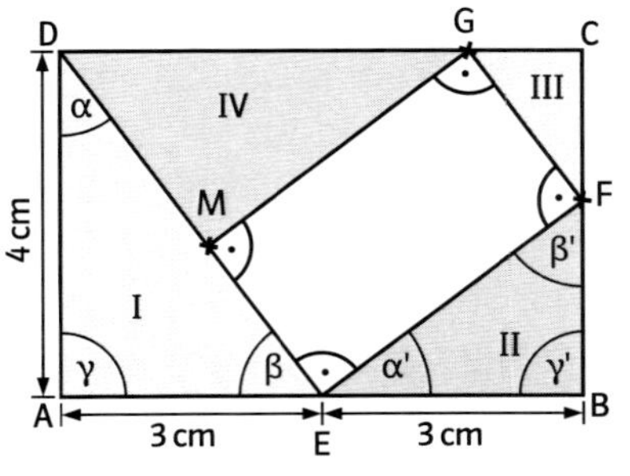

a) Die Dreiecke AED und EBF sind ähnlich.
$\gamma = \gamma'$, da beide 90°-Winkel aus dem Rechteck sind.
$\beta = 180° - 90° - \alpha' = 90° - \alpha'$
– gestreckter Winkel an der Rechteckseite
$\beta' = 180° - \gamma' - \alpha' = 180° - 90° - \alpha' = 90° - \alpha'$
– Innenwinkelsumme im Dreieck

Es folgt: $\beta = \beta'$.
$\alpha = \alpha'$ – ergibt sich als dritter Winkel aus der Innenwinkelsumme der Dreiecke. Der Nachweis der Ähnlichkeit für die anderen Dreiecke erfolgt analog.
b) Dreieck I: $\overline{AD} = 4\,cm$; $\overline{AE} = 3\,cm$; $\overline{DE} = 5\,cm$
Dreieck II: $\overline{BE} = 3\,cm$; $\overline{BF} = 2{,}25\,cm$; $\overline{EF} = 3{,}75\,cm$
Dreieck III: $\overline{FC} = 1{,}75\,cm$; $\overline{CG} = 1{,}3125\,cm$; $\overline{FG} = 2{,}1875\,cm$
Dreieck IV: $\overline{DG} = 4{,}6875\,cm$; $\overline{MD} = 2{,}8125\,cm$; $\overline{MG} = 3{,}75\,cm$
c) Die Längen im Dreieck II betragen $\frac{3}{4}$ der Längen im Dreieck I, d.h., der Verkleinerungsfaktor ist $\frac{3}{4}$. Zwischen den Dreiecken I und III ist der Verkleinerungsfaktor $\frac{7}{16}$ und zwischen den Dreiecken I und IV $\frac{15}{16}$.

6 a) Winkel β ist in beiden Dreiecken enthalten.
$\alpha = \beta$, da Basiswinkel im gleichschenkligen Dreieck ABC.
$\beta = \delta$, da Basiswinkel im gleichschenkligen Dreieck ABD. Es folgt $\alpha = \beta = \delta$.
$\gamma = \varepsilon$ folgt aus der Innenwinkelsumme im Dreieck. Aus den drei übereinstimmenden Winkeln ergibt sich die Ähnlichkeit der Dreiecke.
b) $a_1 = \frac{841}{410} \approx 2{,}05\,cm$

7 $k = \frac{b}{c} = \frac{4}{7}$; $a' = \frac{24}{7} \approx 3{,}4\,cm$; $b' = \frac{16}{7} \approx 2{,}3\,cm$
Für die Lage des Punktes D gibt es vier Möglichkeiten.

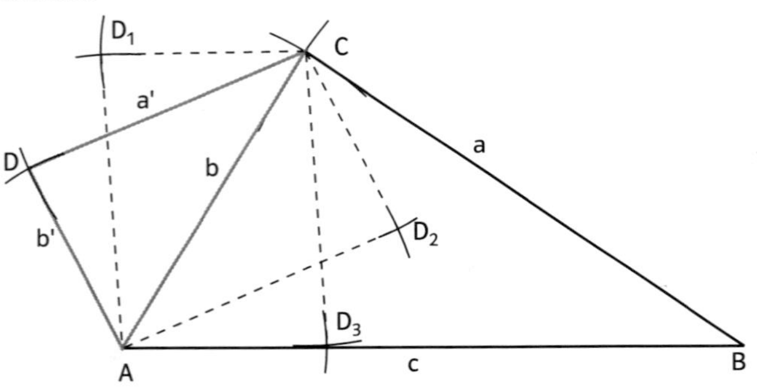

8 a) Das Geodreieck ist rechtwinklig und gleichschenklig. Hält der Förster in der Abbildung eine der beiden Katheten (kurzen Seiten) des Geodreiecks parallel zum Boden, die andere parallel zum Baumstamm und peilt über die Hypotenuse (lange Seite) die Spitze des Baums an, so kann er dessen Höhe alleine mithilfe der Entfernung zum Baum bestimmen. Das so entstehende Dreieck ist ähnlich zum Geodreieck, also ist die Höhe des Baums ab der Augenhöhe des Försters genauso groß wie die Entfernung des Försters zum Baum. Die gesamte Höhe des Baums ist die Summe aus der Augenhöhe (im Beispiel 1,7 m) und der Entfernung (im Beispiel 4,3 m).
b) Der Baum hat eine Höhe von 4,3 m + 1,7 m = 6 m.
c) Individuelle Lösungen

9 Die Dreiecke CDB und CDA vgl. Schülerbuch Seite 87, Bsp. 2 sind ähnlich.
$\Longrightarrow h:p = q:h$; $\Longrightarrow h^2 = p \cdot q$

Wiederholen – Vertiefen – Vernetzen

Seite 89

1

6 mm 15 mm

a) $k = \frac{15}{6} = \frac{5}{2} = 2{,}5$
b) Durch das Ausmessen markanter Strecken auf Original und Kopie kann der Vergrößerungsfaktor bestimmt werden. Dieser entspricht der Einstellung auf dem Kopierer. Je nach Kopierertyp muss eventuell in % umgerechnet werden.

2 Sind S, A und A′ die Punkte am Boden, S, B und B′ die Punkte am Baum bzw. Strahl, so gilt:
a) Erster Strahlensatz: $\frac{\overline{SA}}{\overline{SA'}} = \frac{\overline{SB}}{\overline{SB'}}$; $\frac{4{,}8}{1{,}5} = \frac{\overline{SB}}{1{,}8}$;
$\overline{SB} = 5{,}76$. Der Baum ist 5,76 m hoch.
b) Zweiter Strahlensatz: $\frac{\overline{SA'}}{\overline{SA}} = \frac{\overline{A'B'}}{\overline{AB}}$; $\frac{4{,}8}{1{,}5} = \frac{\overline{A'B'}}{1{,}8}$;
$\overline{A'B'} = 5{,}76$. Der Baum ist 5,76 m hoch.

3 a) Durch das Lineal wird eine 4 cm lange und in vier gleiche Teile zerlegte Strecke vorgegeben. Die Parallelen übertragen die Einteilung vom Lineal auf die Strecke $\overline{AB}$. Da sich nach dem 1. Strahlensatz die Strahlenabschnitte auf dem Lineal genau so verhalten wie die entstandenen Strahlenabschnitte auf dem Strahl $\overline{AB}$, wurde der Strahl $\overline{AB}$ in vier gleiche Teile geteilt.
b) Maßstab 1:2

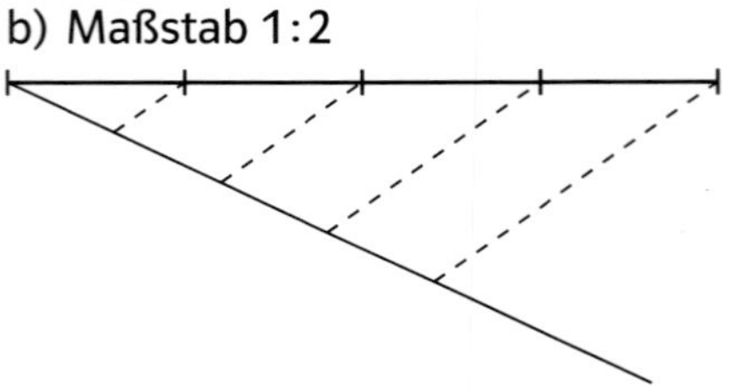

c) Maßstab 1:2

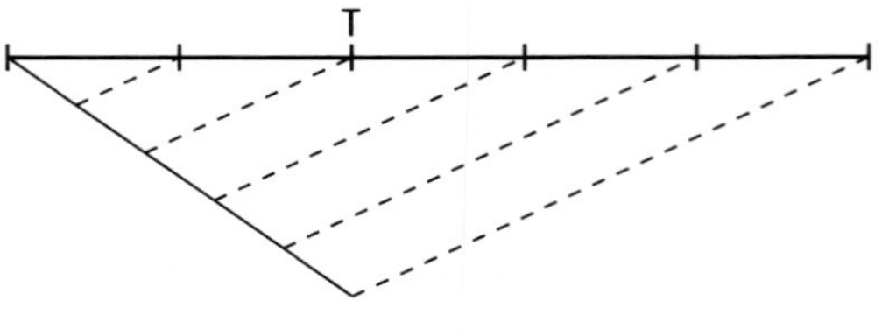

4 Der Mondradius beträgt rund 1745 km.

5

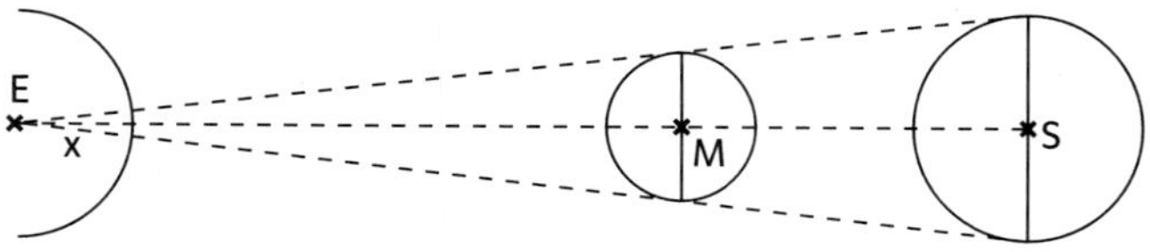

$\frac{x}{x + 384\,000} = \frac{245}{3490}$; $x \approx 28\,992$

$\frac{x + \overline{ES}}{x + \overline{EM}} = \frac{d_S}{d_M}$; $\frac{28\,992 + \overline{ES}}{28\,992 + 384\,000} = \frac{1\,392\,000}{3490}$;

$\overline{ES} \approx 164\,694\,000$

Die Entfernung der Erde von der Sonne beträgt rund 164 694 000 km.

Seite 90

6 a)

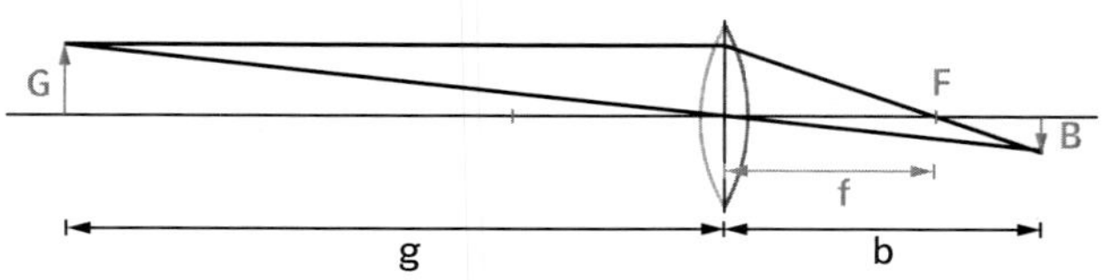

Zum Beispiel die grauen Dreiecke

b) 2. Strahlensatz: $\frac{g}{b} = \frac{G}{B}$

c) $f = 0{,}02\,m$; $G = 1{,}6\,m$; $B = 0{,}036\,m$

$\frac{b - f}{f} = \frac{B}{G}$; $b \approx 0{,}020\,45\,m$

$\frac{g}{b} = \frac{G}{B}$; $g \approx 0{,}91\,m$

7 a) $k = \frac{1}{2}$; $A_{CM_1M_2} = \frac{1}{2}\overline{M_1M_2} \cdot h_1$

Aufgrund der Strahlensätze gilt:

$\overline{M_1M_2} = \frac{1}{2}\overline{AB}$ und $h_1 = \frac{1}{2}h$,

also $A_{CM_1M_2} = \left(\frac{1}{2}\right)^2 \cdot A_{ABC} = \frac{5}{4}\,cm^2 = 1{,}25\,cm^2$

b)

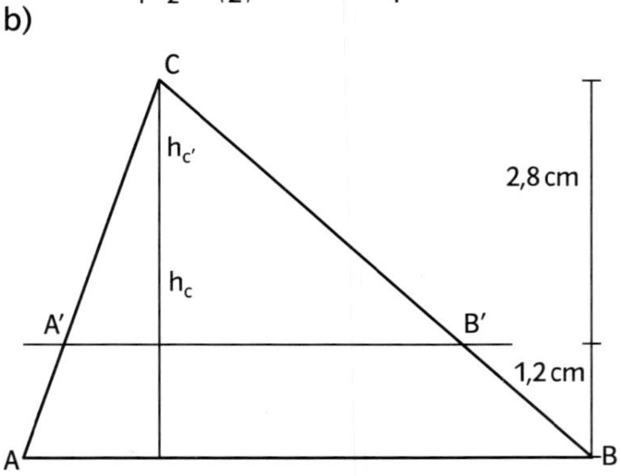

Das Dreieck ABC hat den Flächeninhalt $A = \frac{1}{2} \cdot 6\,cm \cdot 4\,cm = 12\,cm^2$. Durch Zeichnen einer Parallele zur Seite AB entstehen ein zu ABC ähnliches Dreieck A'B'C und ein Trapez ABB'A'.

Das Dreieck A'B'C ist hierbei das Bild von ABC, das durch eine zentrische Streckung mit Streckzentrum C und Streckfaktor $k = \sqrt{\frac{1}{2}}$ entsteht, da für die Flächeninhalte der Dreiecke gilt: $A' = k^2 \cdot A = \frac{1}{2} \cdot A$.

Dementsprechend gilt für die Höhe im Bilddreieck $h_{c'} = \sqrt{\frac{1}{2}} \cdot 4\,cm \approx 2{,}8\,cm$. In diesem Abstand muss also die Parallele zur Seite AB gezeichnet werden.

8 $k = \frac{28}{25}$; Ansatz: Preis proportional zur Fläche der Pizza; $\left(\frac{28}{25}\right)^2 \cdot 5{,}80\,€ \approx 7{,}27\,€$.

Es sollte auch über andere Verkaufsargumente diskutiert werden (Rabatt, Angebote, gleicher Energieeinsatz bei unterschiedlichen Pizzagrößen …).

9 $\frac{m_2}{m_1} = \frac{a_2}{a_1} \Longrightarrow \frac{18\,cm}{50\,cm} = \frac{a_2}{40\,cm}$; $a_2 = 14{,}4\,cm$

10 $\frac{h_1 - h_2}{h_1} = \frac{r_2}{r_1} \Longrightarrow \frac{18{,}5\,cm - h_2}{18{,}5\,cm} = \frac{2{,}6\,cm}{7{,}4\,cm}$; $h_2 = 12\,cm$

Seite 91

11 a) Es gilt nach dem 2. Strahlensatz:

$\frac{h}{12\,m} = \frac{2{,}3\,km}{100\,km}$. Hieraus folgt $h = 276\,m$.

b) 100 % Steigung bedeutet, dass die Straße auf 100 m ebener Strecke um 100 m ansteigt.

c) Die Straße überwindet auf 100 m einen Höhenunterschied von $285\,m : 38 = 7{,}5\,m$. Die Steigung beträgt also 7,5 %.

d) Nach dem Satz des Pythagoras gilt

$s^2 = (2300\,m)^2 + (285\,m)^2$

$s^2 = 5\,371\,225\,m^2$

$s \approx 2317{,}6\,m$

Die zurückgelegte Strecke beträgt also $s = 2317{,}6\,m$.

12 Benutzt man ein beliebiges Rechteck, so sind das halbierte Rechteck und das Ausgangsrechteck im Allgemeinen nicht ähnlich. Das DIN-A4-Blatt ist jedoch ein Rechteck, bei welchem durch Teilung ein ähnliches Rechteck entsteht.

Es gilt: $\frac{a}{b} = \frac{b}{\frac{1}{2}a}$ und $\frac{1}{2}a^2 = b^2$ und $\frac{a}{b} = \sqrt{2}$.

13 a) Im Aufsatz sollten eingebaut sein:

- 1. Strahlensatz
- Parallelen $\overline{UF}$ und $\overline{WF}$
- der Streckfaktor $k = \frac{\overline{SW}}{\overline{SU}}$
- das Streckzentrum S

b) Fig. 1: $k = 2$ Fig. 2: $k = \frac{7}{3}$

c) Einfache Modelle können auch aus Pappe im Unterricht erstellt werden.

14 Da a∥c gilt, ergibt sich nach dem zweiten Strahlensatz: $\frac{\overline{EA}}{\overline{EC}} = \frac{a}{c}$.

15 Näherungsweise: $\frac{x}{x + 7} = \frac{1{,}5}{2}$; $x = 21\,m$

Bei einem angenommenen Augenabstand von 6 cm ergibt sich: $\frac{21 - x}{21} = \frac{0{,}06}{1{,}5}$; $x = 20{,}16\,m$.

Exkursion: Experimentieren mit Geometrie

Seite 92

1 Die Erstellung der Lösungen ist abhängig von der eingesetzten Software. Es soll eine zentrische Streckung mit veränderbarem Streckfaktor konstruiert werden.

2
- S innerhalb des Dreiecks ABC:
  $k < 1$: Bild liegt vollständig im Original
  $k = 1$: Bild und Original sind identisch
  $k > 1$: Original liegt vollständig im Bild
- S auf einer Seite des Dreiecks ABC:
  Wie bei „S innerhalb des Dreiecks" jedoch liegen eine Bild- und eine Originalseite aufeinander.
- S in einem Eckpunkt des Dreiecks ABC:
  Wie bei „S innerhalb des Dreiecks" jedoch liegen ein Punkt und zwei Seiten von Bild und Original aufeinander.
- S außerhalb des Dreiecks ABC:
  Bild und Original berühren sich nicht, wenn der Punkt S weit genug vom Dreieck ABC entfernt liegt und der Faktor k groß bzw. klein genug ist. Zu jedem Faktor k gibt es um das Dreieck ABC eine Sechsecklinie, auf der S liegen kann, so dass sich Bild- und Originaldreieck gerade in einem Punkt berühren.

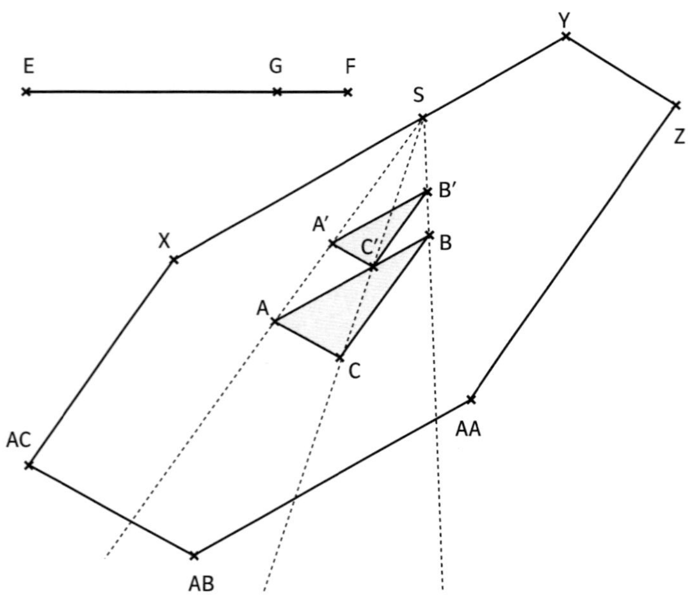

3 Wird der Streckfaktor bei einer zentrischen Streckung von 0 an vergrößert, so bewegt sich das Bild für $0 < k < 1$ auf das Original zu und wird dabei größer. Für $1 < k < \infty$ bewegt sich das Bild vom Original weg.

Seite 93

4 a) Sehnensatz:
Schneiden zwei Sehnen einander in einem Punkt S, so ist das Produkt der Längen der jeweiligen Sehnenabschnitte gleich. $\overline{CE} \cdot \overline{ED} = \overline{AE} \cdot \overline{EB}$
b) Schneiden sich zwei Sehnen in einem Punkt P im Kreisinneren, dann gilt: Das Produkt der Längen der jeweiligen Sehnenabschnitte ist gleich.

5 a) $\overline{SA} \cdot \overline{SA'} = \overline{SB} \cdot \overline{SB'}$ oder $\overline{SA} : \overline{SB'} = \overline{SB} : \overline{SA'}$
b) Konstruiert man einen Kreis mit zwei sich außerhalb des Kreises in S schneidenden Sekanten g und h, sind A und A' die Schnittpunkte von g, B und B' die Schnittpunkte von h mit dem Kreis, so gilt der Sekantensatz: $\overline{SA} : \overline{SB'} = \overline{SB} : \overline{SA'}$.

6 a) Sei $\overline{SB}$ eine Tangente zum Kreis durch den Punkt S, AA' Sekante die durch S geht.
Es gilt: $\overline{SA} \cdot \overline{SA'} = (\overline{SB})^2$
b)

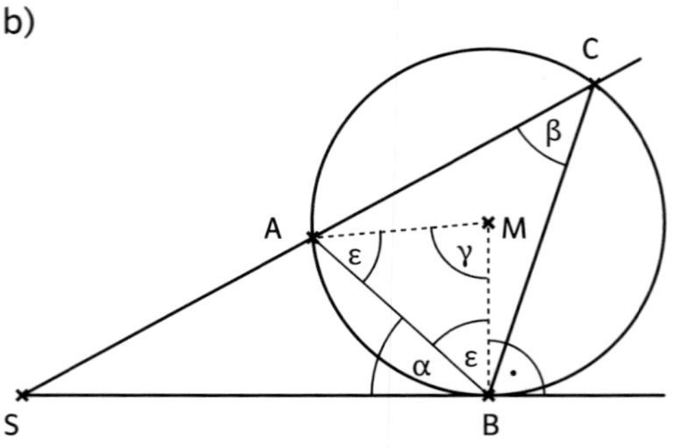

Die Dreiecke SA'B und SAB sind ähnlich, denn es gilt: $\sphericalangle$ ASB ist in beiden Dreiecken enthalten.
$\alpha = \beta$, denn: $\alpha + \varepsilon = 90°$ und da $2\varepsilon = 180 - \gamma$ gilt $\alpha + \left(90 - \frac{\gamma}{2}\right) = 90°$, also $\alpha = \frac{\gamma}{z} = \beta$, da γ der zu β gehörende Mittelpunktswinkel ist.
$\sphericalangle SAB = \sphericalangle CBS$, Innenwinkelsumme im Dreieck.
Aus der Ähnlichkeit der Dreiecke folgt: $\frac{\overline{SB}}{\overline{SA'}} = \frac{\overline{SA}}{\overline{SB}}$.

7

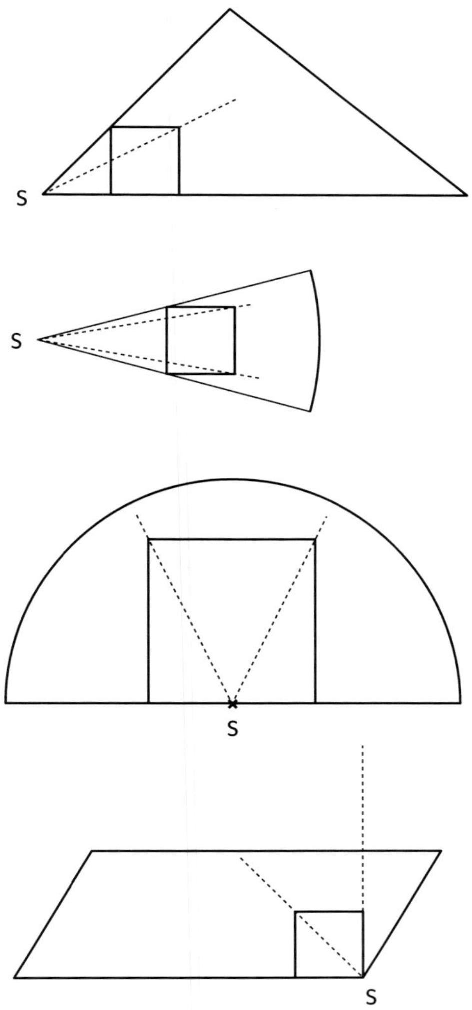

8 Individuelle Lösung

Exkursion: Der Goldene Schnitt

Seite 95

1 Individuelle Lösung

2 In der Natur findet man den Goldenen Schnitt z. B. beim Seestern, beim Wachstum von Pflanzen.

3 Aus Symmetriegründen gilt, dass alle Seiten des Fünfecks ABCDE die gleiche Länge a haben und alle Diagonalen die gleiche Länge d.
- Außerdem ist jede Diagonale parallel zur gegenüberliegenden Seite. Dies gilt, weil die Winkel im Fünfeck zusammen 540° ergeben und somit in jeder Ecke des Fünfecks 108°. Die Winkel im Trapez ABCE sind zusammen 360° und an den spitzen Winkeln 72°. Daher ist z. B. AB II EC.
- Das Viereck TCDE ist somit ein Parallelogramm. Da gegenüberliegende Seiten im Parallelogramm gleich lang sind, ist $\overline{TC} = \overline{ED} = a$.
- Der Punkt T teilt die Diagonale AC, so dass $\overline{CE} : \overline{AB} = \overline{TC} : \overline{TA}$, wegen des 2. Strahlensatzes. Also gilt $d : a = a : (d - a)$.

IV Daten und beschreibende Statistik

1 Erhebung von Daten

Seite 101

1 a) Die Menge aller Autos, die im Laufe einer Woche an der Schule vorbei fahren.
b) Es sollte an fünf aufeinanderfolgenden Tagen (Montag bis Freitag) während der Schulzeit – d.h. nicht in den Ferien – gezählt werden. Die Zählung sollte möglichst ganztägig erfolgen. Die Uhrzeiten sollten so gewählt werden, dass in für die Schule relevante Zeiten gemessen wird.

2 a) Nimmt man an, dass sich im Verlauf des sechsten Schuljahres das grundsätzliche Interesse für Französisch oder Latein nicht ändert, kann man von annähernd gleich bleibendem Wahlverhalten ausgehen. Voraussetzung ist, dass die äußeren Bedingungen (Anzahl der Unterrichtsstunden etc.) für die Schülerinnen und Schüler gleich bleiben.
b) Schülerzahl im Vorjahr: $59 + 84 = 143$.
Anteil Latein: $59 : 143 \approx 41{,}3\,\%$.
Anteil Französisch: $84 : 143 \approx 58{,}7\,\%$.
Anteil der Schüler, die im Folgeschuljahr Latein wählen werden: $134 \cdot 41{,}3\,\% \approx 55$.
Anteil der Schüler, die im Folgeschuljahr Französisch wählen werden: $134 \cdot 58{,}7\,\% \approx 79$.

3 a) Die Gesamtheit besteht aus allen Werkstattkunden einer Woche oder eines längeren Zeitraums. Eine Stichprobe ist dann repräsentativ, wenn die Befragung an typischen Werktagen mit normaler Länge durchgeführt wird, eine ausreichend große Anzahl von Kunden die Werkstatt an dem Tag der Befragung besucht, d.h. nicht nur 5 oder 10. Kommen nur sehr wenige Kunden, so müsste ein größerer Anteil von Kunden befragt werden, z.B. jeder zweite.
b) Nimmt man an, dass die Wahrscheinlichkeit „kaputt zu sein" für alle Glühbirnen gleich ist, so ist die oberste Lage für alle anderen repräsentativ. Nimmt man aber an, dass diese Wahrscheinlichkeit, „kaputt zu sein", in der obersten Lage z.B. wegen Transportschäden, größer ist, so ist dies nicht repräsentativ.

4 a)

Blutgruppe	Anzahl Personen	Anteil	Angaben im Kreisdiagramm
A	83	40,3 %	40 %
0	78	≈ 37,9 %	45 %
B	31	≈ 15,0 %	10 %
AB	14	≈ 6,8 %	5 %

Bei den Blutgruppen 0 und B weicht der prozentuale Anteil der Blutgruppenverteilung um bis zu 7% ab. Bei den Blutgruppen A und AB ist die Abweichung geringer. Insgesamt sind die Abweichungen relativ gering und somit passen die Zahlen zur Blutgruppenverteilung. Wäre die Stichprobe größer, wären die Abweichungen sicher noch geringer.
b) Die Stichprobe ist die Gruppe dieser Blutspender. Die Gesamtheit sind alle Personen, die in die Blutgruppenverteilung eingehen.
c) Blutgruppen lassen sich nicht in eine eindeutige Reihenfolge bringen, sie lassen sich also nur auf einer Nominalskala darstellen.

2 Lagemaße

Seite 103

1 Bemerkung: Die Angaben k. A. (keine Angabe) bei Gewichten wurden bei der Berechnung nicht berücksichtigt.
a) Die Werte werden nach der Größe sortiert:
38 kg; 40 kg; 40 kg; 41 kg; 42 kg; 43 kg; 43 kg; 43 kg; 45 kg; 45 kg; 45 kg; 47 kg; 50 kg; 52 kg; 54 kg; 55 kg; 58 kg; 58,5 kg; 59 kg; 62 kg; 65 kg; 69,7 kg; 70 kg; 79 kg
Es gibt zwei Modalwerte 43 kg und 45 kg.
$\overline{x} \approx 51{,}8\,\text{kg}$; $z = 51\,\text{kg}$; $s = 79\,\text{kg} - 38\,\text{kg} = 41\,\text{kg}$.
b) Modalwert: Liegt das Gewicht der Lehrerin nicht bei 43 kg oder 45 kg, so bleiben die Modalwerte erhalten. Wiegt die Lehrerin 43 kg oder 45 kg, so ist das Gewicht der Lehrerin der neue Modalwert.
Median: Liegt das Gewicht der Lehrerin unter 50 kg, so ist der neue Median 50 kg. Liegt es zwischen 50 kg und 52 kg, so ist der neue Median Gewicht der Lehrerin. Liegt das Gewicht der Lehrerin über 52 kg, so ist 52 kg der neue Median.
arithmetische Mittel: Das arithmetische Mittel wird neu berechnet. Es wird kleiner, wenn das Gewicht der Lehrerin weniger als 51,8 kg ist. Es bleibt gleich, wenn die Lehrerin 51,8 kg wiegt, und es wird größer, wenn die Lehrerin mehr als 51,8 kg wiegt.

Spannweite: Wiegt die Lehrerin zwischen 38 kg und 79 kg, so ändert sich die Spannweite nicht. Liegt das Gewicht der Lehrerin außerhalb der alten Spannweite, so wird die Spannweite entsprechend größer.

2 Mit s = 4 und $\overline{x}$ = 2,5 ist eine Entscheidung zwischen den Noten 2 und 3 zu treffen. Der Modalwert beträgt 2, der Median ebenfalls.
Nimmt man an, dass Lena die Noten in der genannten Reihenfolge geschrieben hat, so scheint die Tendenz ihrer Leistungen aufsteigend zu sein. Daher wird man sich eher für die Note 2 entscheiden.

3 a) Spannweite s = 6,6 l − 5,8 l = 0,8 l. Der Benzinverbrauch schwankt zwischen 5,8 l und 6,6 l. Ursachen können bei gleichem Fahrer in unterschiedlichen Strecken liegen. Bei höherem Benzinverbrauch wurden vielleicht höhere Geschwindigkeiten gefahren. Ein geringerer Benzinverbrauch hat seine Ursachen wahrscheinlich in einer moderaten Fahrweise bei annähernd gleich bleibenden Geschwindigkeiten.
b) Die Modalwerte sind 5,8 l und 6,5 l; $\overline{x}$ = 6,15 l; z = 6,1 l. Grundsätzlich eignen sich alle Lagemaße. Der Modalwert gibt an, welcher Benzinverbrauch am häufigsten vorkam und ein durch untypische Fahrweise bedingter Benzinverbrauch z. B. durch längere Autobahnfahrt fällt nicht ins Gewicht.
Bei arithmetischen Mitteln fallen alle Fahrten ins Gewicht und auch die Tatsache, dass untypische Fahrten den Benzinverbrauch verändern. Dieser Mittelwert ist in diesem Beispiel „ehrlicher".
Der Median stellt keine sinnvolle Angabe dar, da er nur der Wert für eine einzige Fahrt ist.
c) Der Median und die Modalwerte bleiben unverändert, das arithmetische Mittel steigt auf $\overline{x}$ = 6,21 l.

4 a) s = 2000 € − 500 € = 1500 €; $\overline{x}$ = 1300 €; der Modalwert beträgt 1500 €; z = 1500 €.
b) Der Modalwert und der Median bleiben unverändert. Das arithmetische Mittel steigt auf $\overline{x}$ = 29 041,67 €.
c) Wie häufig der am häufigsten vorkommende Wert auftritt, bleibt von sog. Ausreißern unbeeinflusst. Daher bleibt der Modalwert unverändert. Der in der Mitte liegende Wert, der Median, verändert sich in diesem Falle nicht, da in einer geordneten Reihe rechts und links vom Median die gleichen Werte stehen. Fügt man einen Ausreißer rechts vom Median dazu, so kann sich der Median deutlich verändern.
Das arithmetische Mittel ist sehr ausreißeranfällig und steigt deutlich an. Je größer der hinzukommende Ausreißer ist, umso größer ist das arithmetische Mittel nach rechts. Das kann sogar so weit führen, dass das arithmetische Mittel zwischen dem Maximum, dem Ausreißer, und dem zweitgrößten Wert liegt.

5 a) Vorbemerkung: Eine Stichprobe, bei der das arithmetische Mittel und der Zentralwert übereinstimmen, muss symmetrisch sein, da das arithmetische Mittel sonst größer oder kleiner als der Zentralwert ist. Drei mögliche Beispiele für Stichproben sind:
1) 5; 5; 5; 5; 5; 5; 5;
2) 2; 2; 2; 10; 18; 18; 18;
3) 1; 3; 8; 12; 16; 21; 23.
b) Nur der Modalwert ist geeignet, da Farben Nominaldaten sind. Nur die am häufigsten genannte Farbe ist interessant, also grün.

3 Boxplots

Seite 105

1 a)

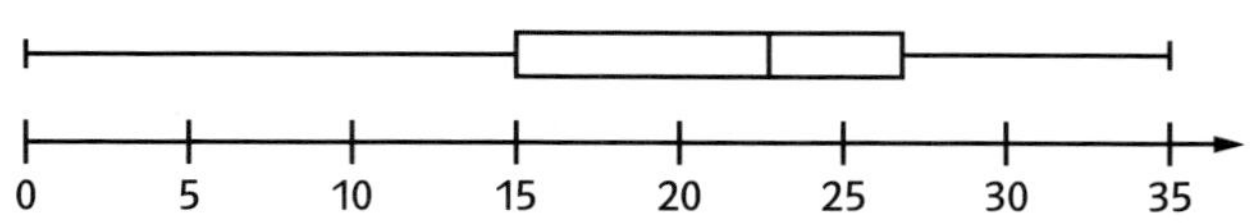

b) Min = 1; q_u = 2; z = 5; q_o = 8; Max = 11

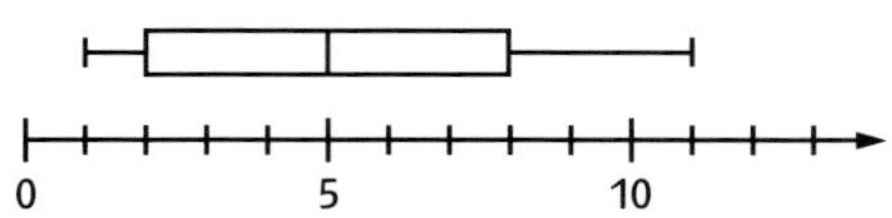

2 a) Beide Boxplots stimmen in ihren kleinsten und größten Werten überein. Die Zentralwerte liegen nah beieinander.
Im oberen Boxplot streuen die Daten geringer um den Median als im unteren. Entsprechend streuen die Daten des oberen und des unteren Viertels mehr.
b)

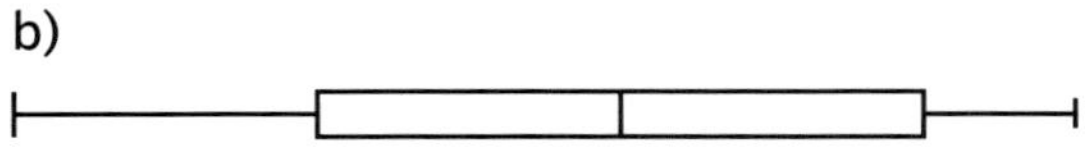

3 a) Min = 0; q_u = 3; z = 8; q_o = 10; Max = 13
b) Min = 0; q_u = 3; z = 8; q_o = 10; Max = 13

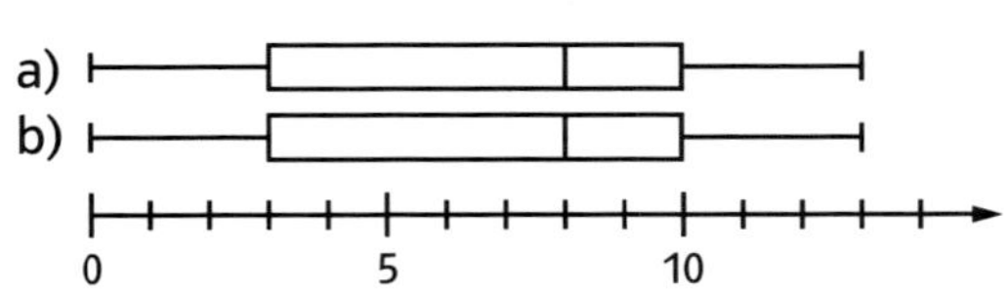

Obwohl beide Stichproben eine unterschiedliche Verteilung der einzelnen Daten aufweisen, stimmen sie in den fünf für einen Boxplot maßgeblichen Werten (Min; q_u; z; q_o; Max) überein. Das bedeutet, dass man anhand des Boxplots zwar eine Aussage über die Spannweiten der einzelnen Viertel machen kann, nicht aber über die Verteilung der Daten innerhalb dieser Viertel.

4 a) Wöchentliche Fernsehdauer

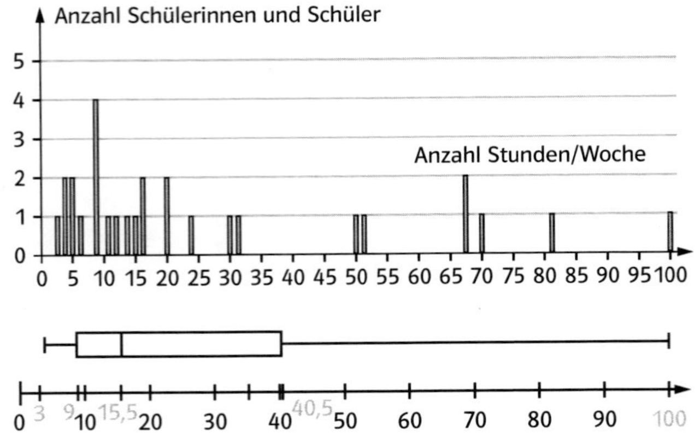

b) 22 von 28 Schülern sehen wöchentlich mehr als 7 Stunden fern.

c)
- Die Aussage stimmt nicht, da der Median bei 15,5 liegt.
- Diese Aussage kann durch das Diagramm nicht belegt werden, da nicht bekannt ist, ob die Stichprobe repräsentativ ist.
- Diese Aussage kann durch das Diagramm nicht belegt werden, da nicht erfasst wurde, an welchen Tagen die Schüler fern schauen.
- Es ist $q_u = 9$ und $z = 15{,}5$. Diese beiden Werte liegen im angegebenen Bereich von 9 bis 16. Zwischen dem errechneten Median der unteren Hälfte und dem Median liegen 25 % der Daten. Dies bedeutet, dass die Aussage stimmt und auf etwa ein Viertel der Schüler zutrifft.

Seite 106

5 a)

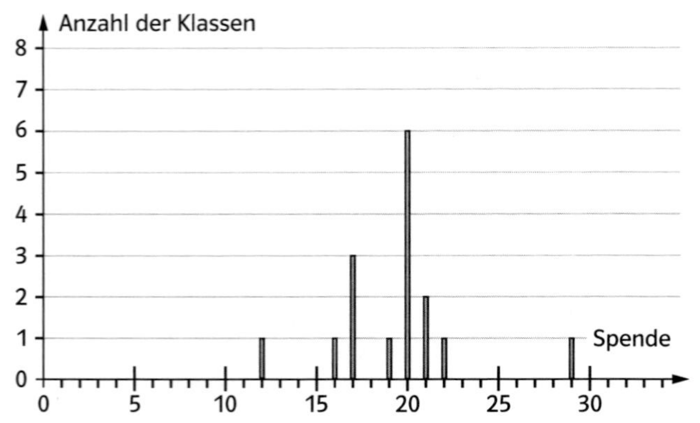

b)

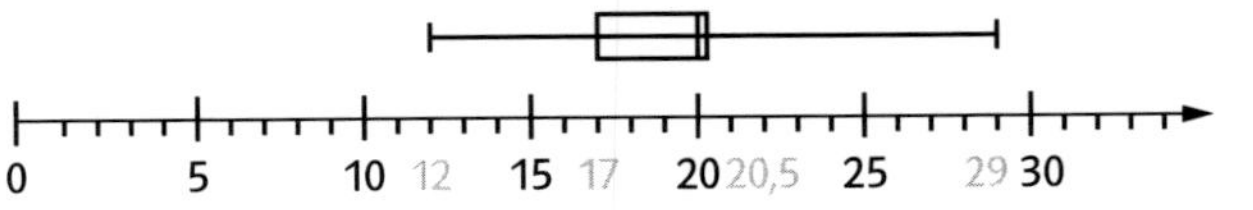

c) Im Boxplot kann man besser die Gewichtung der Daten ablesen, im Säulendiagramm hingegen lassen sich zudem die einzelnen Spendenbeträge ablesen. Im Säulendiagramm ist der Modalwert 20 erkennbar (höchste Säule), im Boxplot nicht.

6 a)

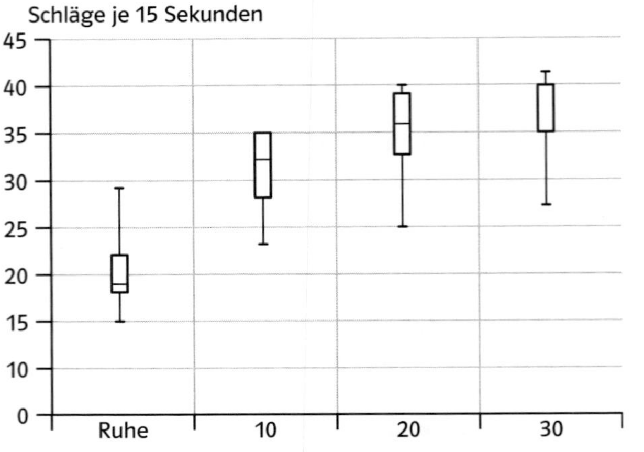

b) Der Pulsschlag nimmt unterschiedlich stark zu. (Nach 10 Kniebeugen steigt er durchschnittlich um 10,8; nach 20 Kniebeugen um weitere 3,6; nach 30 Kniebeugen um 2,3.)

c) Individuelle Lösung.

7 a) Für den Erlös der Pralinenfirma ist Einstellung 1 am günstigsten, da die Packungen hier am leichtesten sind. Es wird aber Reklamationen geben wegen zu geringer Verpackungsgewichte. Möchte die Firma dies ausschließen, wird sie Einstellung 4 wählen.

b) Am meisten Ware können Kunden bei Einstellung 2 bekommen. Allerdings ist da auch das Risiko relativ groß, zu wenig Ware zu erhalten. Soll dieses Risiko ausgeschlossen werden, so bietet sich Einstellung 3 an.

c) Für die Firma wäre eine Maschine ideal, bei der alle Packungen exakt 500 g wiegen. Die Box hätte dann die Länge 0 und keine Antennen.

8 **Säulendiagramm (A):**

a) Der Test ist in dieser Klasse am besten ausgefallen, da das arithmetische Mittel am höchsten ist. Keiner der Schüler hat weniger als 6 Punkte in dem Test erhalten. Die erzielten Punktzahlen liegen im Vergleich mit den anderen Klassen sehr nah beieinander, da sie nur zwischen 6 und 14 variieren. Das Maximum ist daher 14, das Minimum 6.

b) Das Säulendiagramm entspricht aufgrund obiger Beschreibung Boxplot (A).

Säulendiagramm (B):
a) Die Punktzahlen, die erreicht wurden, haben eine Spanne von 0 bis 14 Punkte. Das Maximum ist daher 14, das Minimum 0. Das arithmetische Mittel ist gering im Vergleich zu den beiden anderen Klassen.
b) Das Säulendiagramm entspricht aufgrund obiger Beschreibung Boxplot (B).
Säulendiagramm (C):
a) In dieser Klasse gab es keine Schüler, die im Test zwischen 6 und 9 Punkte geschrieben haben. Die Ergebnisse teilen sich in fast gleich große Gruppen auf, von denen eine zwischen 1 und 5 Punkten (mit größter Häufigkeit von 3 Punkten) und die andere zwischen 10 und 14 Punkten (mit größter Häufigkeit von 12 Punkten) liegt. Das Maximum liegt bei 14 Punkten, das Minimum bei einem Punkt.
b) Das Säulendiagramm entspricht aufgrund obiger Beschreibung Boxplot (C).

4 Streuungsmaße

Seite 108

1 a)

	$\bar{x}$	z	Spannweite	mittlere Abweichung
Stichprobe I	55 kg	55 kg	8 kg	2,4 kg
Stichprobe II	55 kg	55 kg	41 kg	11,2 kg

2 a)

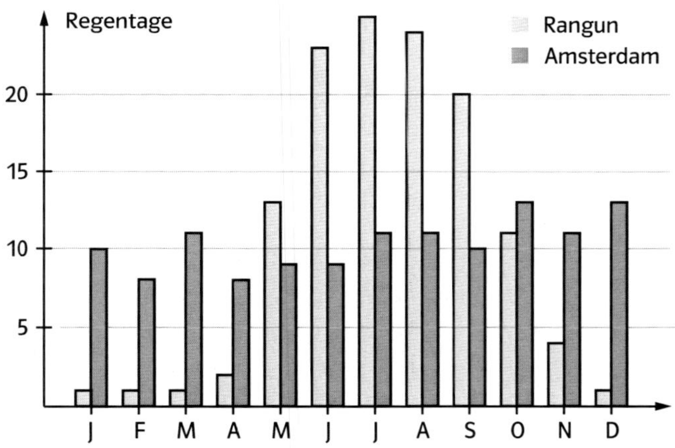

b)

	$\bar{x}$	Spannweite	mittlere Abweichung
Amsterdam	10,3	5	1,3
Rangun	10,5	24	8,8

3

	$\bar{x}$	Spannweite	mittlere Abweichung
Betrieb I	2100 €	5500 €	980 €
Betrieb II	2100 €	6500 €	750 €

4

	$\bar{x}$	Spannweite	mittlere Abweichung
Faller GmbH	10,00 mm	0,31 mm	0,057 mm
Geiger & Sohn	10,00 mm	0,31 mm	0,088 mm

Die Faller GmbH fertigt genauer.

5 Histogramme

Seite 111

1 Relative Häufigkeit: $\frac{6}{27} \approx 22\,\%$;
Häufigkeitsdichte: $\frac{6}{27 \cdot 25} \approx 0{,}0089$

2

Klassenbreite	3	6	1,5	0,4	1	0,05
relative Häufigkeit	17 %	0,6	100 %	0,8	15 %	20 %
Häufigkeitsdichte	0,06	0,1	0,667	2	0,15	4

3 **1. Histogramm:**

Klasse	2,5–7,5	7,5–12,5	12,5–17,5	17,5–22,5
abs.	9	11	9	8
rel. Häuf.	0,138	0,169	0,138	0,123
H.-dichte	0,028	0,034	0,028	0,025

Klasse	22,5–27,5	27,5–32,5	32,5–37,5
abs.	12	11	5
rel. Häuf.	0,185	0,169	0,077
H.-dichte	0,037	0,034	0,015

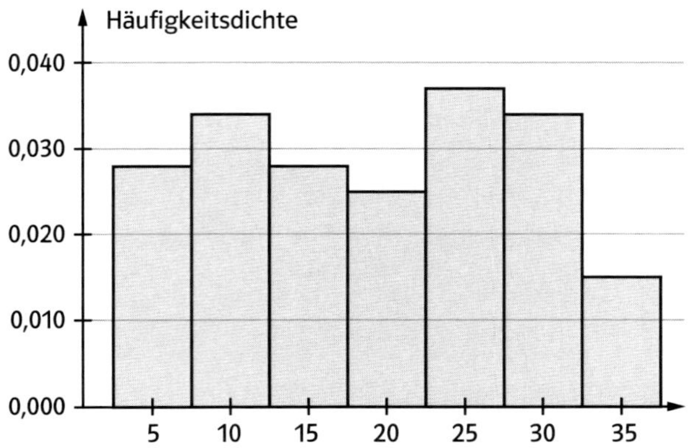

2. Histogramm

Klasse	4,5 – 9,5	9,5 – 14,5	14,5 – 19,5	19,5 – 24,5
abs.	14	10	7	8
rel. Häuf.	0,215	0,154	0,108	0,123
H.-dichte	0,043	0,031	0,022	0,025

Klasse	24,5 – 29,5	29,5 – 34,5
abs.	11	15
rel. Häuf.	0,169	0,231
H.-dichte	0,034	0,046

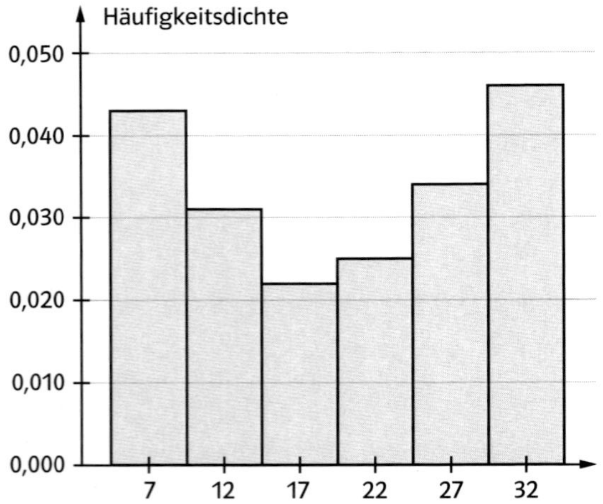

Auffällig ist jeweils die erste und die letzte Klasse. Im ersten Histogramm ist die Klasseneinteilung breiter angelegt als die vorliegenden Werte. Das verändert die Randrechtecke und führt zu den vorliegenden Unterschieden.

Wiederholen – Vertiefen – Vernetzen

Seite 112

1 a) Niederschlagsmengen (in l/m²):

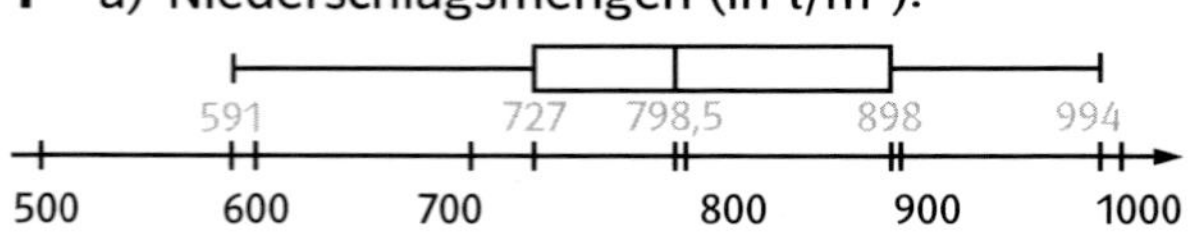

Min = 591; q_u = 727; z = 798,5; q_o = 898;
Max = 994.
Hinweis: Es wird empfohlen, diese Aufgabe mithilfe eines Tabellenkalkulationsprogrammes zu bearbeiten und die Niederschlagsmengen zunächst der Größe nach sortieren zu lassen. Das dann erstellte Säulendiagramm lässt die Orte mit viel bzw. wenig Niederschlag schneller erkennen.

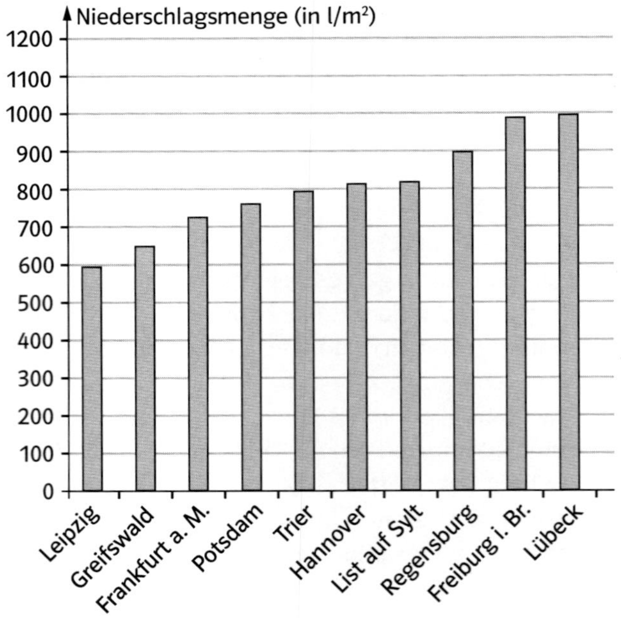

b) Im Säulendiagramm kann man unter Hinzunahme der Landkarte erkennen, dass die Orte Greifswald, Potsdam und Leipzig, die die niedrigsten Niederschlagsmengen aufweisen, im Nordosten Deutschlands liegen. Die vier Orte mit den höchsten Niederschlagsmengen liegen im äußersten Süden: Freiburg i. Br. , Regensburg und im äußersten Norden: List auf Sylt und Lübeck. Gründe hierfür kann man den Diagrammen nicht entnehmen. Der Boxplot macht deutlich, dass die im unteren Viertel liegenden Orte stärker in den Niederschlagsmengen streuen – um ca. 150 l/m² – als jene im oberen Viertel, die um ca. 120 l/m² voneinander abweichen. Betrachtet man die mittlere Hälfte der Daten, stellt man fest, dass diese zusammen eine Spannweite von ca. 170 l/m² aufweisen, die beiden mittleren Viertel also mehr streuen, als die beiden äußeren. Das bedeutet, dass die in der mittleren Hälfte befindlichen Orte in ihren Niederschlagsmengen weniger voneinander abweichen.
c) Der Median und die Quartilen bleiben unverändert, der Modalwert ebenfalls. Lediglich das arithmetische Mittel wird größer. Im Boxplot würde die zum oberen Viertel gehörende Antenne deutlich länger, da nun das Maximum 1988 beträgt. Die anderen Bereiche des Boxplots blieben unverändert.

2 a) $\bar{x}$ = 2,25; Modalwert beträgt 2; z = 2
b) Vor allem das Säulendiagramm ist geeignet, um die Häufigkeiten der einzelnen Anzahlen der Haustiere pro Haushalt darzustellen. Alternativ kann auch ein Boxplot gezeichnet werden.

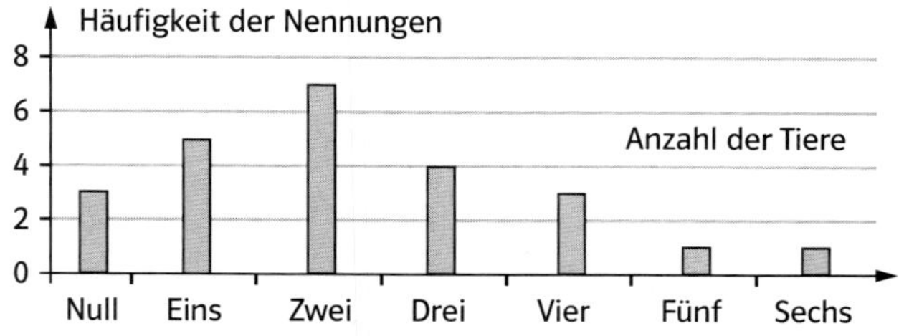

c) Der Artikel sollte u.a. folgende Aspekte enthalten: Durchschnittlich leben in den Haushalten ca. 2 Tiere. Zwei Tiere pro Haushalt ist gleichzeitig die am häufigsten genannte Antwort. Die Anzahl der Tiere schwankt zwischen Null und Sechs, d.h. die Spannweite beträgt 6. Nur in zwei Haushalten leben fünf bzw. sechs Tiere.

3 a) Die Aussagekraft dieser Umfrage ist nur sehr beschränkt, da u.a.:
- nicht beurteilt werden kann, ob die Umfrage für die Mitglieder des Vereins repräsentativ ist
- keine Aussage darüber gemacht wird, wie viele Personen an dieser Umfrage teilnehmen
- nicht klar ist, ob je Familie nur eine Person befragt wird oder, ob es zu „Dopplungen" kommt
- ...

b) Da die Aussagekraft dieser Umfrage nur beschränkt ist (vgl.a), kann man aus den Ergebnissen höchstens Tendenzen ablesen. Mit der gestellten Frage, ob es genügt, weiterhin nur dreimal pro Woche Fußballtraining anzubieten, soll eine Zufriedenheit der Eltern erfasst werden. Diese wird mit den drei gestellten Fragen nicht erfasst, da diese sich nur auf den Ist-Zustand beziehen und keine Änderungswünsche gefragt werden. Man könnte dies ändern, indem man z.B. fragt: „Sollte der Verein häufiger als dreimal pro Woche Fußballtraining anbieten?"

4

	z	Modalwert	$\bar{x}$
Klasse 9a	3	3	≈ 3,2
Klasse 9b	3	3	≈ 3,1
Klasse 9c	3	3	≈ 3,1

In allen drei Klassen kommt die Note 3 am häufigsten vor. Alle Mediane und alle Modalwerte sind gleich. Die arithmetischen Mittel unterscheiden sich nur unwesentlich voneinander. Diese drei Lagemaße bieten also kaum Entscheidungshilfe. Betrachtet man zusätzlich die Spannweiten, stellt man fest, dass die Spannweiten der Klassen 9a und 9b gleich sind, die der 9c um eine Note geringer. Da das arithmetische Mittel der Klasse 9a am größten ist, kann man den Vergleich auf die Klassen 9b und 9c beschränken. Eine genauere Betrachtung der Verteilung der Noten ergibt zwei mögliche Antworten, die zusätzlich die Klassengrößen berücksichtigen:

1) Klasse 9b ist am besten, da – relativ gesehen – mehr Schüler (ca. 27%) eine bessere Note als 3 geschrieben haben als in der Klasse 9c (ca. 20%) oder
2) Klasse 9c ist am besten, da – relativ gesehen – weniger Schüler (ca. 20%) eine schlechtere Note als 3 geschrieben haben als in der 9b (ca. 34%)

Da die Anzahl der Schüler pro Klasse klein ist, kann man keine genaue Aussage darüber treffen, welche Klasse die beste ist. Weitere Argumente sind denkbar. Die gestellte Frage lässt sich nicht eindeutig beantworten.

Seite 113

5 a) Vermutlich wird das Diagramm von Annika eine geringere Punktzahl erhalten. Das Diagramm gibt an, wie viel die Schultaschen der einzelnen Schüler zum Gesamtgewicht beitragen. Es gibt aber keine Auskunft darüber, wie schwer die Schultaschen im Durchschnitt sind. Deshalb erscheint es zunächst sinnlos.
b) Das Diagramm von Annika ist sinnvoller, wenn man auch weiterhin wissen will, welche Kinder z.B. ein bestimmtes Gesamtgewicht überschritten haben. Dann könnte man z.B. das Gewicht von Uschis Schultasche mit dem Gewicht von Annikas und Jessis Schultasche vergleichen: Uschis ist ungefähr (da auf ganze Prozent gerundet wurde) genauso schwer wie Annikas und Jessis zusammen.

6 a) Annas längstes Telefongespräch war 10 Minuten lang. Im Durchschnitt telefonierte sie unter einer Minute. Die meisten Gespräche waren bei ihr zwischen ca. 20 Sekunden und knapp 6 Minuten lang. Sarahs längstes Telefongespräch ist 6 Minuten 40 Sekunden lang gewesen. Auch sie telefonierte im Durchschnitt unter einer Minute. Die meisten Gespräche waren bei ihr zwischen 20 Sekunden und 3 Minuten 40 Sekunden lang. Judiths längstes Telefonat war 13 Minuten 20 Sekunden lang. Wie die anderen beiden telefonierte sie im Durchschnitt unter einer Minute. Die meisten Telefonate, die sie führte, sind fast gleich lang gewesen. (Sie lagen zwischen 20 und 70 Sekunden.)
b) Individuelle Lösung
c) Den Boxplots kann man nicht die Anzahl der Telefongespräche entnehmen. Es ist daher möglich, dass Judith zwar meist nur relativ kurz, aber dafür sehr oft irgendwo angerufen hat. Andererseits könnten Anna und Sarah zwar häufiger auch längere Gesprächsdauern gehabt haben, aber dafür seltener telefoniert haben als Judith. Aus den Boxplots ist nicht ersichtlich, wer die höchste Rechnung hat.

7 a) 61,33 b) 43,5 c) 100 d) 29,29

8 a) Die Altersgruppen sind im Histogramm gleich breit dargestellt, obwohl unterschiedlich viele Altersjahrgänge zu den einzelnen Klassen gehören. Die Gruppe der 18- bis 60-Jährigen enthält mehr Altersjahrgänge als die anderen Gruppen und ist die Gruppe derer, die vorrangig auf die Straßen gehen. Die Aussage „am gefährlichsten“ kann auf Basis des vorliegenden Histogramms nicht getroffen werden.
b)

Klasse	0–6	6–12	12–18	18–24	24–30
abs.	500	2000	2000	1143	1143
rel. Häuf.	0,04	0,15	0,15	0,08	0,08
H.-dichte	0,006	0,025	0,025	0,014	0,014

Klasse	30–36	36–42	42–48	48–54	54–60
abs.	1143	1143	1143	1143	1143
rel. Häuf.	0,08	0,08	0,08	0,08	0,08
H.-dichte	0,014	0,014	0,014	0,014	0,014

Klasse	60–66	66–72	72–78	78–84	84–90
abs.	200	200	200	200	200
rel. Häuf.	0,01	0,01	0,01	0,01	0,01
H.-dichte	0,002	0,002	0,002	0,002	0,002

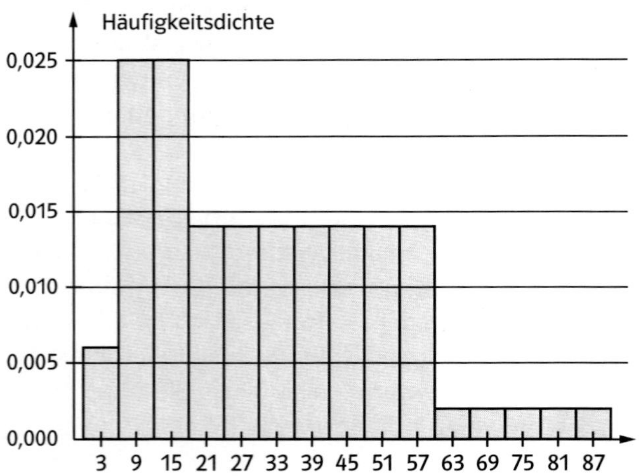

Aus dem 2. Histogramm kann man die Verhältnisse besser erkennen, da die Klassenbreite gleich ist.
c) Nach dem neuen Histogramm scheinen die Altersgruppen der 6- bis 12-Jährigen und der 12- bis 18-Jährigen am gefährdetsten zu sein. Von der Altersgruppe der 0- bis 6-Jährigen nimmt aber nur ein Teil am Straßenverkehr teil, auch die Altersgruppe der Fahranfänger ist nicht separat ausgewiesen. Auch das neuere Histogramm erlaubt keine genaueren Aussagen.

Statistik mit dem Computer

Seite 115

1 a) Sorte A wiegt im Mittel 524,2 g. Sorte B wiegt im Mittel 511,0 g. Bei Sorte A erhält man im Mittel 13,2 g mehr für sein Geld.
b)

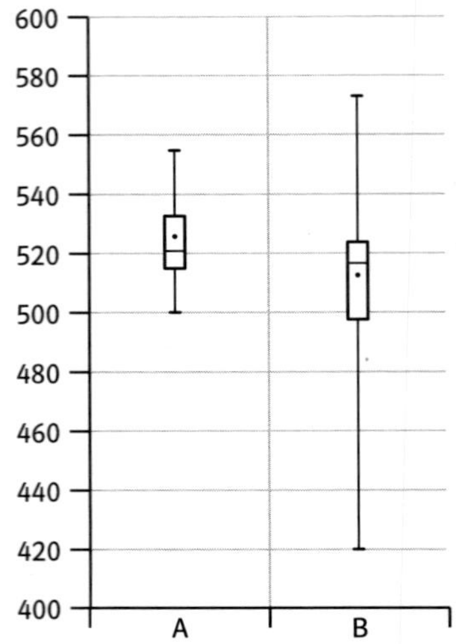

Bei Sorte A muss es sich um italienische Zitronen handeln, weil durch das Etikett 500 g garantiert werden. Bei den argentinischen Zitronen wird kein Mindestgewicht garantiert. Die Beutel mit weniger als 500 g Inhalt können dort also nicht zu Reklamationen führen.

Seite 116

2 a)

	A	B
1	36,5	35
2	37	35,5
3	37,5	35,5
4	37,5	36,5
5	37,5	36,5
6	37,5	37,5
7	38	37,5
8	38	37,5
9	38,5	37,5
10	38,5	37,5
11	39	38,5
12	39,5	38,5
13	39,5	38,5
14	40	41,5
15	40	
16	41	

b) Die Befehle beziehen sich auf die Anordnung aus Teilaufgabe a).

	A	B	C
1	Spalte A:		
2	q1	37,5	=QUARTILE(A1:A16; 1)
3	min	36,5	=MIN (A1:A16)
4	mittel	38,47	=MITTELWERT(A1:A16)
5	median	38,25	=MEDIAN(A1:A16)
6	max	41	=MAX(A1:A16)
7	q3	39,5	=QUARTILE(A1:A16; 3)
8			
9	Spalte B:		
10	q1	36,5	=QUARTILE(B1:B14; 1)
11	min	35	=MIN(B1:B14)
12	mittel	37,39	=MITTELWERT(B1:B14)
13	median	37,5	=MEDIAN(B1:B14)
14	max	41,5	=MAX(B1:B14)
15	q3	38,25	=QUARTILE(B1:B14; 3)

c)

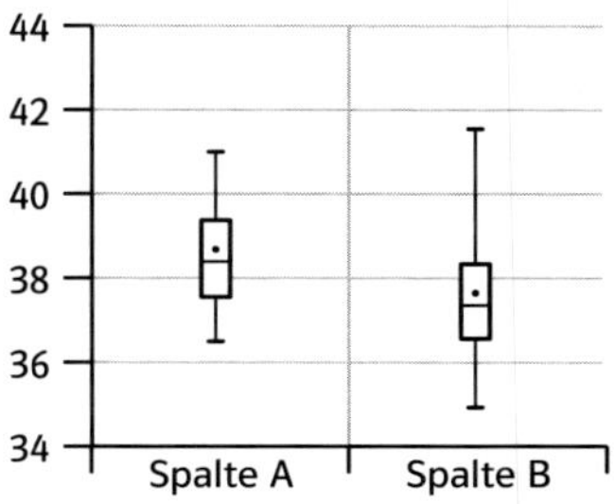

d) Fehler im Schülerbuch auf Seite 103 im 1. Druck der 1. Auflage: In Fig. 1 muss in den Zellen D15, E15 bzw. F15 der Wert 41,5, 0 bzw. 1 stehen.

	A	B	C
1		Spalte A	Spalte B
2	35	0%	7,14%
3	35,5	0%	14,29%
4	36	0%	0%
5	36,5	6,25%	14,29%
6	37	6,25%	0%
7	37,5	25%	35,71%
8	38	12,50%	0%
9	38,5	12,50%	21,43%
10	39	6,25%	0%
11	39,5	12,50%	0%
12	40	12,50%	0%
13	40,5	0%	0%
14	41	6,25%	0%
15	41,5	0%	7,14%

e) Verteilung von Schuhgrößen

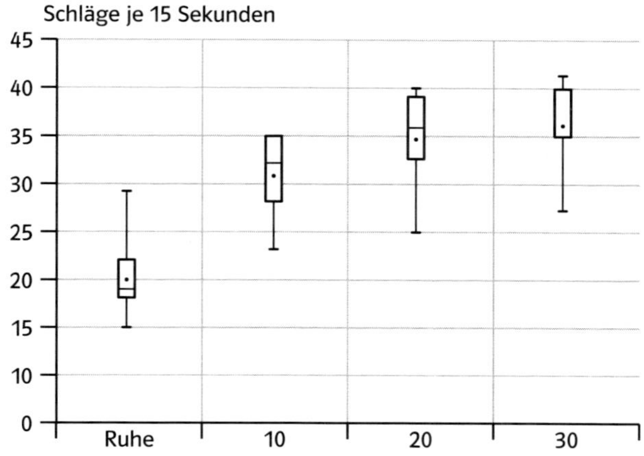

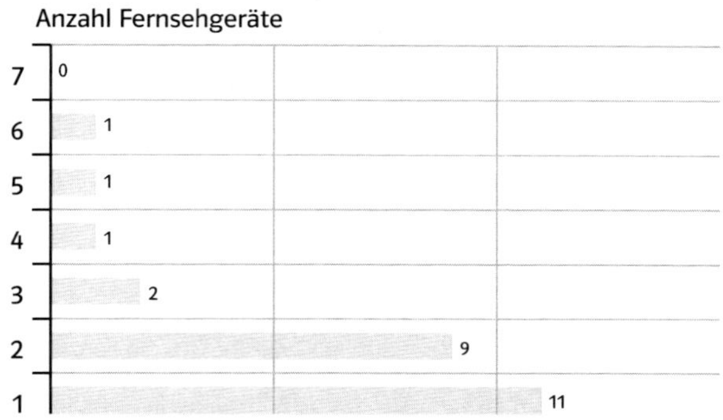

f) Die Spalten A und E gehören zu den Jungen, die Spalten B und F zu den Mädchen.

3 Individuelle Lösung
(In Fig. 1 handelt es sich um die Schuhgrößen am Ende einer 5. Klasse.)

4 a)

	A	B	C
1		Jungen	Mädchen
2	unteres Quartil	8,60	8,70
3	Minimum	7,60	7,30
4	Mittelwert	9,02	9,16
5	Median	8,95	9,10
6	Maximum	11,20	11,40
7	oberes Quartil	9,38	9,60

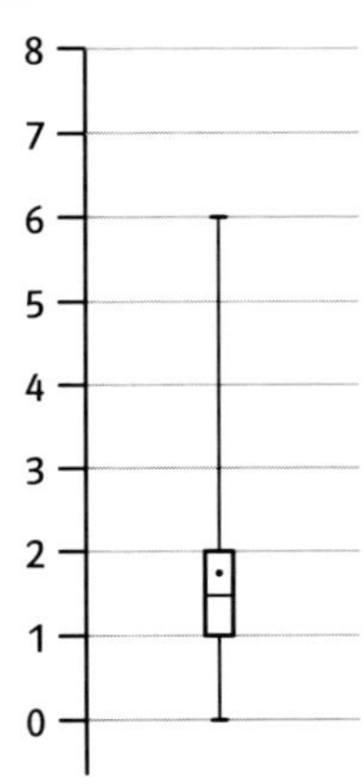

b)

	A	B	C	D	E	F	G	H	I	J	K	L	M	N	O	P	Q	R	S
1		5a	5b	5c	5d	5e	5f	6a	6b	6c	6d	6e	6f	7a	7b	7c	7d	7e	7f
2	unteres Quartil	3,10	3,04	2,90	3,01	2,95	3,15	3,20	3,09	3,30	3,23	3,15	3,11	3,15	3,33	3,47	3,49	3,50	3,30
3	Minimum	1,85	2,60	2,40	2,40	2,35	2,75	2,70	2,10	2,90	2,80	2,47	2,40	2,31	2,75	2,70	2,79	2,80	2,75
4	Mittelwert	3,38	3,22	3,13	3,27	3,27	3,33	3,39	3,24	3,49	3,40	3,38	3,35	3,50	3,60	3,71	3,58	3,71	3,61
5	Median	3,35	3,19	3,18	3,23	3,28	3,30	3,30	3,37	3,49	3,42	3,40	3,40	3,50	3,60	3,70	3,60	3,70	3,61
6	Maximum	4,35	3,90	4,06	4,45	4,60	4,00	4,25	3,80	4,12	3,90	4,12	4,00	4,40	4,60	4,65	3,95	4,70	4,60
7	oberes Quartil	3,80	3,37	3,34	3,55	3,50	3,50	3,66	3,51	3,65	3,64	3,70	3,69	3,98	3,80	4,14	3,73	3,95	3,92

c)

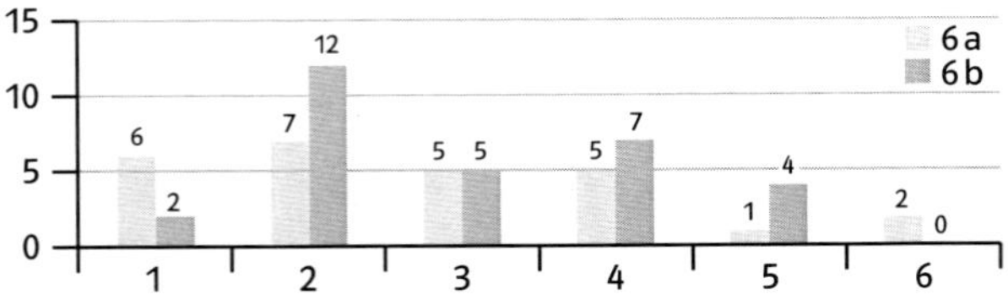

	A	B	C	D
1		Stufe 5	Stufe 6	Stufe 7
2	unteres Quartil	3,00	3,15	3,33
3	Minimum	1,85	2,10	2,31
4	Mittelwert	3,27	3,37	3,62
5	Median	3,25	3,40	3,60
6	Maximum	4,60	4,25	4,70
7	oberes Quartil	3,51	3,65	3,90

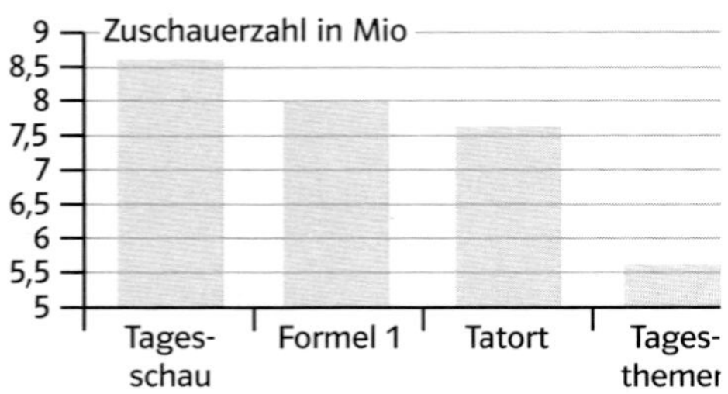

5 Die Lösungen der Aufgabe finden sich unter: www.riemer-koeln.de (Autobahn.xls).

Exkursion: Mit Graphen und Diagrammen mogeln

Seite 117

1 Alle sechs Graphen und Diagramme geben die Werte richtig wieder.

2 Fig. 1 vermittelt den Eindruck, dass die Verkaufszahlen während der Jahre konstant geblieben sind.
In Fig. 2 entsteht durch eine geänderte Skalierung der Hochachse der Eindruck, die Verkaufszahlen hätten insgesamt stark zugenommen.
Fig. 3 zeigt lediglich einen Ausschnitt der letzten Jahre von Fig. 2; es sieht so aus, als ob die Verkaufszahlen durchgehend abnehmen.
In Fig. 4 wird eine Prognose gemacht, die zwar möglich, aber unter Berücksichtigung aller Werte eher unwahrscheinlich ist.
In Fig. 5 ist die Skalierung auf der Rechtsachse unterschiedlich. Dadurch könnte man meinen, die Verkaufszahlen wären zwischen 2004 und 2007 durchgehend gefallen.
In Fig. 6 entsprechen die Höhen der Würfel den Verkaufszahlen. Da man hier aber eher auf die Rauminhalte der Würfel achtet, wird optisch ein größerer Unterschied der Verkaufszahlen erzeugt.

3 Individuelle Lösung

V Quadratische Funktionen und quadratische Gleichungen

1 Rein quadratische Funktionen

Seite 124

1

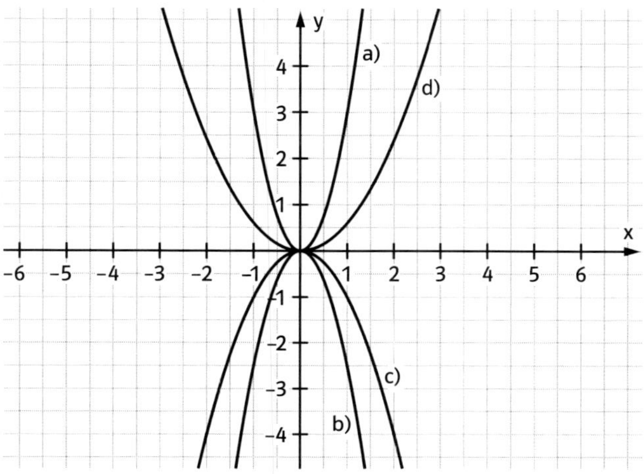

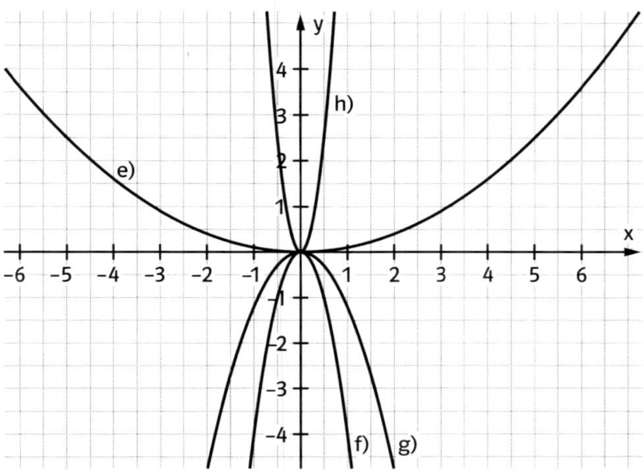

2 Individuelle Lösung

3 Die Punkte A, B, D, E und H liegen auf dem Graphen.

4 a) $y = 3x^2$ b) $y = -0{,}25x^2$
c) $y = 0{,}5x^2$ d) $y = -2x^2$

5 a) P(4 | 12)
b) $P\left(-1\middle|\frac{3}{4}\right)$
c) P(0 | 0)
d) P(2 | 3) oder P(−2 | 3)
e) $P\left(-1{,}5\middle|\frac{27}{16}\right)$
f) P(10 | 75)
g) P(6 | 27) oder (−6 | 27)
h) P(4 | 12) oder (P(−4 | 12)

6 a) $y = 3x^2$ b) $y = -2x^2$
c) $y = \frac{1}{4}x^2$ d) $y = -\frac{1}{2}x^2$

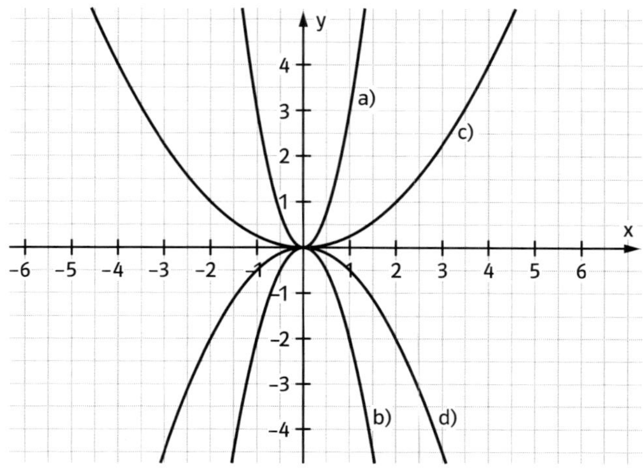

e) $y = 3x^2$ f) $y = -\frac{2}{3}x^2$
g) $y = \frac{1}{8}x^2$ h) $y = -\frac{5}{16}x^2$

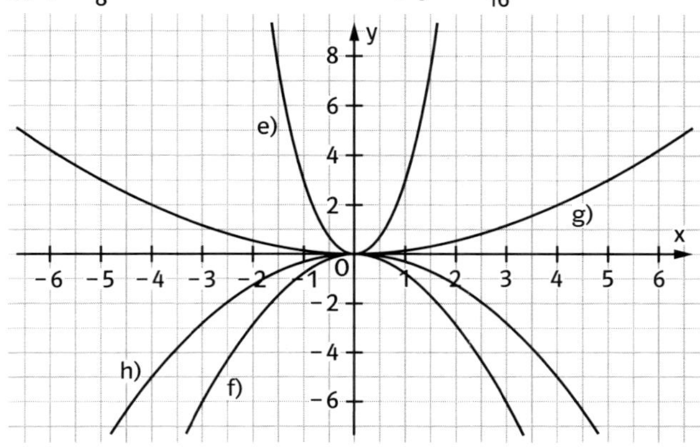

7 a) Der Punkt P(2 | 0,4) liegt auf der Parabel $y = \frac{1}{10}x^2$.
Der Punkt Q(−3 | 0,5) liegt auf der Parabel $y = \frac{1}{18}x^2$.
b) Der Punkt P(−1 | 3) liegt auf der Parabel $y = 3x^2$.
Der Punkt Q(5 | 75) liegt auf der Parabel $y = 3x^2$.
Der Punkt R(11 | 360) liegt auf der Parabel $y = \frac{360}{121}x^2$.

Seite 125

8 a) Der Funktionswert der rein quadratischen Funktion mit $y = x^2$ an der Stelle $x = 1$ ist 1. Ist der Funktionswert einer rein quadratischen Funktion an der Stelle $x = 1$ z. B. 5, so steht in der dazugehörigen Funktionsgleichung vor dem x der Faktor 5: $y = 5x^2$.
b) Ist der Funktionswert einer rein quadratischen Funktion an der Stelle $x = -2$ z. B. 5, so bestimmt man zunächst den Funktionswert der rein quadratischen Funktion mit $y = x^2$ an der Stelle

$x = -2$ und erhält $(-2)^2 = 4$. Setzt man in der Funktionsgleichung vor dem x den Faktor $\frac{5}{4}$, so erhält man die gesuchte Funktionsgleichung:
$y = \frac{5}{4}x^2$.

9 a) Der Turm ist etwa 45 m hoch.
b) Das obere Fenster befindet sich in einer Höhe von etwa 40 m, das mittlere in einer Höhe von etwa 25 m.
c) Der Eiffelturm in Paris ist ca. 300 m hoch. Nach der Formel würde ein Stein etwa $\sqrt{60}\,\text{s} \approx 7{,}7\,\text{s}$ lang bis zum Boden fallen.
d) Nach der Formel würde ein Stein in weniger als einer halben Sekunde von einem Tisch mit der Höhe 1 m zum Boden fallen. Da es sehr schwer ist, so kurze Zeiten exakt zu messen, eignet sich diese Methode nicht zur Höhenbestimmung des Tisches.

10 a) Das Fassungsvermögen der Regenrinne würde sich vervierfachen.
b) Bei einer Höhe und Breite mit der Länge $\sqrt{2}\,\text{dm} \approx 1{,}41\,\text{dm}$ würde sich das Fassungsvermögen der Regenrinne verdoppeln.

11 a) Legt man den Ursprung eines Koordinatensystems (Maße in cm) bei der Wasserdüse, so erhält man für die Funktionsgleichung $y = -0{,}0005\,x^2$.
Mit $y = -0{,}0005 \cdot 500^2 = -125$ folgt: Kerstin hält das Schlauchende etwa 1,25 m hoch.
b) Der Strahl würde etwa 6 m von Kerstins Fuß entfernt auftreffen.
c) Individuelle Lösung

2 Allgemeine quadratische Funktionen

Seite 128

1

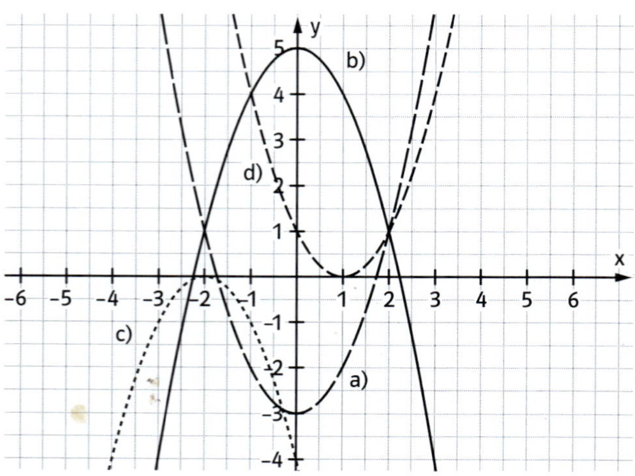

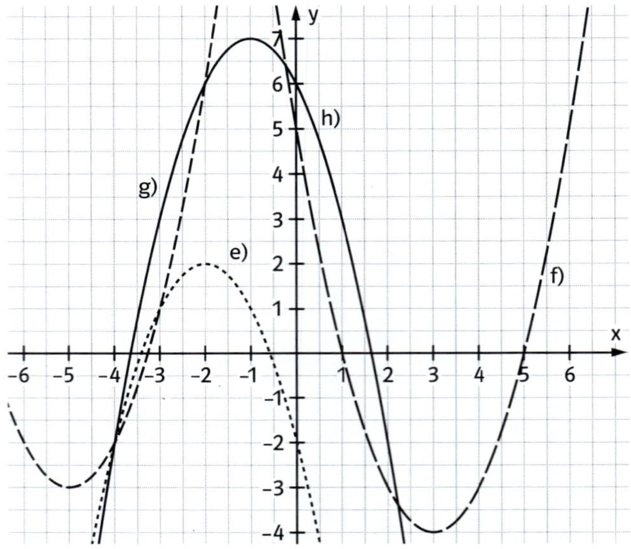

2

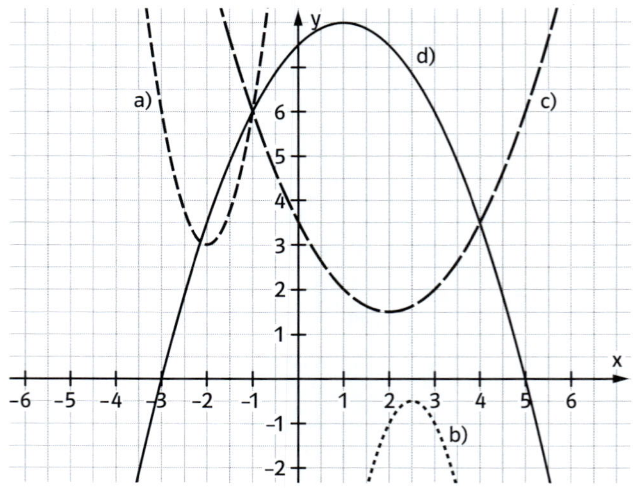

3 a) $S(0\,|\,5)$, die zugehörige Parabel ist nach oben geöffnet.
b) $S(2\,|\,0)$, die zugehörige Parabel ist nach oben geöffnet.
c) $S(-2{,}5\,|\,-1{,}1)$, die zugehörige Parabel ist nach unten geöffnet.
d) $S\left(\frac{1}{2}\,|\,1\right)$, die zugehörige Parabel ist nach oben geöffnet.

4 Mögliche Beispiele:
a) $y = (x-1)^2 + 1$
$y = 2(x-1)^2 + 1$
b) $y = (x+5)^2 - 6$
$y = -3(x+5)^2 - 6$
c) $y = \left(x + \frac{2}{5}\right)^2 + \frac{3}{5}$
$y = -\left(x + \frac{2}{5}\right)^2 + \frac{3}{5}$
d) $y = 2(x+4{,}5)^2$
$y = 10(x+4{,}5)^2$

5 a) $y = (x+1)^2 - 2$
b) $y = (x-1)^2 + 1{,}5$
c) $y = -(x-2{,}5)^2 + 1$
d) $y = 2(x+5)^2 - 4$
e) $y = 0{,}5(x-2)^2 + 3$

6 a) $y = (x+2)^2 + 1$
b) $y = (x-3)^2 - 5$
c) $y = -2(x+1)^2 + 5$

Seite 129

7 Individuelle Lösung

8 a) Mögliche Beispiele: $y = (x - 4)^2$, $y = 3(x - 4)^2$ und $y = -5(x - 4)^2$.
b) Mögliche Beispiele: $y = x^2 + 1$, $y = x^2 + 2$ und $y = 2x^2 + 1$
c) Mögliche Beispiele: $y = x^2 - 1$, $y = 2(x - 1)^2$ und $y = -x^2 + 1$.

9 a) Der x-Wert des Scheitelpunktes ist 1.
b) Der Scheitelpunkt liegt auf der x-Achse. Die zugehörige Parabel ist nicht in y-Richtung verschoben.
c) Die zugehörige Funktionsgleichung ist $y = -(x + 4)^2 + 1$.

10 a) Ursprung des Koordinatensystems im Punkt A: $y = 2(x - 2)^2$.
Ursprung des Koordinatensystems im Punkt B: $y = 2x^2 - 3{,}5$.
Ursprung des Koordinatensystems im Punkt C: $y = 2(x + 3)^2 - 2{,}5$.
b) Der Ursprung würde 2 Längeneinheiten oberhalb vom Punkt A liegen.

11 $A = x^2 - 4$

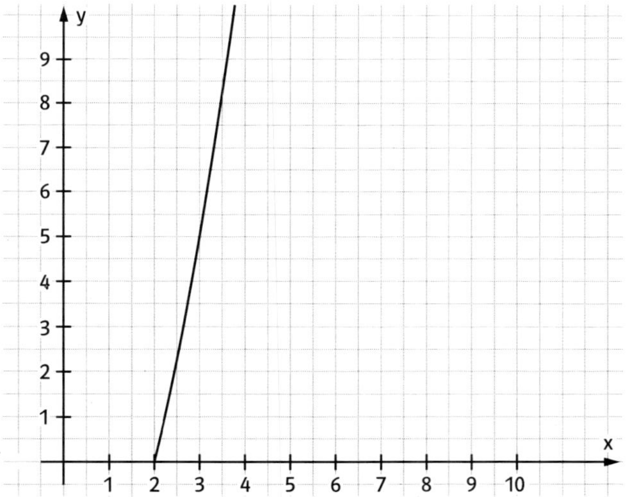

3 Scheitelform und allgemeine Form

Seite 131

1 a) 9	b) $\frac{9}{4}$	c) $\frac{1}{4}$	d) $\frac{64}{100}$
e) 4	f) $\frac{25}{4}$	g) $\frac{1}{4}$	h) $\frac{1}{36}$
i) 4	j) 1	k) 1	l) $\frac{25}{64}$

Seite 132

2 a) Normalparabel mit Scheitel $S(1\,|\,3)$.
b) Gestreckte Parabel mit Scheitel $S(-5\,|\,1)$, Streckfaktor $a = 2$.
c) Gestreckte Parabel mit Scheitel $S(-4\,|\,7)$, Streckfaktor $a = -2$.
d) Nach unten geöffnete Normalparabel mit Scheitel $S(-6\,|\,0)$.
e) Nach unten geöffnete Normalparabel mit Scheitel $S(0\,|\,7)$.
f) Normalparabel mit Scheitel $S(-2\,|\,2)$.
g) Gestreckte Parabel mit Scheitel $S(-4\,|\,-37)$, Streckfaktor $a = 3$.
h) Nach unten geöffnete Normalparabel mit Scheitel $S(2\,|\,14)$.

3 Die Graphen sind verschobene Normalparabeln mit Scheitelpunkt S.

a) $S(2\,|\,-3)$	b) $S(-4\,|\,0)$	c) $S(-2\,|\,-4)$
d) $S(-3\,|\,-2)$	e) $S\left(\frac{5}{2}\,\middle|\,-4\right)$	f) $S\left(-\frac{3}{2}\,\middle|\,-\frac{9}{4}\right)$
g) $S\left(\frac{1}{2}\,\middle|\,0\right)$	h) $S(0{,}7\,|\,-0{,}4)$	

4 a) $S(-2\,|\,-14)$	b) $S(1\,|\,16)$	c) $S(2\,|\,-6)$
d) $S(4{,}5\,|\,51{,}75)$	e) $S(2{,}5\,|\,6{,}25)$	f) $S(5\,|\,-27)$
g) $S(4\,|\,16)$	h) $S(0\,|\,3)$	

5 a) Aus $y = ax^2 + bx + c$ erhält man mit $a = 2$ die Funktionsgleichung $y = 2x^2 + bx + c$.
Durch Einsetzen der beiden Punkte erhält man die beiden Gleichungen: $-1 = 2 + b + c$ und $22 = 2 \cdot 3^2 + b \cdot 3 + c = 18 + 3b + c$. Man erhält durch Lösen des linearen Gleichungssystems $b = 3{,}5$ und $c = -6{,}5$. Also lautet die Funktionsgleichung $y = 2x^2 + 3{,}5x - 6{,}5$.
b) Aus $y = ax^2 + bx + c$ erhält man mit $b = 4$ die Funktionsgleichung $y = ax^2 + 4x + c$. Durch Einsetzen der beiden Punkte erhält man die beiden Gleichungen: $-8 = (-1)^2 \cdot a + 4 \cdot (-1) + c = a - 4 + c$ und $-5 = a \cdot 2^2 + 4 \cdot 2 + c = 4a + 8 + c$. Man erhält durch Lösen des linearen Gleichungssystems $a = -3$ und $c = -1$. Also lautet die Funktionsgleichung $y = -3x^2 + 4x - 1$.
c) Aus $y = ax^2 + bx + c$ erhält man mit $c = 3$ die Funktionsgleichung $y = ax^2 + bx + 3$. Durch Einsetzen der beiden Punkte erhält man die beiden Gleichungen: $-8 = a \cdot 2^2 + b \cdot 2 + 3 = 4a + 2b + 3$ und $4 = a \cdot (-1)^2 + b \cdot (-1) + 3 = a - b + 3$. Man erhält durch Lösen des linearen Gleichungssystems $a = -1{,}5$ und $b = -2{,}5$. Also lautet die Funktionsgleichung $y = -1{,}5x^2 - 2{,}5x + 3$.
d) Aus $y = ax^2 + bx + c$ erhält man mit dem Punkt $(0\,|\,0)$: $0 = 0a + 0b + c$, also $c = 0$. Durch Einsetzen der beiden anderen Punkte erhält man die beiden Gleichungen: $33 = a \cdot (-2)^2 + b \cdot (-2) = 4a - 2b$

und $795 = a \cdot 10^2 + b \cdot 10 = 100a + 10b$. Man erhält durch Lösen des linearen Gleichungssystems $a = 8$ und $b = -0{,}5$. Also lautet die Funktionsgleichung $y = 8x^2 - 0{,}5x$.

6 a) $y = 2(x + 1)^2 + 1$ b) $y = (x - 1)^2 - 1$
c) $y = -\frac{1}{4}(x - 1)^2 + 7$ d) $y = -x^2 - 1$

7 a) Der Ball fliegt etwa 91,5 m weit und erreicht eine Höhe von 24 m.
b) Zum Beispiel $h = -\frac{1}{100}s^2 + s + 1{,}5$.

8 a) Um eine möglichst hohe Leistung zu erzielen, sollte die Turbine bei einer Drehzahl von $n = 187{,}5$ betrieben werden.
b) Die Turbine muss mindestens mit einer Drehzahl von etwa $n = 37$ drehen, damit sie eine Leistung von 10 000 W erzielt.

Seite 133

9 a) Wenn das Unternehmen bei der Rabattaktion immer noch einen Gewinn erzielt, darf es den Verkaufspreis um höchstens 48,7 % auf 20 € senken.
b) Individuelle Lösung (Bei einer Erhöhung des Verkaufspreises würde der Gewinn geringer. Den größten Gewinn würde das Unternehmen bei einem Verkaufspreis von 35 € erzielen.)

10 a) Es sind alles verschobene Normalparabeln mit der Funktionsgleichung $y = x^2 + c$.
b) blaue Graphen: Der Scheitel liegt im positiven Bereich; also hier $c \geqq 0$.
rote Graphen: Der Scheitel liegt im negativen Bereich; also hier $c \leqq 0$.
c) Da der Scheitel immer auf der y-Achse liegt, ist der x-Wert immer 0. Der y-Wert entspricht dann c. Daher ist $S(0\,|\,c)$ der Scheitel.

11 a) Die Parabeln verschieben sich parallel zur y-Achse.
b) Durch den Faktor a wird der Graph gestaucht bzw. gestreckt. Wenn $a > 1$ gilt, wird der Graph im Vergleich zur Normalparabel gestreckt, das heißt er verläuft schmaler und enger.
Wenn $0 < a < 1$ gilt, wird der Graph gestaucht, das heißt er verläuft flacher und „bauchiger".
Wenn a positiv ist, ist der Graph nach oben geöffnet.
Für negative a sind die beschriebenen Verläufe identisch, nur dass die Parabeln nach unten geöffnet sind. Die Parabeln verlaufen alle durch den Punkt $(0\,|\,c)$.
c) Wenn $b = 0$ gilt, liegt der Scheitel der Parabel immer auf der y-Achse. Der Graph ist dann achsensymmetrisch zur y-Achse.

12 a) $a = -5$; orangefarbene, nach unten geöffnete Parabel
$a = -4$; grüne, nach unten geöffnete Parabel
$a = -0{,}5$; blaue, nach unten geöffnete Parabel
$a = -0{,}2$; rote, nach unten geöffnete Parabel
$a = 0{,}2$; rot gefärbte, flache und nach oben geöffnete Parabel
$a = 0{,}4$, blaue, nach oben geöffnete Parabel
$a = 1$; schwarze, nach oben geöffnete Parabel
$a = 4$; grüne, nach oben geöffnete Parabel
$a = 6$; orangefarbene, nach oben geöffnete Parabel
b) $a > 1$; alle Parabeln sind nach oben geöffnet und sind gestreckter als die Normalparabel.
$a < -1$; alle Parabeln sind nach unten geöffnet und sind gestreckter als die Normalparabel.
c) $a > -1$; wenn $a < 0$ ist, sind alle Parabeln nach unten geöffnet und flacher als die Normalparabel.
$a < 1$; wenn $a > 0$ ist, sind alle Parabeln nach oben geöffnet und flacher als die Normalparabel.
d) $a > 0$; alle Parabeln sind nach oben geöffnet.
$a < 0$; alle Parabeln sind nach unten geöffnet.

13 a) Man kennt die Punkte $P(0\,|\,2)$ und den Scheitel $S(23\,|\,13{,}5)$. Da die Parabel zu einer Parallelen zur y-Achse symmetrisch ist, kennt man noch einen dritten Punkt: $Q(46\,|\,2)$.
Nun kann man mit $y = ax^2 + bx + c$ die Gleichungen $2 = a \cdot 0^2 + b \cdot 0 + c$, also $c = 2$ und
$13{,}5 = a \cdot 23^2 + b \cdot 23 + 2$ sowie
$2 = a \cdot 46^2 + b \cdot 46 + 2$ aufstellen. Es ergeben sich durch Lösen des linearen Gleichungssystems
$a = \frac{1}{38}$ und $b = -\frac{1}{3}$.
Also $y = \frac{1}{38}x^2 - \frac{1}{3}x + 2$.

b) Mithilfe des GTR erstellt man einen Graphen.

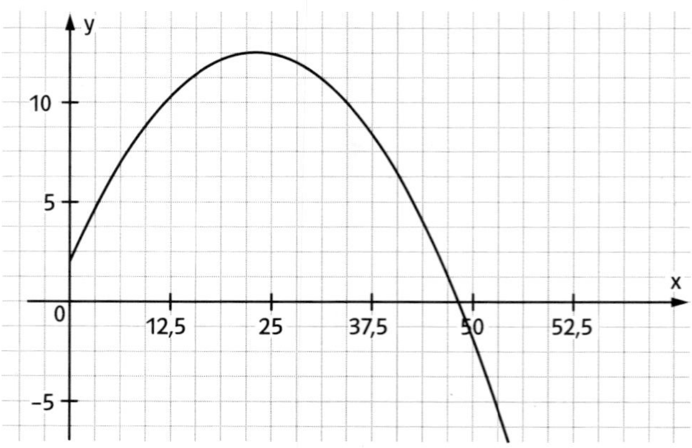

Der Ball fliegt in etwa 48 m weit, wie man am Graphen ablesen kann (Schnittpunkt des Graphen mit der x-Achse).

Seite 134

14 Die Flugbahn kann als parabelförmig angenommen werden. Daher gilt: $h = a \cdot t^2 + b \cdot t + c$, wobei t die Zeit in s und h die Flughöhe in m sind. Aus der Tabelle kennt man die drei Punkte $P(0|45)$, $Q(1|43)$ und $R(2|31)$. Aus P weiß man sofort, dass c in der Funktionsgleichung gleich 45 ist ($45 = a \cdot 0^2 + b \cdot 0 + c$). Dann erhält man die anderen beiden Gleichungen $43 = a + b + 45$ und $31 = 4a + 2b + 45$.
Es ergeben sich durch Lösen des linearen Gleichungssystems die Werte $a = -5$ und $b = 3$.
Also ist $h(t) = -5t^2 + 3t + 45$. Um zu kontrollieren, ob Carlos 4 Sekunden geflogen ist, muss man für t den Wert 4 einsetzen und kontrollieren, ob die Höhe nach dieser Zeit noch im positiven Bereich liegt. Ist dies der Fall, fliegt Carlos nach 4 Sekunden noch. Ist der Wert negativ, ist Carlos schon im Wasser gelandet. $h(4) = -5 \cdot 4^2 + 3 \cdot 4 + 45 = -23$.
Daher hat Pépe Recht, denn der Flug war kürzer als 4 Sekunden.

15 a) Nach einem Meter beträgt die Höhe des Balles etwa 24 cm.
b) Nach einer Strecke von 20 m hat der Ball mit 2,5 m seine größte Höhe erreicht.
c) Nach 10 Metern hat der Ball eine Höhe von 1,875 m. Ein Spieler kann den Ball also voraussichtlich köpfen.
d) Nach etwa 11 m hat der Ball eine Höhe von 2 m.
e) Der Scheitelpunkt der neuen Flugbahn liegt bei $S(25|2{,}5)$. Der Ball erreicht also ebenfalls eine maximale Höhe von 2,50 m, allerdings nach 25 m. Nimmt man an, dass die Flugbahn parabelförmig (und damit symmetrisch) ist, beträgt die Flugweite insgesamt 50 m.

16 a) Man setzt allgemein die Formulierung „wenn sich die Geschwindigkeit verdoppelt" in eine Gleichung um: $v_2 = 2 \cdot v_1$. Nun berechnet man den Bremsweg:
$B(v_2) = B(2 \cdot v_1) = \frac{(2v_1)^2}{100} = \frac{4v_1^2}{100} = 4 \cdot \frac{v_1^2}{100} = 4 \cdot B(v_1)$. Hieran sieht man, dass der Bremsweg für die Geschwindigkeit v_2 viermal so hoch ist wie der Bremsweg $B(v_1)$ für die Geschwindigkeit v_1.
b) Zunächst einmal vereinfacht man D(v), damit man beide Funktionsgleichungen besser vergleichen kann:
$B(v) = \frac{v^2}{100}$ und $D(v) = \frac{(0{,}27v)^2}{2b} = \frac{0{,}0729v^2}{2b} = \frac{0{,}03645}{b} \cdot v^2$.
Es muss gelten: $\frac{0{,}03645}{b} = \frac{1}{100}$, $b = 3{,}645$.
Also müsste $b = 3{,}645$ gelten, damit beide Funktionsgleichungen übereinstimmen.

c)

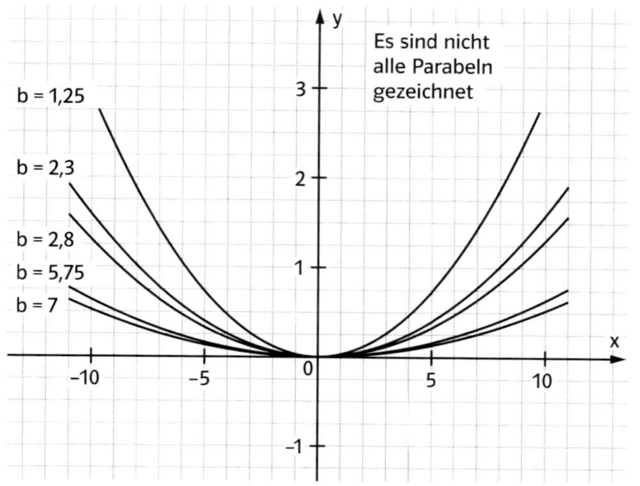

Man erkennt, dass der Graph umso flacher ist je größer b ist.
Für die inhaltliche Deutung sind nur die Graphen für $x > 0$ interessant, weil es keine negativen Bremsverzögerungen gibt. Das heißt, je höher die Bremsverzögerung b ist, desto kürzer (y-Wert ist klein) ist der Bremsweg.
d) Damit beide Funktionsgleichungen übereinstimmen, müsste $b = 3{,}645$ sein (siehe b). Das ist exakt bei keinem Belag der Straße der Fall. Wenn b größer als 3,645 ist, ist die Faustformel gut: Die realen Bremswege sind zwar kürzer als von der Faustformel berechnet (beispielsweise $b = 7{,}0$, $D(v) < B(v)$; siehe c)), aber aus Sicherheitsgründen ist dies zu vertreten.
Die Faustformel ist nicht anzuwenden, wenn $b < 3{,}645$ ist. Dies ist bei Neuschnee sowohl ohne als auch mit Winterreifen sowie bei Hartschnee und Glatteis der Fall. Verkürzt kann man sagen, dass die Faustformel bei Winterwetter nicht gut ist.
e) Einsetzen in die Formel liefert unterschiedliche Bremswege, z. B.
Asphalt/trocken für $v = 30\,\text{km/h}$: $D \approx 4{,}7\,\text{m}$
Asphalt/trocken für $v = 70\,\text{km/h}$: $D \approx 25{,}5\,\text{m}$.

17 $\triangle = \frac{b}{2a}$ $\square = \frac{b}{2a}$ $\triangle = \frac{b^2}{4a}$

4 Optimierungsaufgaben

Seite 136

1 a) Die beiden Zahlen sind 6 und 6.
b) Die beiden Zahlen sind 1 und –1.
c) Die Zahl ist –0,5.

2 a) Wenn beide Seiten des Rechtecks 5,5 m betragen (Quadrat), ist der Flächeninhalt des Rechtecks mit $30{,}25\,\text{m}^2$ am größten.

b) Wenn sie die 3 Meter lange Mauer verwendet, hat ein Quadrat mit 3,5 m Seitenlänge den größten Flächeninhalt.

3 Damit das Volumen des Regals maximal wird, muss das Regal etwa 83 cm hoch und etwa 125 cm breit sein.

4 Der Flächenanteil für die Einlegearbeiten wird für zwei Quadrate mit der Seitenlänge 1 m am kleinsten.

5 a) Das Viereck EFGH ist ein Parallelogramm. Gegenüber liegende Seiten sind parallel und gleich lang.
b) Der Flächeninhalt des Vierecks ist für die Länge $x = 5{,}5\,\text{cm}$ am kleinsten.

6 Das Gebäude mit dem größten Flächeninhalt grenzt 60 m an die Schlossallee und 30 m an die Parkstraße.

5 Quadratische Gleichungen

Seite 138

1 a) $L = \{-2; -1\}$ b) $L = \{-1; 3\}$

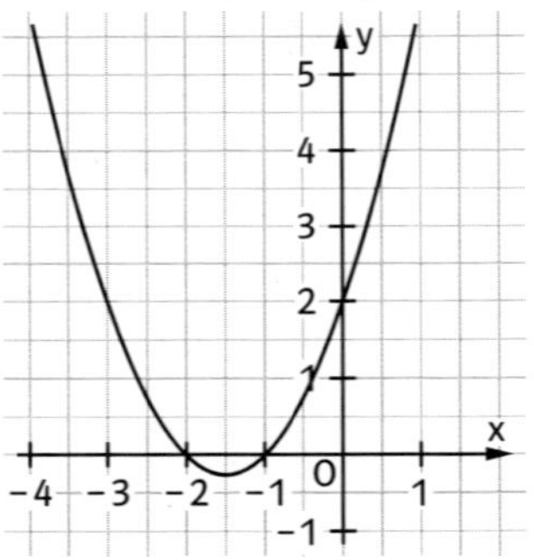

c) $L = \{-4; 1\}$ d) $L = \{-4; -1\}$
e) $L = \{-3; -1\}$ f) $L = \{-1; 4\}$
g) $L = \{-1; 2\}$ h) $L = \{-2; 1\}$

2 a) $L = \{-3; -2\}$ b) $L = \{-2; 4\}$

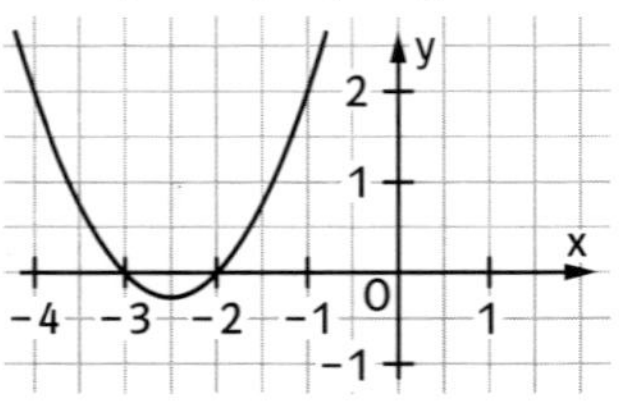

c) $L = \{-4; 3\}$ d) $L = \{-4; -3\}$
e) $L = \{-3; 4\}$ f) $L = \{-4; -2\}$
g) $L = \{\approx -2{,}6; \approx 1{,}6\}$ h) $L = \{-4; 2\}$

3 a) $L = \{-2\}$ b) $L = \{\ \}$

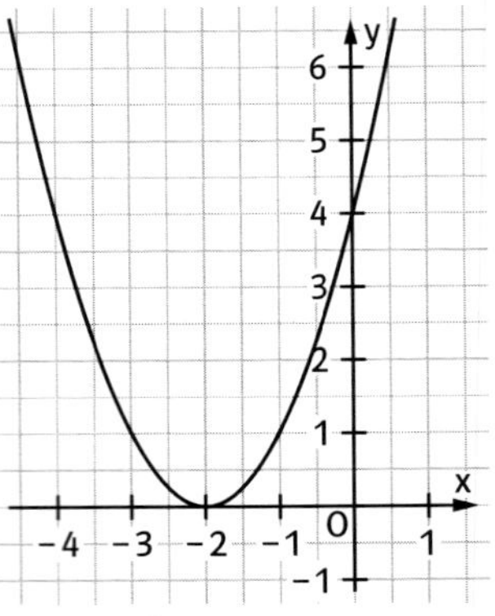

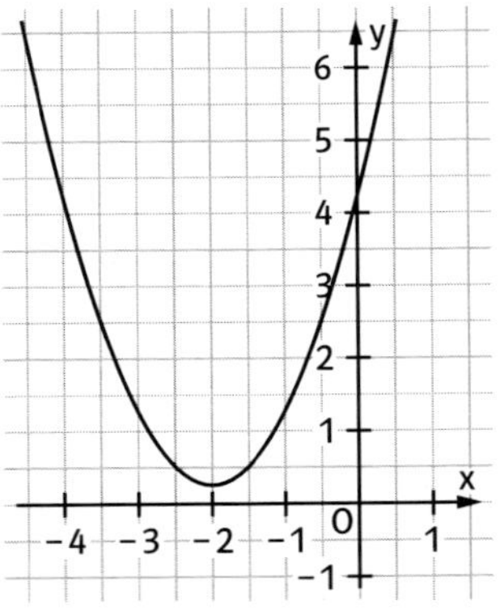

c) $L = \{3\}$ d) $L = \{\ \}$
e) $L = \{5\}$ f) $L = \{\ \}$
g) $L = \{0{,}5\}$ h) $L = \{\ \}$

Seite 139

4 a) $L = \{-2; 3\}$ b) $L = \{-1{,}3; 2{,}3\}$
c) $L = \{-3{,}3; 0{,}3\}$ d) $L = \{-1; 0\}$
e) $L = \{\ \}$ f) $L = \{\ \}$
g) $L = \{-2{,}5; -1\}$ h) $L = \{-1{,}5; 0\}$
i) $L = \{\ \}$ k) $L = \{3\}$
l) $L = \{-3; 1\}$ m) $L = \{0; 0{,}17\}$

5 a) $x^2 = -\frac{1}{2}x + 1{,}5$; $x^2 + \frac{1}{2}x - 1{,}5 = 0$; $L = \{-1{,}5; 1\}$
b) $(x + 1)^2 - 1 = 0$; $x^2 + 2x = 0$; $L = \{-2; 0\}$
c) $(x - 1{,}5)^2 = 0$; $x^2 - 3x + 2{,}25 = 0$; $L = \{1{,}5\}$
d) $x^2 = -x - 1$; $x^2 + x + 1 = 0$; $L = \{\ \}$

6 Individuelle Lösung: Das Verfahren ist nicht besser, da es einfacher ist, eine Normalparabel und eine lineare Funktion zu zeichnen.

7 a) Setzt man die Funktionsterme gleich null und bringt beide Gleichungen auf Normalform, so erhält man jeweils die Gleichung $x^2 + 3x + 2 = 0$. Die Parabeln haben also die gleichen Nullstellen.
b) z. B. $y = 2x^2 + 6x + 3$ oder $y = 8x^2 + 24x + 12$.
c) Es sind die Normalparabeln mit den Gleichungen $y = x^2 + 3x + 2$ und $y = -x^2 - 3x - 2$.

6 Lösen quadratischer Gleichungen

Seite 141

1 a) $L = \{-5; -1\}$ b) $L = \{-9; 1\}$
c) $L = \left\{-\frac{2}{3}; 2\right\}$ d) $L = \{-3{,}5; 6\}$
e) $L = \left\{-3 - \sqrt{2}; -3 + \sqrt{2}\right\}$ f) $L = \{-4; 5\}$
g) $L = \{-0{,}5; 6\}$ h) $L = \{-7; 8\}$
i) $L = \{-3; 16\}$ j) $L = \left\{-\frac{2}{3}; 2\right\}$

k) $L = \{-3{,}5; -1\}$

l) $L = \left\{2; \frac{5}{3}\right\}$

2 a) $L = \{-2; 3\}$

b) $L = \left\{-\frac{1}{3}; 0{,}4\right\}$

c) $L = \{-0{,}25; 4\}$

d) $L = \{2 - \sqrt{3}; 2 + \sqrt{3}\}$

e) $L = \left\{\frac{5 - \sqrt{7}}{3}; \frac{5 + \sqrt{7}}{3}\right\}$

f) $L = \{4 - \sqrt{5}; 4 + \sqrt{5}\}$

g) $L = \{-7; 4\}$

h) $L = \left\{\frac{5}{3}; 2\right\}$

3 a) $L = \{1; 3\}$

b) $L = \{-2; -1\}$

c) $L = \{-4; 2\}$

d) $L = \left\{\frac{2}{3}; 1{,}5\right\}$

e) $L = \left\{-0{,}2; \frac{1}{6}\right\}$

f) $L = \{\ \}$

g) $L = \{-2; 0{,}75\}$

h) $L = \left\{0{,}6; \frac{5}{3}\right\}$

4 a) $L = \left\{\frac{1}{3}; 2\right\}$

b) $L = \left\{5; -\frac{4}{3}\right\}$

c) $L = \left\{-\frac{12}{13}; 8\right\}$

d) $L = \left\{0{,}2; \frac{5}{3}\right\}$

e) $L = \left\{1; \frac{7}{6}\right\}$

f) $L = \left\{\frac{1}{3}; 2\right\}$

g) $L = \left\{-\frac{4}{8}; 5\right\}$

h) $L = \left\{-\frac{5}{6}; 0{,}5\right\}$

i) $L = \{0; 6\}$

j) $L = \{-1 - \sqrt{11}; -1 + \sqrt{11}\}$

Seite 142

5 Es wird die Diskriminante $\left(\frac{p}{2}\right)^2 - q$ bestimmt.
a) $p = -8;\ q = 0;\ \left(\frac{-8}{2}\right)^2 - 0 = 16 > 0;$ d.h., es gibt zwei Lösungen. Die Gleichung muss zum Graphen A gehören, da dies eine nach oben geöffnete Parabel mit zwei Nullstellen ist.
b) Umformen: $x^2 + 100 = 0;\ p = 0;\ q = 100;$
$\left(\frac{0}{2}\right)^2 - 100 = -100 < 0.$ Die Gleichung hat keine Lösung. Die Gleichung muss zum Graphen B gehören, da dies der einzige Graph ist, der keinen Schnittpunkt mit der x-Achse hat.
c) Umformen: $x^2 - 10x - 16 = 0;\ p = -10;\ q = -16;$
$\left(\frac{-10}{2}\right)^2 + 16 = 31 > 0;$ d.h., es gibt zwei Lösungen. Die Gleichung muss zum Graphen D gehören, da er nach unten geöffnet ist und die y-Achse im richtigen Bereich schneidet.
d) Umformen: $x^2 - 4x - 80 = 0;\ p = -4;\ q = -80;$
$\left(\frac{-4}{2}\right)^2 + 80 = 84 > 0;$ d.h., es gibt zwei Lösungen.
Die Gleichung muss zum Graphen C gehören, da er nach unten geöffnet ist und die y-Achse im richtigen Bereich schneidet.

6 a) $p = -9;\ q = 0;\ \left(\frac{-9}{2}\right)^2 - 0 = 20{,}25 < 0;$
d.h., es gibt zwei Lösungen.
$x = -\frac{-9}{2} + \sqrt{20{,}25} = 9$ und $x = -\frac{-9}{2} - \sqrt{20{,}25} = 0$
(kürzer: $x(x - 9) = 0$)
b) $p = 18;\ q = 81;\ \left(\frac{18}{2}\right)^2 - 81 = 0;$
d.h., es gibt eine Lösung.
$x = 9$ (kürzer: $(x + 9)^2 = 0$)
c) $p = -10;\ q = -24;\ \left(\frac{-10}{2}\right)^2 + 24 = 49 > 0;$
d.h., es gibt zwei Lösungen.
$x = -\frac{-10}{2} + \sqrt{49} = 12$ und $x = -\frac{-10}{2} - \sqrt{49} = -2$
d) Umformen: $x^2 - 10x - 24 = 0$
$p = -10;\ q = -24;\ \left(\frac{-10}{2}\right)^2 + 24 = 49 > 0;$
d.h., es gibt zwei Lösungen.
$x = -\frac{-10}{2} + \sqrt{49} = 12$ und $x = -\frac{-10}{2} - \sqrt{49} = -2$
e) Umformen: $-2x^2 + 5x + 25 = 0;$
$x^2 - 2{,}5x - 12{,}5 = 0$
$p = -2{,}5;\ q = -12{,}5;\ \left(\frac{-2{,}5}{2}\right)^2 + 12{,}5 = \frac{25}{16} + \frac{25}{2} = \frac{225}{16} > 0;$
d.h., es gibt zwei Lösungen.
$x = -\frac{-5}{4} + \sqrt{\frac{225}{16}} = 5$ und $x = -\frac{-5}{4} - \sqrt{\frac{225}{16}} = \frac{-5}{2}$

7 a) $x_1 = 0;\ x_2 = -3$

b) $x_1 = 0;\ x_2 = 4$

c) $u_1 = 8;\ u_2 = -8$

d) $y_1 = 3;\ y_2 = -3$

e) $z_1 = 0;\ z_2 = -4$

f) $t_1 = 4;\ t_2 = -4$

g) $x_1 = 11;\ x_2 = -11$

h) $s_1 = 0;\ s_2 = \frac{1}{2}$

8 a) $x_1 = 0;\ x_2 = 2$

b) $v_1 = 8;\ v_2 = -8$

c) $w_1 = ;\ w_2 = -\frac{1}{3}$

d) $x_1 = \frac{3}{4};\ x_2 = -\frac{3}{4}$

e) $y_1 = 5;\ y_2 = -5$

f) $u_1 = 0;\ u_2 = 7$

g) $r_1 = 0;\ r_2 = -4$

9 a) 2 Lösungen für $s < \frac{9}{16}$
1 Lösung für $s = \frac{9}{16}$
keine Lösung für $s > \frac{9}{16}$
b) stets 2 Lösungen
c) 2 Lösungen für $s < \frac{9}{20}$
1 Lösung für $s = \frac{9}{20}$
keine Lösung für $s > \frac{9}{20}$
d) 2 Lösungen für $s > -\frac{121}{24}$
1 Lösung für $s = -\frac{121}{24}$
keine Lösung für $s < -\frac{121}{24}$
e) keine Lösung für $s > \frac{9}{24}$
1 Lösung für $s = \frac{9}{24}$
2 Lösungen für $s < \frac{9}{24}$
f) stets 2 Lösungen

Seite 143

10 a) Der höchste Punkt des Graphen ist der Scheitelpunkt. Wenn man die Nullstellen der Funktion kennt, weiß man, dass der Scheitelpunkt genau in der Mitte zwischen beiden Nullstellen liegen muss. Mit diesem x-Wert kann man dann den y-Wert (die Höhe) berechnen und kontrollieren.
Man erhält $x \approx -0{,}02$ und $x \approx 50{,}02$. Der mittlere Wert liegt etwa bei $x \approx 25{,}02$. Für $x = 25{,}02$ erhält man $y = 305{,}5$. Damit ist die Höhenangabe von

mindestens 300 m korrekt. Die Angabe von 7 Sekunden ist hier nicht verwertbar, weil die Funktionsgleichung die Zeit nicht als Größe enthält.
b) In a) wurden bereits die Nullstellen berechnet. Da die Funktionsgleichung die Flugbahn der Rakete beschreibt, ist die x-Achse in diesem Modell der Boden. Daher sind die Nullstellen mögliche Landepunkte. Man kann aus a) also ablesen, dass die Reste der Rakete in einer Entfernung von ca. 50 m landen können. Dies ist auch realistisch.

11 Um Gleichungen aufzustellen, die eine, zwei bzw. keine Lösung besitzen, kann man die Diskriminante $\left(\frac{-p}{2}\right)^2 - q$ verwenden. Man gibt den Wert für einen der beiden Parameter vor und bestimmt den anderen so, dass der Term $\left(\frac{-p}{2}\right)^2 - q$ entweder gleich null, kleiner null oder größer null ist.

12 a) $y = x(x-4)$ erfüllt die Forderung wegen des Zusammenhangs $A \cdot B = 0$, wenn $A = 0$ oder $B = 0$. Genauso erfüllt $y = 2x(x-4)$ die Forderung. Alle Gleichungen der Form $y = t \cdot x(x-4)$ erfüllen die Forderung.
b) Wie in Aufgabe 11 kann man hier die Bedingung $\left(\frac{-p}{2}\right)^2 - q < 0$ verwenden. Wählt man z. B. $p = 6$, dann muss $q > 9$ gelten. Etwa $y = x^2 + 6x + 10$.

13 a) Da der Term $\left(\frac{-p}{2}\right)^2$ für jeden Wert von p immer positiv ist, ist die Diskriminante $\left(\frac{-p}{2}\right)^2 - q$ immer positiv, wenn q negativ ist. Somit hat die quadratische Gleichung immer zwei Lösungen.
b) Damit die quadratische Gleichung zwei Lösungen besitzt, muss $b^2 - 4ac > 0$ gelten. Haben a und c unterschiedliche Vorzeichen, so ist der Term $4ac$ immer positiv. Damit ist die obige Bedingung erfüllt, Herr Reimer hat also Recht.

14 a)
$$x_{1/2} = -\frac{b}{2a} \pm \sqrt{\left(\frac{b}{2a}\right)^2 - \frac{c}{a}} = -\frac{b}{2a} \pm \sqrt{\frac{b^2}{4a^2} - \frac{4ac}{4a^2}}$$
$$= -\frac{b}{2a} \pm \sqrt{\frac{b^2 - 4ac}{4a^2}} = -\frac{b}{2a} \pm \frac{\sqrt{b^2 - 4ac}}{2a} = \frac{-b \pm \sqrt{b^2 - 4ac}}{2a}$$
b)
$$ax^2 + bx + c = 0$$
$$x^2 + \frac{b}{a}x + \frac{c}{a} = 0$$
$$x^2 + \frac{b}{a}x = -\frac{c}{a}$$
$$x^2 + \frac{b}{a}x + \left(\frac{b}{2a}\right)^2 = \left(\frac{b}{2a}\right)^2 - \frac{c}{a}$$
$$\left(x + \frac{b}{2a}\right)^2 = \left(\frac{b}{2a}\right)^2 - \frac{c}{a}$$
$$x + \frac{b}{2a} = \pm\sqrt{\left(\frac{b}{2a}\right)^2 - \frac{c}{a}}$$
$$x = -\frac{b}{2a} \pm \sqrt{\left(\frac{b}{2a}\right)^2 - \frac{c}{a}}$$
Weitere Rechnung siehe a).

15 a) Die Gleichung der Parabel lautet $y = x^2 - 2x - 1$.
Als Lösung der Gleichung $x^2 - 2x - 1 = 0$ erhält man $x = 1 - \sqrt{2}$ und $x = 1 + \sqrt{2}$; also $P_1(1 - \sqrt{2} \mid 0)$ und $P_2(1 + \sqrt{2} \mid 0)$
b) Die Gleichung der Parabel lautet $y = -x^2 - 6x - 7$.
Als Lösung der Gleichung $x^2 + 6x + 7 = 0$ erhält man $x = 3 - \sqrt{2}$ und $x = 3 + \sqrt{2}$; also $Q_1(3 - \sqrt{2} \mid 0)$ und $Q_2(3 + \sqrt{2} \mid 0)$
c) Die Gleichung der Parabel lautet $y = -x^2 - 4x - 2$.
Die Gleichung der Geraden lautet $y = -0{,}5x$.
Als Lösung der Gleichung $-x^2 - 4x - 2 = -0{,}5x$; $x^2 + 3{,}5x + 2 = 0$ erhält man $x = -\frac{7}{4} - \frac{1}{4}\sqrt{17}$ und $x = -\frac{7}{4} + \frac{1}{4}\sqrt{17}$; also $R_1\left(-\frac{7}{4} - \frac{1}{4}\sqrt{17} \,\middle|\, \frac{7}{8} + \frac{1}{8}\sqrt{17}\right)$ und $R_2\left(-\frac{7}{4} + \frac{1}{4}\sqrt{17} \,\middle|\, \frac{7}{8} - \frac{1}{8}\sqrt{17}\right)$
d) Die Gleichung der Parabel lautet $y = x^2 + 2x$.
Die Gleichung der Geraden lautet $y = 0{,}25x - 0{,}5$.
Als Lösung der Gleichung $x^2 + 2x = 0{,}25x - 0{,}5$; $x^2 + 1{,}75x + 0{,}5 = 0$ erhält man $x = -\frac{7}{8} - \frac{1}{8}\sqrt{17}$ und $x = -\frac{7}{8} + \frac{1}{8}\sqrt{17}$; also
$U_1\left(-\frac{7}{8} - \frac{1}{8}\sqrt{17} \,\middle|\, -\frac{23}{32} - \frac{1}{32}\sqrt{17}\right)$
und $U_2\left(-\frac{7}{8} + \frac{1}{8}\sqrt{17} \,\middle|\, -\frac{23}{32} + \frac{1}{32}\sqrt{17}\right)$

7 Linearfaktorzerlegung

Seite 145

1 a) falsch b) falsch c) richtig
d) richtig e) falsch f) falsch
g) richtig h) richtig i) richtig

2 a) $p = -7$; $q = 10$ b) $p = 7$; $q = 10$
c) $p = -7$; $q = 0$ d) $p = -\frac{3}{14}$; $q = \frac{1}{7}$
e) $p = \frac{4}{3}$; $q = \frac{4}{9}$ f) $p = -\frac{28}{5}$; $q = 3$
g) $p = -(\sqrt{3} + \sqrt{2})$; $q = \sqrt{6}$ h) $p = 0$; $q = -5$
i) $p = -2\sqrt{7}$; $q = 7$ j) $p = -6$; $q = 4$
k) $p = 2$; $q = -2$ l) $p = -1$; $q = -\frac{1}{2}$
m) $p = -3$; $q = -\sqrt{2}$

3 a) $(x-2)(x-7)$ b) $(x-13)(x-2)$
c) $(x-2)(x+3)$ d) $(x-2)(x-7)$
e) Aufgabe nicht lösbar! f) $(x-2)(x+9)$

4 a) $-(x_1 + x_2) = -\left(-\frac{p}{2} + \sqrt{\left(\frac{p}{2}\right)^2 - q} - \frac{p}{2} - \sqrt{\left(\frac{p}{2}\right)^2 - q}\right)$
$= -(-p) = p$

$$x_1 \cdot x_2 = \left(-\frac{p}{2} + \sqrt{\left(\frac{p}{2}\right)^2 - q}\right) \cdot \left(-\frac{p}{2} + \sqrt{\left(\frac{p}{2}\right)^2 - q}\right)$$
$$= \frac{p^2}{4} - \left(\left(\frac{p}{2}\right)^2 - q\right) = q$$

b) Dividiert man die Gleichung durch a, erhält man $x^2 + \frac{b}{ax} + \frac{c}{a} = 0$.
Mit $p = \frac{b}{a}$ und $q = \frac{c}{a}$ erhält man mithilfe von a) die Behauptungen.

5 $(x - 3)(x + 5)$ b) $(x - 7)(x + 2)$
c) $(x - 4)(x - 3)$ d) $\left(x + \frac{3}{2}\right)\left(x + \frac{1}{2}\right)$
e) $\left(x - \frac{1}{2}\right)\left(x - \frac{1}{4}\right)$ f) $\left(x - \frac{1}{2}\right)\left(x - \frac{1}{2}\right)$
g) $(z + 3)\left(z - \frac{1}{2}\right)$ h) $(z + 0{,}8)(z - 0{,}7)$
i) $2\left(x - \frac{3}{2}\right)(x + 1)$ j) $3(x - 2)\left(x + \frac{4}{3}\right)$
k) $4(x - 1)\left(x + \frac{3}{4}\right)$ l) $6\left(x + \frac{1}{2}\right)\left(x - \frac{1}{3}\right)$
m) $9\left(x + \frac{2}{3}\right)\left(x + \frac{2}{3}\right)$
n) $5(x - 1 - \sqrt{3})(x - 1 + \sqrt{3})$
o) $-2(x - 4)\left(x + \frac{1}{2}\right)$ p) $-7(x - 3)\left(x - \frac{1}{7}\right)$

6 a) $p = -4;\ x_2 = -3$ b) $p = 7;\ x_2 = 2$
c) $q = 18;\ x_2 = -9$ d) $p = 4;\ x_2 = -2 = x_1$
e) $p = -1;\ x_2 = -\frac{1}{2}$ f) $q = -4;\ x_2 = 1 + \sqrt{3}$
g) $q = 48;\ x_2 = 6$ h) $p = 8;\ x_2 = 3$
i) $q = 4;\ x_2 = 3 + \sqrt{5}$

7 a) $x_2 = \frac{1}{2}$ $\left(x_2 = -\frac{1}{2}\right)$
b) $f(x) = x^2 - \frac{9}{2}x + 2$ $\left(f(x) = -x^2 + \frac{7}{2}x + 2\right)$

8 Die Lösungen der Gleichung haben verschiedene Vorzeichen, wenn $\frac{b}{2a} < \sqrt{\left(\frac{b}{2a}\right)^2 - \frac{c}{a}}$.
Haben c und a unterschiedliche Vorzeichen, so gilt: $0 < -\frac{c}{a} \iff \left(\frac{b}{2a}\right)^2 < \left(\frac{b}{2a}\right)^2 - \frac{c}{a}$.
Hieraus folgt die obige Bedingung.

8 Anwendungen

Seite 147

1 a) Die gesuchte Zahl ist 7 oder −3.
b) Die gesuchten Zahlen sind 7 und 8 bzw. −8 und −7.
c) Die vier natürlichen Zahlen sind 12, 13, 14 und 15.

2 a = 6 cm b = 18,5 cm

3 a) $2n^2 - 2n + 1$ Löcher gibt es insgesamt.
b) (85): 7 Löcher; (265): 12 Löcher

4 a = 4 cm b = 3 cm

5 $c = \sqrt{3} \cdot a$

Seite 148

6 a = 13 cm
(Diagonalenlängen: e = 10 cm; f = 24 cm)

7 r = 13 cm; Sehne s = 10 cm

8 h = 12 cm; c = 8 cm; $a = b = \sqrt{160}$ cm ≈ 12,65 cm

9 $b = (\sqrt{5} - 1)$ cm; $a = \sqrt{2(\sqrt{5} - 1)}$

10 $\overline{AC} = p(8 \pm 4\sqrt{3})$

11 Bezeichnet man die Breite des Weges mit x, so erhält man als Fläche für das Beet $(12 - 2x)(9 - 2x)$. Dies soll die Hälfte des gesamten Platzes sein, also
$(12 - 2x)(9 - 2x) = \frac{12 \cdot 9}{2};\ 4x^2 - 42x + 54 = 0$.
Als Lösung ergibt sich $x = 9$ und $x = 1{,}5$. Die erste Lösung ist nicht brauchbar, da ein 9 m breiter Weg nicht angelegt werden kann. Der Weg ist 1,5 m breit; das Beet hat die Seitenlängen 9 m und 6 m.

12 Mithilfe der gemessenen Punkte (Angaben in m) wird für den parabelförmigen Brückenbogen die Funktionsgleichung bestimmt und damit dann der Scheitelpunkt der Parabel.
Aus den Punkten ergeben sich mit $y = ax^2 + bx + c$ die Gleichungen $0 = a \cdot 0^2 + b \cdot 0 + c$, also $c = 0$ und $2{,}2 = a \cdot 1^2 + b \cdot 1$ sowie $0 = a \cdot 11^2 + b \cdot 11$. Beim Lösen des linearen Gleichungssystems ergeben sich $a = -0{,}22$ und $b = 2{,}42$.
Also ist $y = -0{,}22x^2 + 2{,}42x$.
Der x-Wert des Scheitelpunktes liegt in der Mitte der beiden Nullstellen, also bei $y = 5{,}5$. Nun bestimmt man den y-Wert für $x = 5{,}5$, also
$y = -0{,}22 \cdot 5{,}5^2 + 2{,}42 \cdot 5{,}5 = 6{,}655$.
Wenn der Brückenbogen parabelförmig ist, würde der höchste Punkt ca. 6,65 m betragen. Da oberhalb des Bogens noch Mauerwerk ist, erscheint die Angabe plausibel.

Seite 149

13 Bei dem Milchgebiss kann man durch Anlegen eines Koordinatensystems und Ausmessen die Punkte $P(0|2{,}5)$; $Q(1{,}25|3{,}4)$ und $R(1{,}8|2{,}5)$ ermitteln.

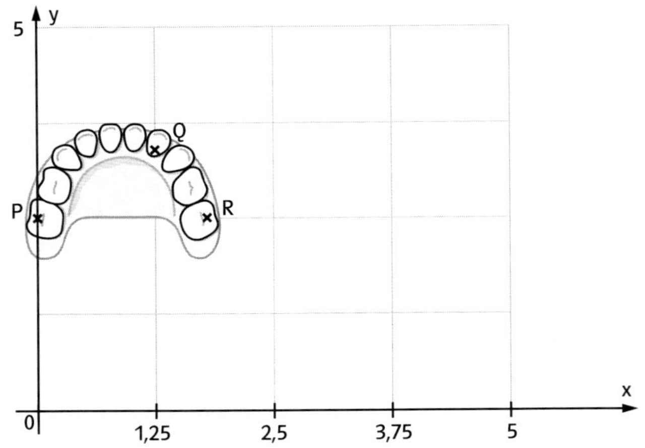

Daraus ergeben sich unter der Annahme, dass die Form des Gebisses parabelförmig ist, die Gleichungen $2{,}5 = a \cdot 0^2 + b \cdot 0 + c$, also $c = 2{,}5$ und $3{,}4 = a \cdot 1{,}25^2 + b \cdot 1{,}25 + 2{,}5$ sowie $2{,}5 = a \cdot 1{,}8^2 + b \cdot 1{,}8 + 2{,}5$. Das Lösen des linearen Gleichungssystems ergibt $a \approx -1{,}309$ und $b \approx 2{,}3563$. Also: $y = -1{,}309\,x^2 + 2{,}3563\,x + 2{,}5$. Um zu kontrollieren, ob es sich wirklich um eine parabelförmige Form handelt, kann man nun einen anderen Punkt berechnen: etwa für $x = 1$ ergibt sich $y = 3{,}5473$, was in etwa der Zeichnung entspricht.
Bei dem Erwachsenengebiss kann man die Punkte $P(0|1{,}25)$; $Q(1{,}25|3{,}4)$ und $R(2{,}4|0{,}9)$ messen.

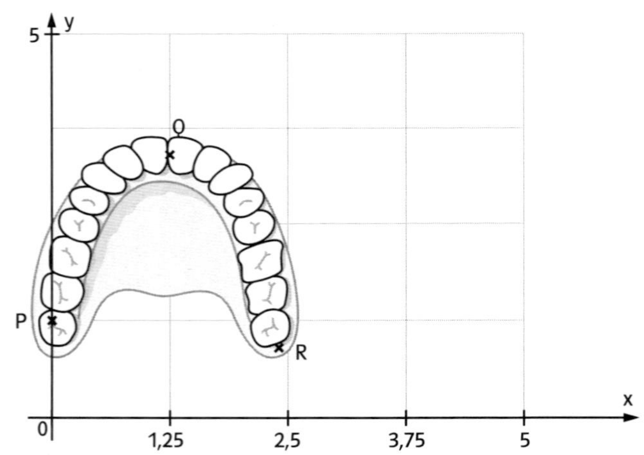

Daraus ergeben sich unter der Annahme, dass die Form des Gebisses parabelförmig ist, die Gleichungen $1{,}25 = a \cdot 0^2 + b \cdot 0 + c$, also $c = 1{,}25$ und $3{,}4 = a \cdot 1{,}25^2 + b \cdot 1{,}25 + 1{,}25$ sowie $0{,}9 = a \cdot 2{,}4^2 + b \cdot 2{,}4 + 1{,}25$.
Das Lösen des linearen Gleichungssystems ergibt $a \approx -1{,}622$ und $b \approx 3{,}748$.

Also: $y = -1{,}622\,x^2 + 3{,}748\,x + 1{,}25$. Um zu kontrollieren, ob es sich wirklich um eine parabelförmige Form handelt, kann man nun einen anderen Punkt berechnen: etwa für $x = 1$ ergibt sich $y = 3{,}376$, was in etwa der Zeichnung entspricht.

14 a)

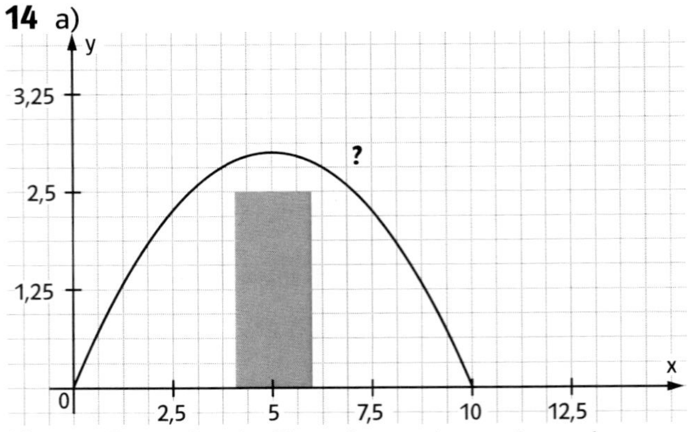

b) Um die optimale Situation zu betrachten, kann man annehmen, dass das Känguru in einem Sprung sowohl die maximale Weite von 10 m als auch die maximale Höhe von bis zu drei Meter erreicht. Dann liegt der Scheitelpunkt in 3 m Höhe und 5 m vom Absprungort entfernt $[S(5|3)]$. Weitere Punkte der Flugbahn sind der Startpunkt $P(0|0)$ und der Landepunkt $Q(10|0)$. Aus diesen Daten kann man die Funktionsgleichung bestimmen, die die Flugbahn beschreiben soll, wenn man davon ausgeht, dass die Flugbahn parabelförmig ist.
$0 = a \cdot 0^2 + b \cdot 0 + c$, also $c = 0$.
Aus $3 = a \cdot 5^2 + b \cdot 5$ und $0 = a \cdot 10^2 + b \cdot 10$ ergibt sich $a = -0{,}12$ und $b = 1{,}2$; also $y = -0{,}12\,x^2 + 1{,}2\,x$.
Wenn der Sprung über das Wohnmobil gehen soll, muss das Wohnmobil unterhalb der Flugkurve gezeichnet werden können. Die beste Position ist im Bereich, wo die Flugbahn sehr hoch ist; also in der Mitte. Da das Wohnmobil zwei Meter breit ist, müssen die Höhen jeweils einen Meter rechts und links vom x-Wert des Scheitels (höchster Punkt) mindestens zweieinhalb Meter betragen. Die x-Werte sind: $x = 5 + 1 = 6$ und $x = 5 - 1 = 4$. Die zugehörigen y-Werte sind $y = -0{,}12 \cdot 6^2 + 1{,}2 \cdot 6 = 2{,}88$ und $y = -0{,}12 \cdot 4^2 + 1{,}2 \cdot 4 = 2{,}88$. Damit ist gezeigt, dass das Känguru über das Wohnmobil springen kann, wenn es die beiden maximalen Angaben (maximale Weite und Höhe) in einem Sprung springen kann.

15 a) Die Höhe (in m) kann für die ersten vier Sekunden Flugzeit mit der quadratischen Funktion $h_1 = -5t^2 + h_0$ berechnet werden, wobei t die Zeit (in s) angibt und h_0 der empfohlenen Abspringhöhe (in m) entspricht. Danach kann die Höhe (in m) mit der linearen Funktion $h_2 = -34t + h_{1(\text{nach } 4\,\text{s})}$ berechnet werden, wobei $h_{1(\text{nach } 4\,\text{s})}$ der Höhe nach den ersten vier Sekunden Flugzeit entspricht. Diese be-

rechnet man durch h_1, t ist die Zeit nach Ablauf der ersten vier Sekunden.
Fortgeschrittener:
$h_1 = -5t^2 + 2000 = -5 \cdot 4^2 + 2000 = 1920$
$h_2 = -34t + 1920$
Da die Mindesthöhe zum Öffnen des Schirms 1200 m betragen soll, kann man nun mithilfe von h_2 die Zeit berechnen, bis diese Höhe erreicht wird.
$1200 = -34t + 1920$, also $t \approx 21{,}18$. Der Fortgeschrittene muss etwa nach $21{,}18 + 4 \approx 25{,}18$ Sekunden den Schirm öffnen.
Expertin: $h_1 = -5t^2 + 2000 = -5 \cdot 4^2 + 2000 = 1920$
$h_2 = -34t + 1920$
Da die Mindesthöhe zum Öffnen des Schirms 700 m betragen soll, kann man nun mithilfe von h_2 die Zeit berechnen, bis diese Höhe erreicht wird.
$700 = -34t + 1920$, also $t \approx 35{,}9$. Der Experte muss etwa nach $35{,}9 + 4 = 39{,}9$ Sekunden den Schirm öffnen. Damit beträgt die Freifallzeit der Expertin nicht ganz das Doppelte der Freifallzeit des Fortgeschrittenen.
b) In den ersten vier Sekunden haben alle drei einen Höhenverlust von 80 m ($5 \cdot 4^2 = 80$).
Danach können sie noch 6 Sekunden weiterfliegen, in denen alle einen Höhenverlust von 204 m ($34 \cdot 6 = 204$) haben. Zusammen ergibt sich in 10 Sekunden ein Höhenverlust von 284 m.
Daher müsste ein Anfänger in (1200 + 284) 1484 m Höhe abspringen (wäre knapp, nicht empfehlenswert, da die empfohlene Absprunghöhe 1500 m beträgt), ein Fortgeschrittener ebenfalls in (1200 + 284) 1484 m (wäre auch nicht empfehlenswert, da mindestens die Höhe des Anfängers eingehalten werden müsste) und ein Experte in (700 + 284) 984 m Höhe (wäre ebenfalls wie beim Fortgeschrittenen nicht empfehlenswert).
c) Da die Fallschirmspringer nach 4 Sekunden konstant 34 Meter pro Sekunde fliegen, haben sie eine Geschwindigkeit von $34\,\frac{m}{s} = 122{,}4\,\frac{km}{h}$ $\left(\text{da } 1\,m = 0{,}001\,km \text{ und } 1\,s = \frac{1}{3600}\,h\right.$ ist, kann man durch Einsetzen die Umrechnung der Einheiten ermitteln: $\left.34\,\frac{m}{s} = 34 \cdot 0{,}001 \cdot 3600\,\frac{km}{h} = 122{,}4\,\frac{km}{h}\right)$.
d) Aufgrund des Luftwiderstandes kann man nicht über die ganze Flugzeit von einem freien Fall sprechen. Nach 4 s tritt ein Kräftegleichgewicht zwischen Gewichtskraft und Luftwiderstand ein.

9 Gleichungen, die auf quadratische Gleichungen führen

Seite 152

1 a) $L = \{0; 1; -9\}$ b) $L = \{-7; 0; 8\}$
c) $L = \{-3{,}5; 0; 6\}$ d) $L = \left\{-\frac{2}{3}; 0; 2\right\}$
e) $L = \{-2; -0{,}25; 0\}$ f) $L = \left\{-\frac{7}{3}; 0; \frac{1}{6}\right\}$

2 a) $L = \left\{-1; \frac{7}{24}\right\}$ b) $L = \left\{\frac{1}{11}; 1; 0\right\}$
c) $L = \left\{-\frac{1}{5}; 0\right\}$ d) $L = \left\{\frac{1}{3}; 0\right\}$
e) $L = \left\{-\frac{3}{5}; \frac{3}{4}\right\}$ f) $L = \{-2; \pm 1{,}63299\}$

3 a) $x_1 = 3;\ x_2 = -3;\ x_3 = 7;\ x_4 = -7$
b) $x_1 = 5;\ x_2 = -5;\ x_3 = 6;\ x_4 = -6$
c) $x_1 = \frac{4}{3};\ x_2 = -\frac{4}{3};\ x_3 = \frac{7}{2};\ x_4 = -\frac{7}{2}$
d) $x_1 = \frac{3}{2};\ x_2 = -\frac{3}{2};\ x_3 = 4;\ x_4 = -4$
e) $x_1 = 3;\ x_2 = -3;\ x_3 = \sqrt{2};\ x_4 = -\sqrt{2}$
f) $x_1 = \sqrt{\frac{9 - \sqrt{41}}{10}};\ x_2 = \sqrt{\frac{9 + \sqrt{41}}{10}};\ x_3 = -\sqrt{\frac{9 - \sqrt{41}}{10}};$
$x_4 = -\sqrt{\frac{9 + \sqrt{41}}{10}}$
g) $x_1 = \sqrt{2};\ x_2 = -\sqrt{2};\ x_3 = \sqrt{3};\ x_4 = -\sqrt{3}$
h) $x_1 = \frac{1}{3};\ x_2 = -\frac{1}{3};\ x_3 = \sqrt{3};\ x_4 = -\sqrt{3}$

4 a) $x_1 = 2;\ x_2 = -2$ b) $x_1 = 0;\ x_2 = \frac{2}{3}$
c) $L = \{\ \}$

5 a) $x_{1;\,2} = \frac{2}{3} \pm \sqrt{6}$ b) $x_1 = 3;\ x_2 = \frac{2}{3}$
c) $x_1 = -7;\ x_2 = \frac{8}{7}$ d) $x_1 = 3;\ x_2 = -\frac{2}{3}$
e) $x_{1;\,2} = 10$ f) $x_1 = -4;\ x_2 = 13$

6 a) $x = 1$ b) $L = \{\ \}$
c) $x_1 = 7;\ x_2 = 0$ d) $x = 0$
e) $x_1 = 2;\ x_2 = \frac{5}{2}$ f) $x = 1$

7 a) $x_1 = -42;\ x_2 = -30$ b) $x_1 = -\frac{1}{4};\ x_2 = \frac{1}{3}$
c) $x_1 = -3$ d) $x_1 = 2$
e) $x_1 = \frac{9}{2}$ f) $x_1 = 1;\ x_2 = 3$
g) $L = \{\ \}$ h) $x = 0$
i) $L = \{\ \}$

8 a) $x = 9$ b) $x = 4$
c) $L = \{\ \}$ d) $L = \{\ \}$

9 a) $x_1 = 27$ b) $x_1 = -3$
c) $x_1 = 3;\ x_2 = 33$ d) $x_1 = -5$

10 a) $x_1 = 0;\ x_2 = \sqrt{13};\ x_3 = -\sqrt{13}$
b) $x_1 = 1;\ x_2 = -1;\ x_3 = 4;\ x_4 = -4$

Wiederholen – Vertiefen – Vernetzen

Seite 153

1 (Mögliche Lösungen)
a) $y = x^2 - 1{,}5$
b) $y = x^2 + 4$
c) $y = x^2 - 1$
d) $y = x^2 + 4$

2 a) $P(0\,|-2)$
b) $P(0{,}3\,|-1{,}91)$
c) $P_1(-4\,|\,14)$ oder $P_2(4\,|\,14)$
d) $P_1(-1{,}5\,|\,1{,}5)$ oder $P_2(1{,}5\,|\,1{,}5)$

3 a) $S(2\,|\,1)$
b) $S(-1\,|\,3)$
c) $S(6\,|-10)$
d) $S(-0{,}5\,|\,1{,}5)$

4 *1. Möglichkeit:* Für jeden Graphen lässt sich mit einem abgelesenen Wert eine Funktionsgleichung bestimmen. Diese kann mit weiteren abgelesenen Werten überprüft werden.
2. Möglichkeit: Für verschiedene Geschwindigkeiten kann überprüft werden, ob sich bei einer Verdopplung der Geschwindigkeit der Bremsweg vervierfacht.
b) Individuelle Lösung

5 (Mögliche Lösungen)
a) $y = x^2 + 5{,}7$
b) $y = (x - 2{,}5)^2 - 5$
c) $y = \left(x - \frac{5}{4}\right)^2 + 1{,}1$
d) $y = (x + 2{,}5)^2 - \frac{3}{7}$

6 (Mögliche Lösungen)
a) $y = -x^2 - 3$
b) $y = 2x^2$
c) $y = (x + 120)^2 - 250$
d) $y = x^2 - 9$

7 a) $y = \frac{1}{2}(x - 2)^2 - 3$
b) $y = \frac{1}{2}(x + 3)^2 - 4$
c) $y = -\frac{1}{2}(x + 2)^2 + 3$
d) $y = -\frac{1}{2}(x - 2)^2 + 3$

8 Auf die zeichnerische Lösung wird hier verzichtet. Am Graphen liest man die Lösungen als Schnittpunkte mit der x-Achse ab.

a) $p = 6;\ q = 9;\ \left(\frac{6}{2}\right)^2 - 9 = 0;$
d. h., es gibt eine Lösung: $x = -3$.

b) $p = 5;\ q = -1;\ \left(\frac{5}{2}\right)^2 + 1 > 0;$
d. h., es gibt zwei Lösungen: $x \approx -5{,}2$ und $x \approx 0{,}2$.

c) Umformen: $x^2 - \frac{9}{5}x - \frac{2}{5} = 0$
$p = -\frac{9}{5};\ q = -\frac{2}{5};\ \left(\frac{1{,}8}{2}\right)^2 + 0{,}4 > 0;$
d. h., es gibt zwei Lösungen: $x = -0{,}2$ und $x = 2$.

d) Umformen: $x^2 - 5x - 42 = 0$
$p = -5;\ q = -42;\ \left(\frac{-5}{2}\right)^2 + 42 > 0;$
d. h., es gibt zwei Lösungen: $x \approx -4{,}4$ und $x \approx 9{,}4$.

e) Umformen: $x^2 - \frac{9}{2}x - \frac{5}{2} = 0$
$p = -\frac{9}{2};\ q = -\frac{5}{2};\ \left(\frac{-4{,}5}{2}\right)^2 + 2{,}5 > 0;$
d. h., es gibt zwei Lösungen: $x = -0{,}5$ und $x = 5$.

f) Umformen: $x^2 - \frac{2}{3}x - 2 = 0$
$p = -\frac{2}{3};\ q = -2;\ \left(\frac{\frac{2}{3}}{2}\right)^2 + 2 > 0;$
d. h., es gibt zwei Lösungen: $x \approx -1{,}1$ und $x \approx 1{,}8$.

g) Umformen: $x^2 + 6x + 9 = 0$
$p = 6;\ q = 9;\ \left(\frac{-6}{2}\right)^2 - 9 = 0;$
d. h., es gibt eine Lösung: $x = -3$.

h) Umformen: $x^2 + 2x - 1 = 0$
$p = 2;\ q = -1;\ \left(\frac{-2}{2}\right)^2 + 1 > 0;$
d. h., es gibt zwei Lösungen: $x \approx -2{,}4$ und $x \approx 0{,}4$.

9 a) $x = 0$
b) $x_1 = 0;\ x_2 = 13;\ x_3 = -13$
c) $x_1 = 2;\ x_2 = -2;\ x_3 = 3;\ x_4 = -3$
d) $x_1 = 2;\ x_2 = -2;\ x_3 = 5;\ x_4 = -5$
e) $x_1 = 1;\ x_2 = 2$
f) $x_1 = 16;\ (x_2 = 25)$
g) $x_1 = -1;\ x_2 = 9$
h) $-\frac{7}{4} - \frac{5}{4}\sqrt{17};\ -\frac{7}{4} + \frac{5}{4}\sqrt{17}$

10 a) $x_1 =;\ x_2 = -9$
b) Individuelle Lösungen

Seite 154

11 a) Zunächst zeichnet man den Scheitelpunkt der Parabel in ein Koordinatensystem. Von diesem ausgehend zeichnet man wie in Lerneinheit 1 auf Seite 11 beschrieben die Parabel.
b) Wenn bei einer quadratischen Funktion der Faktor vor dem x^2 oder vor der Klammer, die quadriert wird, zwischen −1 und 1 ist, dann ist die Parabel weiter als die Normalparabel. Wenn der Faktor positiv und größer als 1 oder negativ und kleiner als −1 ist, dann ist die Parabel enger als die Normalparabel.
c) Wenn bei einer quadratischen Funktion der Scheitel der Parabel auf der y-Achse liegt, dann hat die Funktion genau eine Nullstelle.
Wenn bei einer quadratischen Funktion das Vorzeichen vom x-Wert des Scheitels und das Vorzeichen vom Faktor vor dem x^2 oder vor der Klammer, die quadriert wird, gleich sind, hat die Funktion keine Nullstelle. Wenn die Vorzeichen verschieden sind, hat die Funktion zwei Nullstellen.

12 a) Individuelle Lösung
b) Die Scheitelpunkte liegen auf der Parabel mit der Funktionsgleichung $y = -(x - 1)^2 + 2$.

13 a) $y = 2(x - 3)^2$ b) $y = 3x^2 - 1$
c) $y = -(x + 2)^2 - 1$ d) $y = (x - 2)^2 - 2$

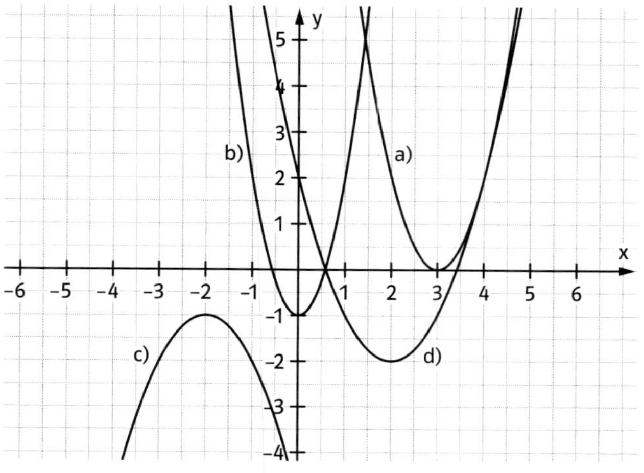

14 a) Der Ursprung des Koordinatensystems wurde in den Abwurfpunkt gelegt.
b) Die Kugel würde etwa 2,14 m weit fliegen.

15 Individuelle Lösung

16 Wenn man die Metallplatte in der Breite jeweils um 6,25 cm hochbiegt, wird das Fassungsvolumen der Rinne maximal.

Seite 155

17 a) Dies weiß man, weil für $t = 0$ der y-Wert 1,8 ist. Das heißt, bevor der Ball fliegt, ist er auf einer Höhe von 1,8 m.
b) Man ermittelt die Nullstellen der Funktion, um zu bestimmen, wie lange der Ball fliegt, bis er landet. Die pq-Formeln liefern: $t \approx 3{,}3$ und $t \approx -0{,}1$. Der Ball fliegt demnach ca. 3,3 Sekunden, bis er landet (negative Zeiten sind hier nicht sinnvoll).
c) In b) sind beide Nullstellen bestimmt worden. Aufgrund der Symmetrie der Parabel kann man den t-Wert zwischen beiden Nullstellen wählen, um den t-Wert des Scheitelpunktes (höchster Punkt) zu erhalten: $3{,}3 + 0{,}1 = 3{,}4$ damit ergibt sich $3{,}4 : 2 = 1{,}7$. Der t-Wert des Scheitels liegt bei $t = 1{,}6$ $(1{,}7 - 0{,}1 = 1{,}6)$. Nun kann der y-Wert bestimmt werden: $y = -5 \cdot 1{,}6^2 + 1{,}6 \cdot 1{,}6 + 1{,}8 = 14{,}6$. Der Ball hat auf seinem höchsten Punkt eine Höhe von 14,6 m.
d) Um diese Frage zu beantworten, muss man $y = 12{,}5$ in die Gleichung einsetzen:
$12{,}5 = -5t^2 + 16t + 1{,}8$. Die pq-Formeln liefern: $t \approx 2{,}25$ und $t \approx 0{,}95$. Beide Zeiten sind sinnvoll.
Der Ball hat nach ca. 0,95 Sekunden und nach ca. 2,3 Sekunden eine Höhe von 12,5 m erreicht.

18 a) Die blaue Fläche q besteht aus dem mittleren Quadrat (x^2) und den vier Rechtecken an den Seiten. Eine Seite dieser Rechtecke hat die Länge x und die Breite $\frac{p}{4}$. Wenn man die vier Rechtecke aneinander legt, haben sie die Breite von $4 \cdot \frac{p}{4} = p$. Also ist die gesamte blaue Fläche zusammengesetzt durch $x^2 + px$.
b) Unter der Wurzel steht der Term $q + 4\left(\frac{p}{4}\right)^2$. q beschreibt die ganze blaue Fläche und $\left(\frac{p}{4}\right)^2$ beschreibt ein Eckquadrat; $4\left(\frac{p}{4}\right)^2$ beschreibt damit alle vier Eckquadrate. Der Term $q + 4\left(\frac{p}{4}\right)^2$ beschreibt somit den ganzen Flächeninhalt. Wenn nun die Wurzel gezogen wird, erhält man die Länge einer Seite des Quadrats. Wenn man hiervon nun noch zweimal die Seitenlänge der Eckquadrate $2\frac{p}{4}$ abzieht, erhält man die Länge x.

Also: $x = \sqrt{q + 4\left(\frac{p}{4}\right)^2} - \frac{p}{2}$

c) Die Gleichung $x = \sqrt{q + 4\left(\frac{p}{4}\right)^2} - \frac{p}{2}$

kann man umformen: $x + \frac{p}{2} = \sqrt{q + \frac{p^2}{4}} = \frac{1}{2}\sqrt{4q + p^2}$
Beim Vergleich der Flächen sieht man:
$\left(x + \frac{p}{2}\right)^2 = \frac{1}{4}(4q + p^2)$.
Hieraus folgt: $x + \frac{p}{2} = \pm \frac{1}{2}\sqrt{p^2 + 4q}$ und
$x = -\frac{p}{2} \pm \frac{1}{2}\sqrt{p^2 + 4q}$.
Jetzt stimmt nur das Vorzeichen vor 4q noch nicht. Aber x ist Lösung der Gleichung aus a):
$x^2 + px = q$ oder $x^2 + px - q = 0$.

19

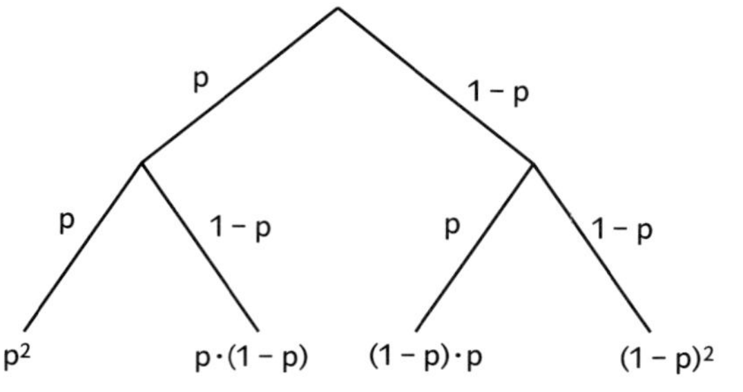

p ist die Gewinnwahrscheinlichkeit, wenn man einmal zieht, und $1 - p$ ist dann die entsprechende Verlierwahrscheinlichkeit. Die Gesamtgewinnwahrscheinlichkeit ergibt sich aus den ersten drei ~~mit~~-tels der Pfadregel berechneten Gewinnwahrscheinlichkeiten bei zwei Durchgängen:
$p^2 + p \cdot (1 - p) + (1 - p) \cdot p$. Diese soll 70 % betragen, also 0,70. Um die Gewinnwahrscheinlichkeit p für einen Durchgang zu ermitteln, muss man die Gleichung $p^2 + p \cdot (1 - p) + (1 - p) \cdot p = 0{,}7$ lösen.

$p^2 + p \cdot (1 - p) + (1 - p) \cdot p = 0{,}7$
$p^2 + 2 \cdot (p - p^2) - 0{,}7 = 0$
$-p^2 + 2p - 0{,}7 = 0$
Mit der pq-Formel folgt: $p \approx 1{,}55$ und $p \approx 0{,}45$
Da die Gewinnwahrscheinlichkeit nicht über $1 = 100\,\%$ sein kann, ist $p \approx 0{,}45$ die Lösung. Sie beträgt also 45 %. Hansi hat demnach nicht Recht.

20 a) Quadratische Funktionen haben die allgemeine Funktionsgleichung $y = ax^2 + bx + c$. Die Scheitelform lautet allgemein $y = a(x - d)^2 + e$, wobei der Scheitel bei $S(d\,|\,e)$ liegt. Man kann die Scheitelform auch mit den Parametern der allgemeine Funktionsgleichung angeben:
$y = a\left(x + \frac{b}{2a}\right)^2 - \frac{b^2}{4a} + c.$
b) Einsetzen der Koordinaten des Scheitels in die Scheitelform ergibt $y = a(x - 10)^2 + 15$. Einsetzen des Punktes P ergibt die Gleichung
$5 = a(1 - 10)^2 + 15 = 81a + 15.$
Auflösen nach a ergibt: $a = -\frac{10}{81}$.
Damit ist $y = -\frac{10}{81}(x - 10)^2 + 15 = -\frac{10}{81}x^2 + \frac{200}{81}x + \frac{215}{81}$.
c) Mit $S(0\,|\,0)$ ist $y = a(x - 0)^2 + 0 = ax^2$.
Mit $P(3\,|\,-2)$ ist $-2 = 9a$, also $a = -\frac{2}{9}$.
Die Funktionsgleichung lautet $y = -\frac{2}{9}x^2 \approx -0{,}22x^2$

21 Zum Beispiel: $y = -0{,}001x \cdot (x - 150)$. Die maximale Höhe wäre dann etwa 5,6 m.

Seite 156

22 a) Bei einer Fluggeschwindigkeit von etwa 96 Meilen pro Stunde konnte er mit dem Treibstoff am weitesten fliegen.
b) Charles Lindbergh musste mindestens mit einem Gesamtverbrauch von 1783 Litern rechnen.
c) Bei einer Fluggeschwindigkeit von 96 Meilen pro Stunde hätte Lindbergh für die Strecke 37,5 Stunden benötigt. Bei einer so langen Zeit ist die Gefahr groß, dass er einschläft. Er wird daher vermutlich schneller geflogen sein.
d) Individuelle Lösung

23 Für die Dreiecksfläche gilt:
$A = 36 - \frac{1}{2}x^2 - 6(6 - x) = -\frac{1}{2}(x - 6)^2 + 18.$
Für $x = 1(2)\,\text{cm}$ beträgt die Fläche also $5{,}5(10)\,\text{cm}^2$.
Die Fläche wird für $x = 6\,\text{cm}$ maximal, also wenn $P = A$ und $Q = C$ gilt, sie beträgt dann $18\,\text{cm}^2$.

24 Aus der Umfangsgleichung $8a + 3b = 20\,\text{m}$ ergibt sich für den Flächeninhalt die Gleichung $A = -\frac{15}{32}\left(b - \frac{4}{3}\right)^2 + \frac{40}{3}$, woraus sich ergibt, dass der maximale Flächeninhalt für $b = \frac{4}{3}\,\text{m}$ und $a = 2\,\text{m}$ angenommen wird und $\frac{40}{3}\,\text{m}^2$ beträgt.

25 a) Man zählt 163 Streichhölzer in den Quadraten.
b) a steht für die Anzahl der Streichhölzer, r für die Anzahl der Randstreichhölzer und q für die Anzahl der Quadrate. Mit dem Term $4 \cdot q$ wird die Anzahl der Streichhölzer aller Quadrate bestimmt (pro Quadrat 4 Hölzer), wenn die Quadrate alle einzeln nebeneinander liegen würden. Nun hat man die Streichhölzer, die zwischen zwei Quadraten liegen (diese also verbinden) doppelt gezählt. Nur die Randstreichhölzer wurden bisher einmal gezählt. Deshalb addiert man diese Randstreichhölzer zu $4 \cdot q$, damit alle Streichhölzer doppelt gezählt werden. Abschließend dividiert man durch 2 und erhält die Anzahl der Streichhölzer, die in der Fig. 2 verwendet wurden.
c) Es geht nicht; in die Formel eingesetzt:
$20 = \frac{r + 4 \cdot 9}{2}$ liefert $r = 4$. Bei 9 Quadraten hat er mindestens 12 Randhölzer.
d) Individuelle Lösung, z. B.:

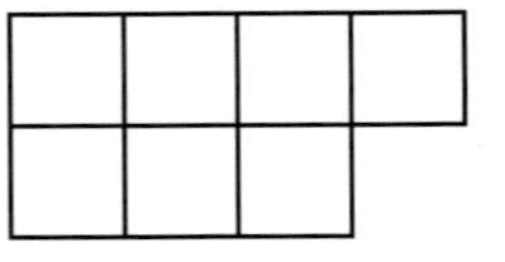

e) r ist gerade:
$r = 2a - 4q = 2(a - 2q)$

Exkursion: Polynomdivision

Seite 157

1 a) Die erste Multiplikation ist die verkürzte Schreibweise (auslassen der Zehnerpotenzen, welche die Stelle bestimmen) der zweiten Multiplikation. Die dritte Multiplikationsaufgabe ersetzt die Zehnerpotenzen durch Potenzen der Variablen x.
b) $(2x^3 + 1x^2 + 0x + 2)(4x^3 + 3x^2 + 2x + 1)$
$= 8x^6 + 10x^5 + 7x^4 + 12x^3 + 7x^2 + 4x + 2$

2 a) analog 1a) statt Multiplikation → Division
b) Der erste Summand vom Dividenden wurde durch den ersten Summenden des Divisors geteilt. Das Ergebnis wird mit dem Divisor multipliziert und die Potenzen werden entsprechend untereinander gesetzt, dann subtrahiert. Schließlich wird der 1. Summand der Differenz (Rest) durch den ersten Summanden vom Divisor geteilt usw.

3 a) $3x^2 + 2x + 1$ b) $x + 2$
c) $x + 4$ d) $3x^2 + x - 4$

4 a) $x + 1$ b) $x + 1$
c) $x^2 + x + 1$ d) $x^3 - x^2 + x - 1$

5 a) Diese Gleichung hat keine weiteren Lösungen.
b) $x_3 = 1$; $x_4 = 4$

Exkursion: Funktionenscharen am PC

Seite 158

1 a)

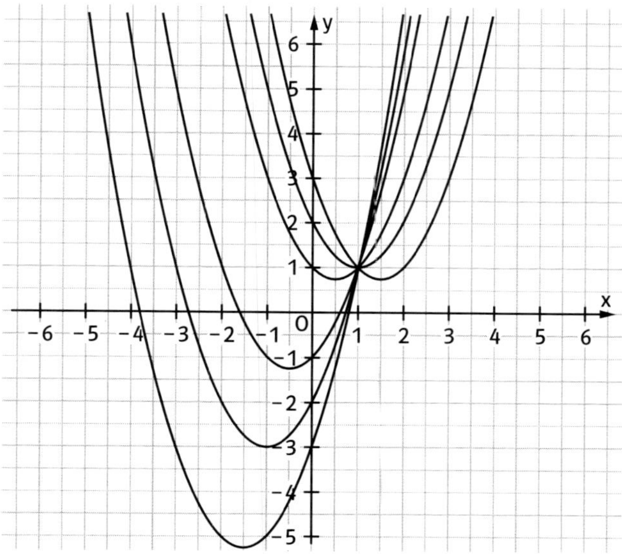

b) Alle Parabeln verlaufen durch den Punkt P(1 | 1).

c) $f_{(-2)}(x) = x^2 - (-2)\cdot x + (-2) = x^2 + 2x - 2$

$f_1(x) = x^2 - x + 1$

$x^2 + 2x - 2 = x^2 - x + 1 \quad | -x^2$

$2x - 2 = -x + 1 \quad | +x$

$3x - 2 = 1 \quad | +2$

$3x = 3 \quad | :3$

$x = 1$

Berechnen der y-Koordinate:

$y = f_1(1) = 1^2 - 1 + 1 = 1$

P(1 | 1) ist der Schnittpunkt der Graphen von $f_{(-2)}$ und f_1.

d) $x^2 - kx + k = x^2 - rx + r \quad | -x^2$

$-kx + k = -rx + r \quad | +rx$

$rx - kx + k = r \quad | -k$

$rx - kx = r - k \quad |$ x ausklammern

$(r - k)\cdot x = r - k \quad | :(r - k)$ da $r \neq k$

$x = \frac{r-k}{r-k}$

$x = 1$

Berechnen der y-Koordinate:

$y = f_k(1) = 1^2 - k\cdot 1 + k = 1$

Alle Parabeln verlaufen durch den Punkt P(1 | 1).

2 $f_a(x) = ax^2 + 4x - 13$

a) – b)

Parameter a	−3	−2	−1	1	**2**	3
x	$f_{-3}(x)$	$f_{-2}(x)$	$f_{-1}(x)$	$f_1(x)$	$\mathbf{f_2(x)}$	$f_3(x)$
−10	−353	−253	−153	47	**147**	247
−9	−292	−211	−130	32	**113**	194
−8	−237	−173	−109	19	**83**	147
−7	−188	−139	−90	8	**57**	106
−6	−145	−109	−73	−1	**35**	71
−5	−108	−83	−58	−8	**17**	42
−4	−77	−61	−45	−13	**3**	19
−3	−52	−43	−34	−16	**−7**	2
−2	−33	−29	−25	−17	**−13**	−9
−1	−20	−19	−18	−16	**−15**	−14
0	−13	−13	−13	−13	**−13**	−13
1	−12	−11	−10	−8	**−7**	−6
2	−17	−13	−9	−1	**3**	7
3	−28	−19	−10	8	**17**	26
4	−45	−29	−13	19	**35**	51
5	−68	−43	−18	32	**57**	82
6	−97	−61	−25	47	**83**	119
7	−132	−83	−34	64	**113**	162
8	−173	−109	−45	83	**147**	211
9	−220	−139	−58	104	**185**	266
10	−273	−173	−73	127	**227**	327

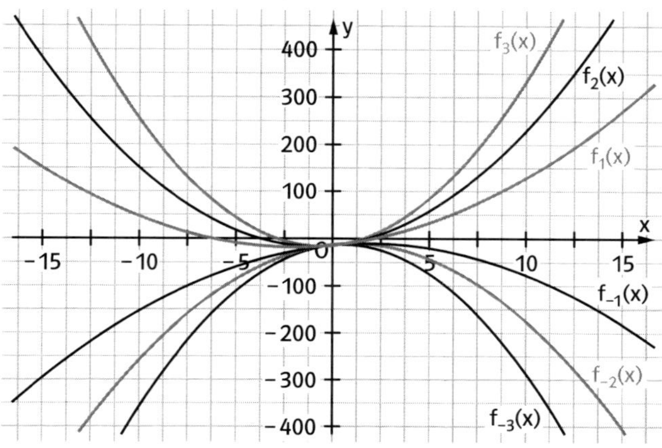

c) $f_a(x) = ax^2 + 4x - 13$

$f_a(3) = 9a + 12 - 13$

$= 9a - 1$

$9a - 1 = 8 \quad | +1$

$9a = 9 \quad | :9$

$a = 1$

Für $a = 1$ verläuft die zugehörige Parabel durch den Punkt P(3 | 8).

Scharparameter a	−10	−9	−8	−7	−6	−5	−4
$f_a(3)$	−91	−82	−73	−64	−55	−46	−37

Scharparameter a	−3	−2	−1	0	**1**	2	3
$f_a(3)$	−28	−19	−10	−1	**8**	17	26

Scharparameter a	4	5	6	7	8	9	10
$f_a(3)$	35	44	53	62	71	80	89

d) $f_b(x) = x^2 + bx + 5$

Parameter b	−3	−2	−1	1	**2**	3
x	$f_{-3}(x)$	$f_{-2}(x)$	$f_{-1}(x)$	$f_1(x)$	$\mathbf{f_2(x)}$	$f_3(x)$
−10	135	125	115	95	**85**	75
−9	113	104	95	77	**68**	59
−8	93	85	77	61	**53**	45
−7	75	68	61	47	**40**	33
−6	59	53	47	35	**29**	23
−5	45	40	35	25	**20**	15
−4	33	29	25	17	**13**	9
−3	23	20	17	11	**8**	5
−2	15	13	11	7	**5**	3
−1	9	8	7	5	**4**	3
0	5	5	5	5	**5**	5
1	3	4	5	7	**8**	9
2	3	5	7	11	**13**	15
3	5	8	11	17	**20**	23
4	9	13	17	25	**29**	33
5	15	20	25	35	**40**	45
6	23	29	35	47	**53**	59
7	33	40	47	61	**68**	75
8	45	53	61	77	**85**	93
9	59	68	77	95	**104**	113
10	75	85	95	115	**125**	135

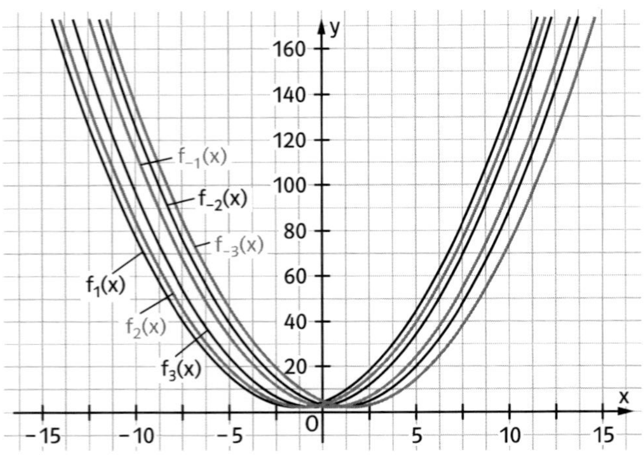

Für b = −2 verläuft die zugehörige Parabel durch den Punkt P(3 | 8).

e)

Parameter b	−3	−2	−1	1	**2**	3
x	$f_{-3}(x)$	$f_{-2}(x)$	$f_{-1}(x)$	$f_1(x)$	$\mathbf{f_2(x)}$	$f_3(x)$
−10	207	208	209	211	**212**	213
−9	168	169	170	172	**173**	174
−8	133	134	135	137	**138**	139
−7	102	103	104	106	**107**	108
−6	75	76	77	79	**80**	81
−5	52	53	54	56	**57**	58
−4	33	34	35	37	**38**	39
−3	18	19	20	22	**23**	24
−2	7	8	9	11	**12**	13
−1	0	1	2	4	**5**	6
0	−3	−2	−1	1	**2**	3
1	−2	−1	0	2	**3**	4
2	3	4	5	7	**8**	9
3	12	13	14	16	**17**	18
4	25	26	27	29	**30**	31
5	42	43	44	46	**47**	48
6	63	64	65	67	**68**	69
7	88	89	90	92	**93**	94
8	117	118	119	121	**122**	123
9	150	151	152	154	**155**	156
10	187	188	189	191	**192**	193

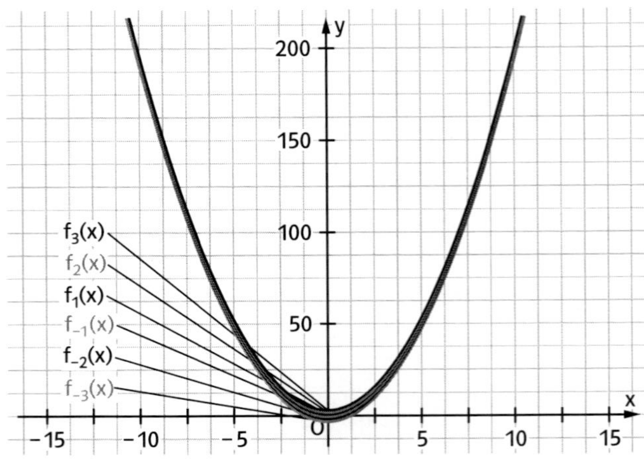

Für c = −7 verläuft die zugehörige Parabel durch den Punkt P(3 | 8).

3 a) $f(x) = x^2 - 1$
$f(x) = 2x^2 - 2$
$f(x) = 3x^2 - 3$
…
$f_a(x) = ax^2 - a$

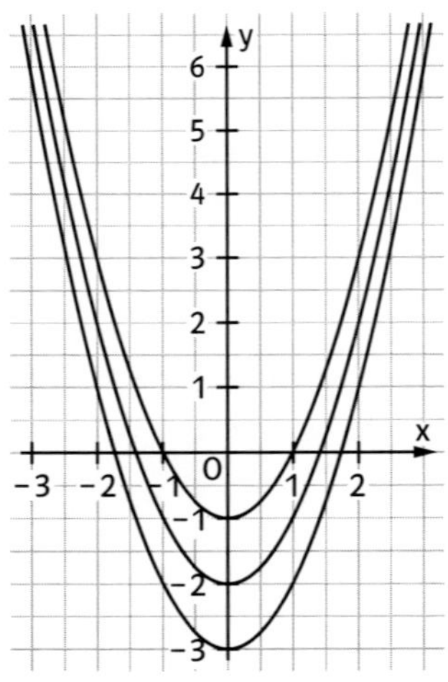

b) $f(x) = (x - 4)^2 + 1$
$f(x) = 2(x - 4)^2$
$f(x) = 3(x - 4)^2 - 1$
...
$f_a(x) = a(x - 4)^2 + (2 - a)$

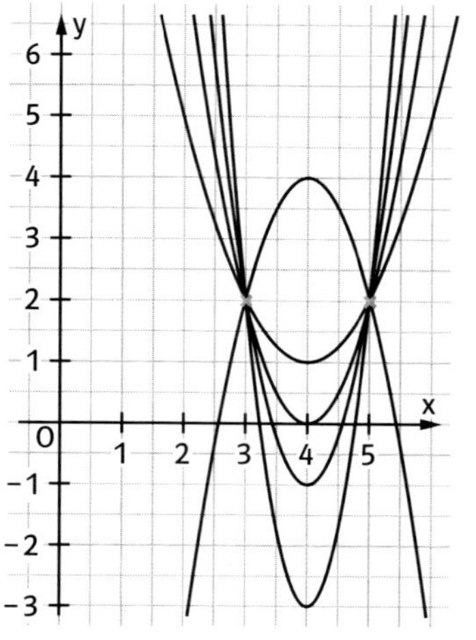

Seite 159

4 a) $f_t(x) = x^2 + 2x + t$

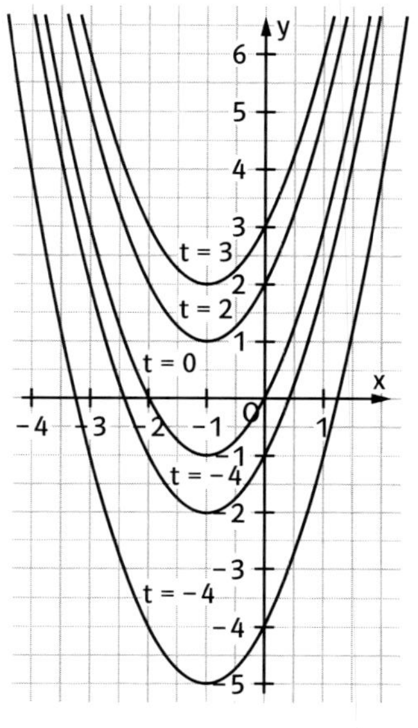

b) $2^2 + 2 \cdot 2 + t = 7$
$8 + t = 7$
$t = -1$

c) $f_k(x) = x^2 + kx$

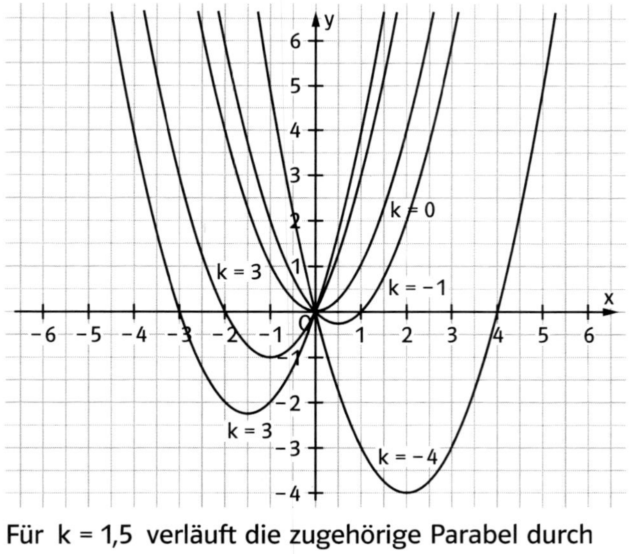

Für $k = 1{,}5$ verläuft die zugehörige Parabel durch den Punkt P(2 | 7).

$f_r(x) = x^2 - 2rx + (r - 1)$

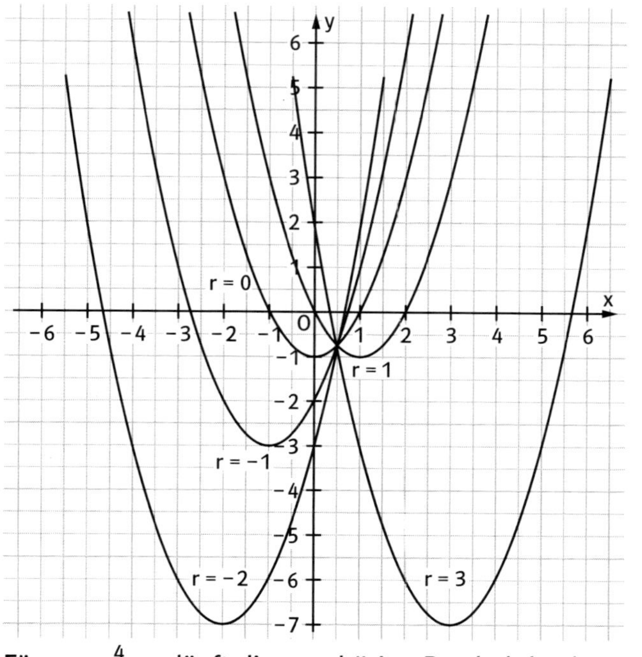

Für $r = -\frac{4}{3}$ verläuft die zugehörige Parabel durch den Punkt P(2 | 7).

5 a)

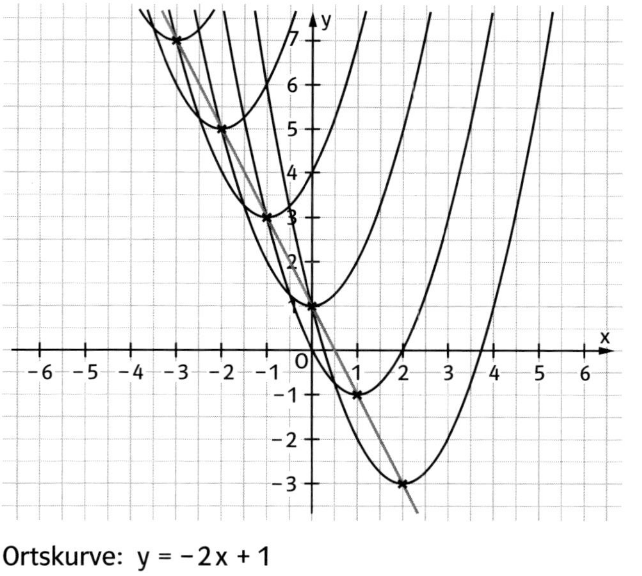

Ortskurve: $y = -2x + 1$

b)

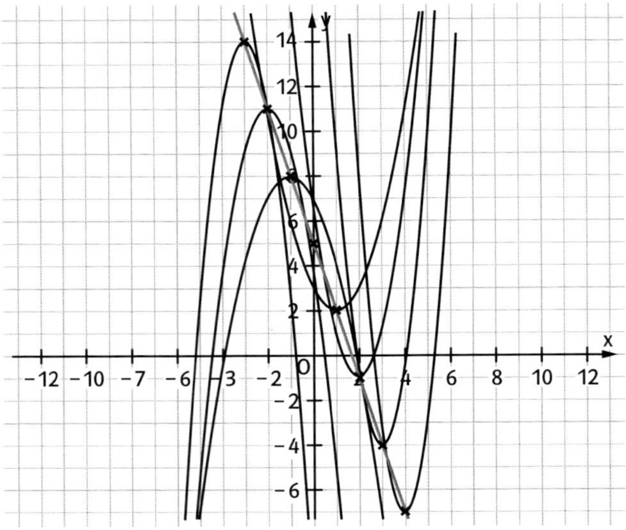

Ortskurve: $y = -3x + 5$

6 a) Durch Ausmultiplizieren erhält man: $f_r(x) = 2rx - x^2 = -x^2 + 2rx$, es handelt sich um eine quadratische Funktion, der Graph einer quadratischen Funktion ist eine Parabel.

b)

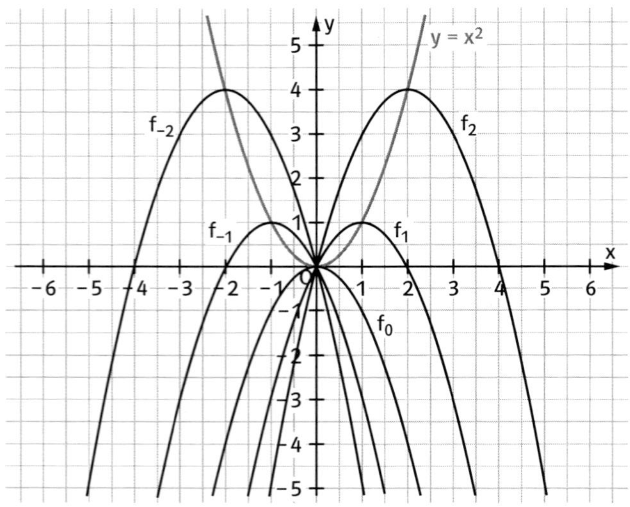

c) Alle Parabeln der Schar verlaufen durch den Punkt P(0 | 0).

d) $h(x) = x^2$ (vgl. Abbildung)

7 a) $f_k(x) = x^2 - kx + k$

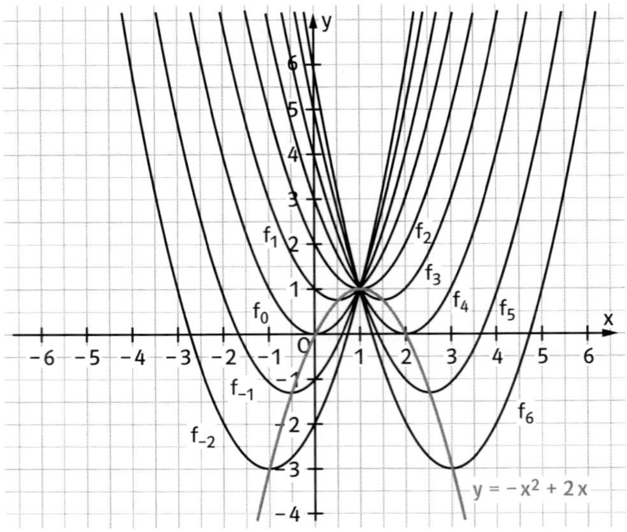

b) $f_3(x) = x^2 - 3x + 3$; SP(1,5 | 0,75)

$f_{-1}(x) = x^2 + x - 1$; SP(−0,5 | −1,25)

$$f_k(x) = x^2 - kx + k$$
$$= x^2 - 2\cdot\frac{k}{2}x + \left(\frac{k}{2}\right)^2 - \left(\frac{k}{2}\right)^2 + k$$
$$= \left(x - \frac{k}{2}\right)^2 - \frac{k^2}{4} + k$$

Der Scheitelpunkt von f_k liegt bei $SP\left(\frac{k}{2}\middle| -\frac{k^2}{4} + k\right)$.

Um die Gleichung der Ortskurve der Scheitelpunkte zu bestimmen, muss nun noch der Paraameter k durch 2x ersetzt werden.

$$\frac{2x}{2} \to -\frac{(2x)^2}{4} + 2x$$
$$x \to -\frac{4x^2}{4} + 2x$$
$$x \to -x^2 + 2x$$

Gleichung der Ortskurve der Scheitelpunkte:

$y = -x^2 + 2x$.

8 $f_r(x) = x^2 - 2rx + (r^2 - r)$
$$= x^2 - 2\cdot r\cdot x + r^2 - r^2 + (r^2 - r)$$
$$= (x - r)^2 - r^2 + r^2 - r$$
$$= (x - r)^2 - r$$

Scheitelpunkt bei (r | −r), damit lautet die Gleichung der Ortskurve $y = -x$.

9 a) Verwendet man in Euklid DynaGeo die Funktion **Ortslinie eines Punktes aufzeichnen**, so erkennt man, dass alle Punkte, die von P und g den gleichen Abstand haben, auf einer Parabel liegen.

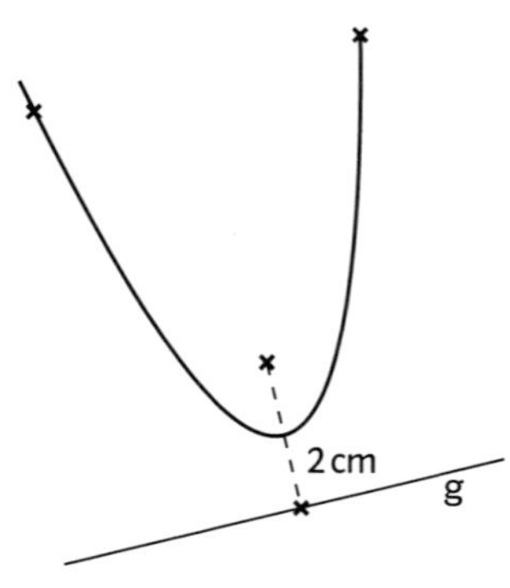

b) Auch wenn man den Abstand von P zu g verändert, bleibt die Kurve, auf der alle Punkte liegen, die von P und g den gleichen Abstand haben, parabelförmig. Die Parabeln unterscheiden sich dann in Form und Lage: Je geringer der Abstand von P und g wird, desto enger verläuft die Parabel, vergrößert man den Abstand von P und g, so wird die Parabel weiter.

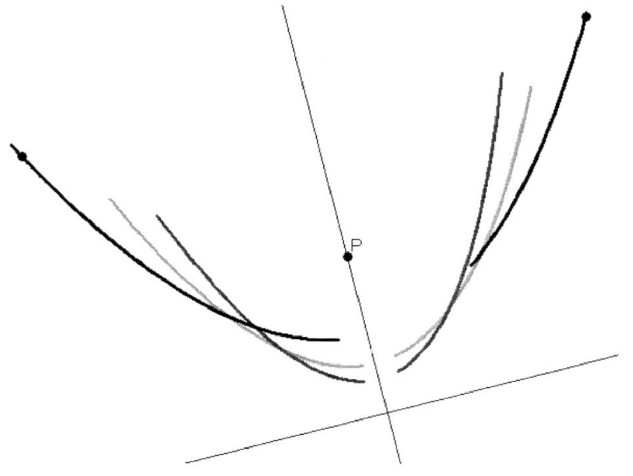

c) Wählt man beispielsweise die Gerade g: $y = 2$ und den Punkt $P(-2\,|\,4)$, so hat die Ortslinie, auf der alle Punkte liegen, die von P und g den gleichen Abstand haben, die Gleichung:
$y = \frac{1}{4}(x + 2)^2 + 3$

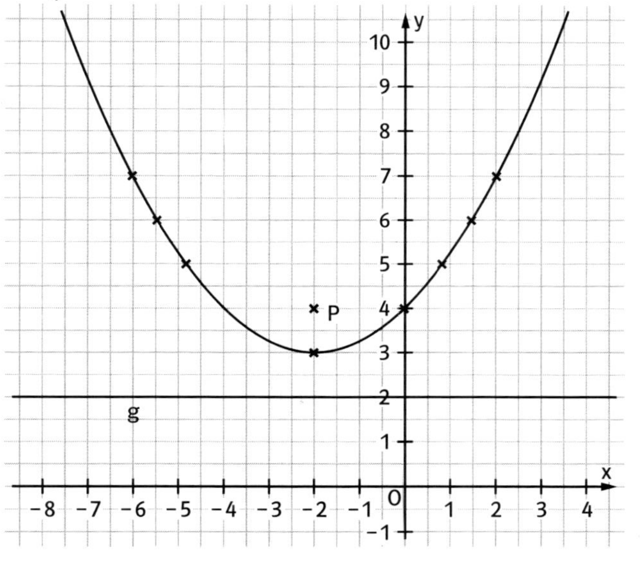

Allgemein:
Die gesuchte Ortslinie hat für die Gerade g: $y = k$ und den Punkt P mit den Koordinaten $(x_P\,|\,k + 2)$ die Gleichung: $y = \frac{1}{4}(x - x_P)^2 + k + 1$

VI Potenzen

1 Potenzen mit ganzzahligen Exponenten

Seite 165

1 a) $2\cdot10^8$ b) $3{,}54\cdot10^7$ c) 10^{11}
d) $7\cdot10^8$ e) $4\cdot10^{-6}$ f) $1{,}7\cdot10^{-5}$
g) $2{,}5\cdot10^{-5}$ m h) $3{,}2\cdot10^{-12}$

2 a) 40 000 b) 7960
c) 55 320 000 000 = $5{,}532\cdot10^{10}$
d) 0,00171
e) 685 000 000 000 = 685 Milliarden
f) 13 870 000 = $1{,}387\cdot10^7$
g) 0,0765 = $7{,}65\cdot10^{-2}$
h) 0,000 01
i) 0,000 005 02 = $5{,}02\cdot10^{-6}$
j) 1 000 000 = 1 Million

3 $12\cdot10^{-3} = 0{,}012$
$1{,}2\cdot10^{-3} = 0{,}012\cdot10^{-1} = 0{,}0012$
$0{,}0012\cdot10^{-1} = 120\cdot10^{-6} = 0{,}12\cdot10^{-3}$
$1{,}2\cdot10^4 = 0{,}012\cdot10^6$
$120\cdot10^{-2}$ kommt nur einmal vor.

4 a) −3 b) −3 c) 4 e) 0,2341

5 a) 10^5; 10^3; 10^8 b) 2^6; 2^7; 2^9
c) 5^3; 5^4; 5^5 d) 3^3; 3^5; 3^4; 3^6
e) 6^2; 6^3; 6^4 f) 7^2; 7^4; 7^6

6 a) 2^{-3}; 5^{-4}; 3^{-2}; 2^{-2} b) 5^{-2}; 10^{-2}; 2^{-5}; 3^{-4}
c) 2^{-6}; 7^{-2}; 10^{-4}; 5^{-4} d) 10^{-2}; 10^{-3}; 10^{-1}; 10^{-5}
e) 10^{-6}; 5^{-2}; 4^{-1}; 50^{-2}

7 a) $\frac{10^2}{4^3}$ b) $\frac{1}{7^4\cdot3^4}$ c) $\frac{1}{5^2\cdot6^3}$ d) $8^3\cdot5^{11}$
e) $\frac{7^8}{12^5}$ f) $\frac{5^4}{3^5}$ g) $\frac{2^8\cdot5^4}{3^5\cdot4^3}$ h) $\frac{6^4\cdot7^2\cdot4^9}{5^3}$

Seite 166

8 a) $3\cdot10^8\,\frac{m}{s}$ b) $9{,}97\cdot10^6\,km^2$ c) $1{,}5\cdot10^8$ km
d) $1{,}3\cdot10^{10}$ Jahre e) $2{,}5\cdot10^{-9}$ m f) $1{,}5\cdot10^{-5}$ m
g) $6{,}307\cdot10^6$ m h) $4\cdot10^{-5}$ kg i) $8\cdot10^{-7}$ m
j) 10^{-6} m

9 a) $9{,}4\cdot10^{11}$ m b) $2\cdot10^{-5}$ m c) $3{,}84\cdot10^8$ m
d) $4{,}8\cdot10^{-7}$ m e) $1{,}8\cdot10^9$ W f) 10^{-7} m

10 a) 8; −8; −8; $\frac{1}{8}$; $-\frac{1}{8}$; $-\frac{1}{8}$
b) $\frac{1}{10\,000}$; 10 000; $-\frac{1}{10\,000}$; −10 000; 10 000; $\frac{1}{10\,000}$
c) $-\frac{1}{32}$; $\frac{1}{32}$; −32; $\frac{1}{32}$; 32
d) 25; $-\frac{1}{25}$; 25; $\frac{1}{25}$; $\frac{1}{25}$; −25

11 a) 50 b) 48 c) 63
d) 640 e) $\frac{3}{16}$ f) $\frac{8}{5} = 1\frac{3}{5}$
g) $-\frac{7}{1000}$ h) 300 i) −36
j) −192 k) −5 l) $-\frac{1}{50}$
m) −4 n) −2,99 o) $\frac{11}{8} = 1\frac{3}{8}$
p) −55 q) 204 r) 6
s) $\frac{88}{15} = 5\frac{13}{15}$ t) 19,5

12 a) 12 b) 2 c) −3
d) $\frac{1}{225}$ e) $\frac{4}{5}$ f) −24
g) $-\frac{3}{4}$ h) 1296 i) −64
j) −8 k) 17,5 l) $\frac{202}{25} = 8\frac{2}{25}$
m) −49 n) −212 o) $-\frac{125}{36} = -3\frac{17}{36}$

13 a) $\frac{1}{a^4}$; $\frac{3}{x^2}$; $\frac{a}{x^6}$; $\frac{1}{(a\,x)^2}$ b) $\frac{1}{a+b}$; $\frac{1}{(x-y)^7}$; 1
c) a^2; $a\,b^3$; $\left(\frac{b}{a}\right)^5$; $\frac{b^2}{a^2}$ d) x; $\frac{x}{a}$; $\frac{1}{a\,x}$; $\frac{1}{a-x}$

14 a) 1 000 000 g = 1000 kg
b) 5 ml

2 Potenzen mit gleicher Basis

Seite 168

1 a) 5^{-1} b) 3^{-13} c) 3^{-7}
d) $(-7)^5$ e) $\left(\frac{1}{2}\right)^{-3}$ f) $\left(\frac{3}{4}\right)^{-1} = \frac{4}{3}$
g) $\frac{3}{2}$ h) $(-6)^8$ i) 0,5
j) $\left(\frac{2}{5}\right)^{-7}$ k) $(-4)^5$ l) 1
m) 4^2 n) $0{,}2^{-2}$ o) 7

2 a) x^8 b) y^8 c) z^6 d) r^2
e) s^8 f) a^{-1} g) b^{-4} h) x^{-3}
i) u^{-3} j) v^1 k) e^{2x} l) $a^0 = 1$
m) a^{2x} n) x^k o) k^{-n+1}

3 a) 2^8 b) 4^{-6} c) 3^6 d) $(-2)^{-9}$
e) $(-0{,}5)^{-10}$ f) 10^{-20} g) 2^{24} h) $(-5)^4$

4 a) x^{15} b) y^{-8} c) 1 d) x^{3m}
e) c^{2n+2} f) x^{-3q+3}

5 Kärtchen Nr. (1), (3) und (6) haben das Ergebnis $2 \cdot 7^2 = 98$.
Kärtchen Nr. (2), (4) und (5) haben das Ergebnis $2 \cdot 7^6 = 235\,298$.

6 a) 10 b) 4 c) −14 d) 3
e) −11

7 a) $x^{15} = x \cdot x^{14} = x^{-3} \cdot x^{18} = (x^3)^5 = (x^{-1})^{-15}$
b) $a^{2m} = a^{m-1} \cdot a^{m+1} = a^{3m+1} : a^{m+1} = (a^{-m})^{-2}$

Seite 169

8 a) x^8 b) y^8
c) $5^{-2} = \frac{1}{25} = 0{,}04$ d) $a^{-1} = \frac{1}{a}$
e) $b^{-4} = \frac{1}{b^4}$ f) z
g) r^{a+1} h) y^{2-2k}
i) 2^{1-n} j) a^{3x}

9 a) $z^{n+1-n} = z^1 = z$ b) $a^{k+1-(k-1)} = a^2$
c) $b^{x-(x-1)} = b^1 = b$ d) $r^{2a+1-a} = r^{a+1}$
e) $x^{3k-3k} = x^0 = 1$ f) $y^{1-k-(k-1)} = y^{2-2k}$
g) z^{1-n} h) e^{-x-1}
i) $x^{5-3} = x^2$ j) $a^{7-(-2)} = a^9$
k) $0{,}2 \cdot a^{-4} \cdot b^3$
l) $\frac{56}{1{,}4} \cdot \frac{s^{-1}}{s^3} \cdot \frac{r^{2-1}}{r^{-2}} = 40 \cdot s^{-4} \cdot r^3$

10 a) 6^6 b) 2^{12} c) 10^9 d) 2^{-20}
e) 5^{3n} f) 3^{3k} g) 3^{2n-2}

11 Nach dreimaligem Falten ist der Stapel 1 mm dick. Mit jedem weiteren Falten verdoppelt sich die jeweilige Dicke, insgesamt noch 29-mal:
$1\,\text{mm} \cdot 2^{39} \approx 5{,}5 \cdot 10^{11}\,\text{mm} = 5{,}5 \cdot 10^5\,\text{km}$.
Damit ist der Stapel etwa 1,45-mal so dick wie die Entfernung des Mondes von der Erde.
(Druckfehler im 1. Druck der 1. Auflage des Schülerbuches. Der Mond ist von der Erde etwa $3{,}8 \cdot 10^5$ km entfernt.)

12 a) $(-b)^6 = b^6$ b) $x^{-12} = \frac{1}{x^{12}}$
c) $-a^5$ d) $-a^5$
e) $(-a)^{-15} = -a^{-15} = -\frac{1}{a^{15}}$

13 a) $a^{-2} \cdot b^{-1}$ b) $x^3 \cdot y^{-13}$
c) $r^2 \cdot s^{-15}$ d) $a \cdot b^{15} \cdot c^{-8}$
e) $(a + b)^{-1} \cdot (a - b)^{-1} = \frac{1}{a^2 - b^2}$

14 a) $(2^2)^2 = 4^2 = 16;\ 2^{(2^2)} = 2^4 = 16$
b) $(2^5)^3 = 32^3 = 32\,768;\ 2^{(5^3)} = 2^{125} \approx 4{,}25 \cdot 10^{37}$
c) $(3^{-1})^4 = \left(\frac{1}{3}\right)^4 = \frac{1}{81};\ 3^{((-1)^4)} = 3^1 = 3$
d) $(4^{-3})^2 = \left(\frac{1}{64}\right)^2 = \frac{1}{4096};\ 4^{((-3)^2)} = 4^9 = 262\,144$

15 $\left((10^{10})^{10}\right)^{10} < (10^{10})^{(10^{10})}$
$= \left(10^{(10^{10})}\right)^{10} < 10^{\left((10^{10})^{10}\right)} < 10^{\left(10^{(10^{10})}\right)}$,
denn $\left((10^{10})^{10}\right)^{10} = 10^{1000} = 10^{(10^3)}$;
$(10^{10})^{(10^{10})} = 10^{10 \cdot 10^{10}} = 10^{(10^{11})}$;
$\left(10^{(10^{10})}\right)^{10} = 10^{(10^{10}) \cdot 10} = 10^{(10^{11})}$;
$10^{\left((10^{10})^{10}\right)} = 10^{(10^{100})}$;
$10^{\left(10^{(10^{10})}\right)} = 10^{(10^{10\,000\,000\,000})}$

16 Die Oberflächeninhalte verhalten sich wie 4 : 1, die Volumina wie 8 : 1.

17 a) $5\,€ \cdot 5^5 = 15\,625\,€$
b) Individuelle Lösungen

18 a) größte Zahl: $9^{(9^9)}$
b) kleinste Zahl: 001 bzw. 000 bzw. 100

3 Potenzen mit gleichen Exponenten

Seite 171

1 a) $(2 \cdot 5)^4 = 10\,000$ b) $(15 : 5)^2 = 9$
c) $((-0{,}5) \cdot (-4))^5 = 32$ d) $(2{,}5 : 5)^3 = 0{,}125$
e) $((-18) : 9)^5 = -32$ f) $(20 : 5)^{-2} = \frac{1}{16}$
g) $(4 \cdot 4)^3 = 4096$ h) $(18 : 12)^{-3} = \frac{8}{27}$
i) $((-12) : 6)^3 = -8$ j) $\left(\frac{1}{5} \cdot \frac{3}{5}\right)^{-2} = \frac{625}{9}$
k) $\left(10 \cdot \frac{1}{5}\right)^{-3} = \frac{1}{8}$ l) $\left(\frac{2}{3} \cdot \frac{15}{8}\right)^2 = \frac{25}{16}$

2 a) 18^a b) $(-3)^n$
c) 2^p d) $(-3)^x$
e) $1{,}5^k$ f) $6^{2a} = 36^a$
g) $150^{-b} = \frac{1}{150^b}$ h) $(5^3 : 125)^n = 1$
i) 2^{2-x} j) $1^{n-1} = 1$
k) $4^{n+1} = 2^{2n+2}$ l) $(2x^2)^{3-k} = \frac{1}{(2x^2)^{k-3}}$

3 a) 1 b) 2^{2n} c) $\left(-\frac{1}{4}\right)^5$ d) $\left(-\frac{9}{2}\right)^4$

4 a) $(2x)^5$ b) $(3xy)^2$
c) $\left(\frac{1}{2} a b^2\right)^3$ d) $\left(\frac{1}{5} u^2 v^{-3}\right)^2 = (5u^{-2}v^3)^{-2}$

5 a) $a^{2n} \cdot b^{3n}$ b) $x^{6k} \cdot y^{-8k}$
c) $27u^{-15} \cdot v^{3n+3}$ d) $x^{n^2+mn} \cdot y^{mn+m^2}$
e) $a^{k^2-1} \cdot b^{k^2+k}$ f) $r^{x^2-xy} \cdot s^{xy-y^2}$
g) $(-2)^{n+1} \cdot a^{n^2-1} \cdot b^{1-n^2}$
h) $x^4 \cdot (x + y)^{-2} = \frac{x^4}{x^2 + 2xy + y^2}$

6 a) $2^4 \cdot 5^4 = 10^4 = 10\,000$ b) $6^5 \cdot \left(\frac{1}{3}\right)^5 = 2^5 = 32$
c) $\left(\frac{1}{5}\right)^x : 10^x = \left(\frac{1}{50}\right)^x = 50^{-x}$ d) $3^3 \cdot \left(\frac{1}{6}\right)^3 = \left(\frac{1}{2}\right)^3 = 2^{-3} = \frac{1}{8}$

e) $4^{-5}\cdot\left(\frac{3}{2}\right)^{-5} = 6^{-5} = \frac{1}{7776}$

f) $\left(\frac{2}{3}\cdot\frac{3}{2}\right)^{-2} = 1^{-2} = 1$

g) $\left(\frac{5}{2}\right)^k : \left(\frac{4}{5}\right)^k = \left(\frac{25}{8}\right)^k$

h) $\left(\frac{8}{3}\right)^n : \left(\left(\frac{2}{3}\right)^2\right)^n = \left(\frac{8}{3}\cdot\frac{9}{4}\right)^n = 6^n$

7 Der Oberflächeninhalt vergrößert sich um den Faktor k^2, das Volumen um den Faktor k^3:
$O' = 6\cdot(ka)^2 = 6\cdot k^2\cdot a^2 = k^2\cdot 6a^2 = k^2\cdot O$,
$V' = (ka)^3 = k^3\cdot a^3 = k^3\cdot V$.

8 a) $2^3 + 2^2 = 8 + 4 = 12$, aber $2^5 = 32$
$3^{-2} + 3^{-4} = \frac{1}{9} + \frac{1}{81} = \frac{10}{81}$, aber $3^{-6} = \frac{1}{729}$
$4^{-1} - 4^3 = \frac{1}{4} - 64 = -63{,}75$, aber $4^2 = 16$
b) Potenzen sind in Kurzform geschriebene Produkte. Summanden können in die Potenzschreibweise daher nicht einbezogen werden, siehe zum Beispiel $2^3 + 2^2 = 2\cdot2\cdot2 + 2\cdot2$.

9 $(5 + 4)^2 = 9^2 = 81$, aber $5^2 + 4^2 = 25 + 16 = 41$
Die Aussage ist falsch, wie bereits der Exponent 2 zeigt (vgl. binomische Formeln).

10 a) $((p + q)(p - q))^2 = (p^2 - q^2)^2 = p^4 - 2p^2q^2 + q^4$
b) $(a^2 - b^2)\cdot(a^2 - 2ab + b^2) = a^4 - 2a^3b + 2ab^3 - b^4$
c) $((x + 1)(x - 1))^{-2} = \frac{1}{(x^2 - 1)^2} = \frac{1}{x^4 - 2x^2 + 1}$
d) $2x^{-3}\cdot(8x^3y^3 + 12x^4y^2 + 6x^5y + x^6)$
$= 16y^3 + 24xy^2 + 12x^2y + 2x^3$

11 Gleiche Basen, verschiedene Exponenten:
Aus $a^p = a^q$ folgt $\frac{a^p}{a^q} = 1$ und daraus $a^{p-q} = 1$.
Dies gilt nur für $p = q$ oder für $a = 1$.
Potenzen mit gleicher Basis und verschiedenen Exponenten können nur gleich sein, wenn die Basis 1 ist.
Gleiche Exponenten, verschiedene Basen:
Aus $a^p = b^p$ folgt $\frac{a^p}{b^p} = 1$ und daraus $\left(\frac{a}{b}\right)^p = 1$.
Dies gilt für $a = b$ oder für $p = 0$. Ist p gerade, so kann auch $a = -b$ sein. Zum Beispiel gilt $5^4 = (-5)^4$.
Potenzen mit gleichen Exponenten und verschiedenen Basen können nur gleich sein, wenn $p = 0$ ist oder wenn der Exponent gerade ist und die Basen Gegenzahlen voneinander sind.

4 Wurzeln

Seite 173

1 a) 10 b) 1 c) 4 d) 0
e) 10 f) 0,1 g) $\frac{1}{2}$ h) $\frac{1}{5}$
i) $\frac{2}{3}$ j) $\frac{1}{3}$ k) 2 l) 0,1
m) 0,4 n) 0,3 o) 2

2 a) wahr, denn $4^3 = 64$
b) wahr, denn $7^4 = 2401$
c) falsch, denn $0{,}24^2 = 0{,}0576$
d) wahr, denn $3{,}1^3 = 29{,}791$
e) falsch, denn $0{,}16^4 = 0{,}000\,655\,36$
f) wahr, denn $0{,}6^3 = 0{,}216$

3 a) $\sqrt[3]{27} = 3$ b) $\sqrt[4]{16} = 2$ c) $\frac{1}{\sqrt[6]{64}} = \frac{1}{2}$
d) $\sqrt{25} = 5$ e) $\frac{1}{\sqrt[3]{8}} = \frac{1}{2}$ f) $\frac{1}{\sqrt[4]{81}} = \frac{1}{3}$
g) $\sqrt{\frac{1}{36}} = \frac{1}{6}$ h) $\frac{1}{\sqrt[3]{125}} = \frac{1}{5}$

4 $\sqrt[4]{\sqrt[3]{\sqrt{x}}} = y \Longrightarrow \sqrt[24]{x} = y \Longrightarrow x = y^{24}$
a) $x = 1^{24}$; $x = 1$
b) $x = 10^{24}$; $x = 10^{24}$
c) $x = 0{,}1^{24}$; $x = 10^{-24}$
d) $x = 2^{24}$; $x = 16\,777\,216$

5 nach k Spielen: $15\cdot x^k$ Punkte
nach 7 Spielen $15\cdot x^7$ Punkte
$= 245\,760$ Punkte
$x = 4$ $\left(x = \sqrt[7]{\frac{245\,760}{15}}\right)$

6 $200\cdot x^{12} = 4{,}8\,828\,125\cdot 10^{10}$
$x = 5$

7 a) Die Aussage ist nur wahr, wenn a größer als 1 ist.
b) Die Aussage ist nur wahr, wenn a größer als 1 ist.

5 Potenzen mit rationalen Exponenten

Seite 175

1 a) $5^{\frac{3}{4}} = \sqrt[4]{125}$ b) $4^{\frac{1}{12}} = 2^{\frac{1}{6}} = \sqrt[6]{2}$
c) $10^{\frac{1}{6}} = \sqrt[6]{10}$ d) y
e) $36^{\frac{1}{2}} = 6$ f) $8^{\frac{1}{3}} = 2$
g) $144^{\frac{1}{2}} = 12$ h) $(64a^3)^{\frac{1}{3}} = 4a$
i) $5^{\frac{1}{6}} = \sqrt[6]{5}$ j) $4^{-\frac{3}{20}} = 2^{-\frac{3}{10}} = \frac{1}{\sqrt[10]{8}}$
k) $x^{-\frac{1}{2}}\cdot y = \frac{y}{\sqrt{x}}$ l) $x^{-1} : y^{\frac{1}{2}} = \frac{1}{x\cdot\sqrt{y}}$

2 a) $3^{\frac{2}{3}}$ b) $2^{\frac{3}{4}}$
c) $5^{\frac{2}{3}}$ d) $3^{-\frac{1}{2}}$
e) $6^{-\frac{1}{3}}$ f) $13^{-\frac{2}{5}}$
g) $a^{-\frac{3}{4}}$ h) $x^{-\frac{p}{n}}$
i) $5^{\frac{2}{6}} = 5^{\frac{1}{3}}$ j) $2^{\frac{3}{6}} = 2^{\frac{1}{2}}$
k) $x^{\frac{5}{10}} = x^{\frac{1}{2}}$ l) $2^{-\frac{8}{10}} = 2^{-\frac{4}{5}}$

m) $a^{-\frac{4k}{16}} = a^{-\frac{k}{4}}$

n) $x^{-\frac{3n}{15}} = x^{-\frac{n}{5}}$

o) $x^{-\frac{12a}{3a}} = x^{-4}$

p) $x^{\left(\frac{1}{3} - \frac{2}{5}\right)} = x^{-\frac{1}{15}}$

3 $5^{\frac{1}{3}} = 5^{\frac{2}{6}} = \sqrt[3]{5} = \left(\sqrt[6]{5}\right)^2$; $\frac{1}{\sqrt[3]{5}} = 5^{-\frac{2}{6}}$; $\frac{1}{5^{-\frac{2}{3}}} = \sqrt[3]{5^2} = (5^6)^{\frac{1}{9}}$

4 a) 5 für □, 2 für △
b) 3 für ○, □ beliebig
c) 8 (4; 2) für ○, 4 (2; 1) für □
d) $\frac{1}{2}$ für □
e) beliebige natürliche Zahl größer 1 für □, △ = 2 · □
f) 11 für □

5 a) $\sqrt[12]{b}$ b) $\sqrt[3]{a^2}$ c) $\frac{1}{\sqrt[6]{t^5}}$
d) $\frac{1}{\sqrt{x}}$ e) y^6 f) b^{3n}

Seite 176

6 a) $V = 10\,cm^3$, Würfelkante:
$a = \sqrt[3]{10}\,cm = 10^{\frac{1}{3}}\,cm \approx 2{,}15\,cm$
$V = 100\,cm^3$, Würfelkante:
$a = \sqrt[3]{100}\,cm = 10^{\frac{2}{3}}\,cm \approx 4{,}64\,cm$
$V = x\,cm^3$, Würfelkante:
$a = \sqrt[3]{x}\,cm = x^{\frac{1}{3}}\,cm$
b) $V = 10\,cm^3$, Oberflächeninhalt:
$O = 6a^2 = 6 \cdot 10^{\frac{2}{3}} = 6 \cdot \sqrt[3]{100}\,cm^2 \approx 27{,}85\,cm^2$

7 a) Etwa 108,21 · 106 km b) etwa 686,79 Tage

8 a) 475 mm (59,375 mm; 30,4 mm)
b) $d = \left(\frac{19\,000}{b \cdot s}\right)^{\frac{1}{3}} = \sqrt[3]{\frac{19\,000}{b \cdot s}}$
c) $d \approx 6{,}8$ mm

9 a) etwa 1,41 s; 2 s; etwa 3,16 s
b) $h = 5t^2$
c) 5 m; 10 m; 125 m

10 Bei einer Windgeschwindigkeit von $10\frac{km}{h}$ werden 10 °C Lufttemperatur wie etwa 8,5 °C gefühlt, bei $15\frac{km}{h}$ Windgeschwindigkeit wie etwa 7,8 °C, bei $20\frac{km}{h}$ Windgeschwindigkeit wie etwa 7,3 °C.

Seite 177

11 a) Es gilt $\sqrt[4]{\sqrt{x}} = \sqrt{\sqrt[4]{x}} = \sqrt[24]{x^3} = \sqrt[8]{x}$,
und $\sqrt[6]{x} = \sqrt[3]{\sqrt{x}}$.
b) $\sqrt[8]{256} = 2$; $\sqrt[6]{256} \approx 2{,}52$
c) $\sqrt[8]{0{,}5} \approx 0{,}917$; $\sqrt[6]{0{,}5} \approx 0{,}891$

12 a) $\frac{5\sqrt{7}}{7}$ b) $\frac{3 \cdot \sqrt[3]{5^2}}{5}$ c) $\frac{2 \cdot \sqrt[4]{x}}{x^3}$
d) $\sqrt[3]{a}$ e) $2 \cdot a^{\frac{1}{4}}$

13 a) $\sqrt[4]{5^3}$ b) $\sqrt[5]{a}$ c) 4 d) $\sqrt[6]{10}$
e) $\sqrt{2a}$ f) 1 g) $\sqrt[6]{5}$ h) $\sqrt{2}$

i) $\frac{1}{\sqrt[6]{2}}$ j) $\sqrt[4]{x^3}$ k) $(ax)^{t-6}$ l) $\sqrt[5]{3}$
m) $\frac{1}{\sqrt[n]{z^2}}$ n) $\sqrt[10]{2}$ o) $3^{\left(x+\frac{1}{2}\right)}$ p) $\sqrt{5}$
q) $\frac{x^4}{\sqrt{c}}$ r) $15y$ s) $\frac{-1}{7}$ t) $\sqrt{\frac{a}{b}}$

14 a) $x^{-1} : y^{\frac{1}{2}} = \frac{1}{x \cdot \sqrt{y}}$
b) $x^{-\frac{1}{2}} \cdot y = \frac{1}{\sqrt{x}} \cdot y = \frac{y}{\sqrt{x}}$
c) $x^3 - 2x^{\frac{3}{2}}y^{\frac{3}{2}} + y^3 = x^3 - 2(xy)^{\frac{3}{2}} + y^3$
d) $a^{\frac{5}{3}} + 2a^{\frac{5}{6}} \cdot b^{\frac{1}{6}} + b^{\frac{1}{3}}$

15 a) $\frac{1}{\sqrt[12]{6}}$ b) $\sqrt[3]{2}$ c) $\sqrt[6]{\frac{2}{3}}$ d) $\sqrt[12]{4^7}$
e) $\sqrt[4]{2}$ f) $\sqrt[4]{3^3}$ g) $\sqrt[15]{7^8}$ h) $\sqrt[6]{5}$
i) $\sqrt{2^3}$ j) $\sqrt[2n]{3}$ k) $\sqrt[4]{5}$ l) $\sqrt[3n]{a}$
m) $\sqrt[3]{x}$ n) 0,2 o) $\sqrt[3]{5} \cdot \sqrt{a}$ p) $\sqrt[4]{2^{27}}$

16 a) $\sqrt{36} - \sqrt{64} = 6 - 8 = -2$
b) $\frac{\sqrt[3]{27} + \sqrt[3]{64}}{\sqrt[4]{2401}} = \frac{3 + 4}{7} = 1$
c) $\frac{a^{2-\frac{3}{b}} - a^{\frac{3}{b}-1}}{a^{1-\frac{3}{b}}} = a^{2-\frac{3}{b}-1+\frac{3}{b}} - a^{\frac{3}{b}-1-1+\frac{3}{b}} = a - a^{\frac{6}{b}-2}$
$= a - \sqrt[b]{a^{6-2b}}$

Seite 178

19 a) $\sqrt[n]{a} \cdot \sqrt[n]{b} = a^{\frac{1}{n}} \cdot b^{\frac{1}{n}} = (a \cdot b)^{\frac{1}{n}} = \sqrt[n]{a \cdot b}$; $a, b \geqq 0$, $n \in \mathbb{N} \setminus \{0; 1\}$
b) $\frac{\sqrt[n]{a}}{\sqrt[n]{b}} = \frac{a^{\frac{1}{n}}}{b^{\frac{1}{n}}} = \left(\frac{a}{b}\right)^{\frac{1}{n}} = \sqrt[n]{\frac{a}{b}}$; $a \geqq 0$, $b > 0$, $n \in \mathbb{N} \setminus \{0; 1\}$
c) $\sqrt[n]{\sqrt[m]{a}} = \left(a^{\frac{1}{m}}\right)^{\frac{1}{n}} = a^{\frac{1}{m \cdot n}} = a^{\frac{1}{n \cdot m}} = \sqrt[n \cdot m]{a}$; $a \geqq 0$, $m, n \in \mathbb{N} \setminus \{0; 1\}$
d) $\sqrt[k \cdot n]{a^{k \cdot m}} = a^{\frac{k \cdot m}{k \cdot n}} = a^{\frac{m}{n}} = \sqrt[n]{a^m}$; $a \geqq 0$, $k, m \in \mathbb{N} \setminus \{0\}$, $n \in \mathbb{N} \setminus \{0; 1\}$

20 a) $12x^2 + 8x^{\frac{13}{6}}$ b) $3a^{\frac{25}{4}} \cdot b^{\frac{2}{3}} - 9a^{\frac{1}{4}} \cdot b^{\frac{11}{3}}$
c) $2k^{\frac{11}{4}} \cdot m^3 \cdot n^{\frac{5}{2}} + 4k^4 \cdot m^{-\frac{3}{2}} \cdot n^{-\frac{1}{4}}$

21 a) $2^{\frac{5}{3}}$ b) 5 c) 2 d) $3^{\frac{1}{10}}$
e) 3 f) a^4 g) x^2 h) $2^{\frac{7}{6}} \cdot x^{\frac{5}{6}} \cdot y^{\frac{2}{3}}$

22 a) $\left(6^3 \cdot \frac{7}{36}\right)^{\frac{1}{3}} = 42^{\frac{1}{3}}$
b) $\left(x^3 \cdot \frac{x}{y}\right)^{\frac{1}{3}} = \left(\frac{x^4}{y}\right)^{\frac{1}{3}}$
c) $\left(a^3b^6 \cdot \frac{4}{a^2b^3}\right)^{\frac{1}{3}} = (4ab^3)^{\frac{1}{3}}$
d) $\left((a + b)^2 \cdot \frac{5}{a + b}\right)^{\frac{1}{2}} = (5a + 5b)^{\frac{1}{2}}$

23 a) $u^{-6} - v^{-6}$

b) $5 + 50^{\frac{1}{3}} - 20^{\frac{1}{3}} - 2 = 3 + 50^{\frac{1}{3}} - 20^{\frac{1}{3}}$

c) $\sqrt[3]{a^2} + \sqrt[3]{b^2}$

d) $(2x^{-2} + 3y^3) \cdot (4x^{-4} - 9y^6)$

$= 8x^{-6} + 12x^{-4}y^3 - 18x^{-2}y^6 - 27y^9$

24 a) $a^{\frac{m}{4}}$ b) a^2b c) $a^{-2}b$ d) $\frac{8}{27}x^5y^{-\frac{9}{8}}$

25 a) 3,3220 b) 51,5371
c) 0,0876 d) 0,0638
e) 14,7470 f) 6,0461

26 a) $10^0 = 1$ b) $5^{\sqrt{2}}$
c) $2^{\sqrt{3}}$ d) $3^4 = 81$
e) $3^3 = 27$ f) $12^2 \cdot 12^{\sqrt{6}} = 12^{2+\sqrt{6}}$

27 a) $\sqrt{2}^{\sqrt{3}} \cdot \sqrt{2}^{\sqrt{3}} = (\sqrt{2} \cdot \sqrt{2})^{\sqrt{3}} = 2^{\sqrt{3}}$

b) $\sqrt{3}^{\sqrt{5}} : (2\sqrt{3})^{\sqrt{5}} = \left(\frac{\sqrt{3}}{2\sqrt{3}}\right)^{\sqrt{5}} = \left(\frac{1}{2}\right)^{\sqrt{5}} = 2^{-\sqrt{5}}$

c) $(\sqrt{2} \cdot \sqrt{3})^{\sqrt{12}} = \sqrt{6}^{\sqrt{4 \cdot 3}} = \sqrt{6}^{2\sqrt{3}} = \left((\sqrt{6})^2\right)^{\sqrt{3}} = 6^{\sqrt{3}}$

d) $(\sqrt[3]{4} : \sqrt[3]{2})^{6\sqrt{2}} = \left(2^{\frac{2}{3} - \frac{1}{3}}\right)^{6\sqrt{2}} = \left(2^{\frac{1}{3}}\right)^{6\sqrt{2}} = 2^{2\sqrt{2}}$

$= (2^2)^{\sqrt{2}} = 4^{\sqrt{2}}$

Wiederholen – Vertiefen – Vernetzen

Seite 179

1 a) $3{,}4 \cdot 10^5$ b) $5{,}98 \cdot 10^4$
c) $3{,}62 \cdot 10^{-3}$ d) $7{,}37 \cdot 10^{-5}$
e) $2{,}5 \cdot 10^5$ f) $6{,}3 \cdot 10^{-5}$
g) $8 \cdot 10^3$ h) $3{,}456 \cdot 10^{-2}$

2 a) $6{,}8 \cdot 10^{-4}$ b) $2{,}4 \cdot 10^{-3}$
c) $1{,}36 \cdot 10^{-3}$ d) $1{,}5 \cdot 10^3$
e) 10^{-10} f) $3{,}5 \cdot 10^{-1} = 0{,}35$
g) $2{,}5 \cdot 10^1 = 25$ h) $10^3 = 1000$

3 a) $x^{\frac{7}{4}}$ b) $y^{-\frac{1}{2}}$ c) z d) $x^{\frac{3}{2}}$
e) 2^3 f) 5^k g) y^{3s} h) $144k \cdot x^4$
i) $2^{2n+1} \cdot a^n$ j) $x^0 = 1$ k) $y^{-\frac{2}{n}}$ l) a^{1+n}

4 a) $5^{\frac{1}{2}}$ b) $6^{\frac{1}{3}}$
c) $\left((3 \cdot 2^3)^2\right)^{\frac{1}{3}} = 3^{\frac{2}{3}} \cdot 2^2 = 4 \cdot 3^{\frac{2}{3}}$ d) $11^{\frac{6}{5}} = 11^{1+\frac{1}{5}} = 11 \cdot 11^{\frac{1}{5}}$
e) $2^{-\frac{1}{2}}$ f) $12^{-\frac{3}{4}} = 3^{-\frac{3}{4}} \cdot 2^{-\frac{3}{2}}$
g) $7^{-\frac{2}{5}}$ h) $a^{-\frac{2}{3}}$

5 a) $3^{\frac{2}{4}} = 3^{\frac{1}{2}} = \sqrt{3}$ b) $5^{\frac{4}{12}} = 5^{\frac{1}{3}} = \sqrt[3]{5}$
c) $t^{\frac{6}{9}} = t^{\frac{2}{3}} = \sqrt[3]{t^2}$ d) $x^{\frac{6}{4}} = x^{\frac{3}{2}} = \sqrt{x^3}$
e) $2^{-\frac{8}{10}} = 2^{-\frac{4}{5}} = \frac{1}{\sqrt[5]{2^4}}$ f) $3^{-\frac{10}{15}} = 3^{-\frac{2}{3}} = \frac{1}{\sqrt[3]{3^2}}$
g) $r^{-\frac{n}{2n}} = r^{-\frac{1}{2}} = \frac{1}{\sqrt{r}}$ h) $a^{-\frac{4k}{16}} = a^{-\frac{k}{4}} = \frac{1}{\sqrt[4]{a^k}}$

6 a) $x^{k+1} \cdot (x-1)^{k+1} = (x \cdot (x-1))^{k+1} = (x^2 - x)^{k+1}$

b) $12^x \cdot 3^{-x} = 12^x \cdot \frac{1}{3^x} = \frac{12^x}{3^x} = \left(\frac{12}{3}\right)^x = 4^x$

c) $\frac{(27a)^{5x}}{a^{5x}} = \left(\frac{27a}{a}\right)^{5x} = 27^{5x} = (3^3)^{5x} = 3^{15x}$

d) $\frac{10^{n-2}}{2^{2-n}} = \frac{10^{n-2}}{2^{-(n-2)}} = \frac{10^{n-2}}{(2^{-1})^{n-2}} = \left(\frac{10}{\frac{1}{2}}\right)^{n-2} = 20^{n-2}$

7 Ein Jahr hat $365 \cdot 24 \cdot 60 \cdot 60 = 3{,}1536 \cdot 10^7$ s.
Das Licht legt im Jahr also
$300\,000 \cdot 3{,}1536 \cdot 10^7$ km $= 9{,}4608 \cdot 10^{12}$ km zurück.
Der Andromedanebel ist somit etwa
$2{,}7 \cdot 10^6 \cdot 9{,}4608 \cdot 10^{12}$ km $= 2{,}554\,416 \cdot 10^{19}$ km von uns entfernt und hat einen Durchmesser von etwa
$163\,000 \cdot 9{,}4608 \cdot 10^{12}$ km $= 1{,}542\,110\,4 \cdot 10^{18}$ km.

8 Das Volumen der Sonne wird von etwa
$\frac{1{,}41 \cdot 10^{18} \cdot (10^3\,\text{m})^3}{1{,}08 \cdot 10^{21} \cdot \text{m}^3} \approx 1{,}3 \cdot 10^6$ Erdkugeln erreicht.

9 a) Die Kantenlänge beträgt $a = \frac{1}{12} \cdot 60\,\text{cm} = 5\,\text{cm}$.
Daraus ergeben sich der Oberflächeninhalt
$O = 6a^2 = 150\,\text{cm}^2$ und das Volumen $V = a^3 = 125\,\text{cm}^3$.
b) Die Kantenlänge beträgt nun $a' = \frac{4}{3}a = \frac{20}{3}$ cm.
Der Oberflächeninhalt ist $O' = \frac{16}{9}O = 266\frac{2}{3}\,\text{cm}^2$,
das Volumen $V' = \frac{64}{27}V = 296\frac{8}{27}\,\text{cm}^3$.
c) Der Würfel müsste die Kantenlänge
$a = \sqrt{\frac{O}{6}} \approx 12{,}25\,\text{cm}$ $\left(a = \sqrt[3]{V} \approx 12{,}6\,\text{cm}\right)$ haben.
Der Draht hätte die Länge $12a \approx 147{,}0$ cm (151,2 cm).

10 $c = 3 \cdot 10^5\,\text{km} \cdot \text{s}^{-1}$
$c = \frac{s}{t}$; $t = \frac{s}{c}$
$t = \frac{10^{-4}\,\text{km}}{3 \cdot 10^5\,\text{km}\,\text{s}^{-1}} = 3{,}\overline{3} \cdot 10^{-10}$ s
Das Teilchen existiert etwa $3{,}3 \cdot 10^{-10}$ s.

Seite 180

11 a) $1\,l = 1000\,\text{cm}^3$
Ein Liter Wasser enthält somit etwa $10^{19} \cdot 10^3 = 10^{22}$ Moleküle. Ein Sandkorn bedeckt eine Kreisfläche von $\pi \cdot (0{,}5\,\text{mm})^2 = 0{,}785\,\text{mm}^2$. Für eine einkörnige Sandschicht über Deutschland werden also
$3{,}5 \cdot 10^5\,\text{km}^2 : 0{,}785\,\text{mm}^2$
$= (3{,}5 \cdot 10^5 \cdot (10^6\,\text{mm})^2) : 0{,}785\,\text{mm}^2 = 4{,}459 \cdot 10^{17}$
Sandkörner benötigt.
Dabei bleiben die bei der Annahme kugelförmiger Sandkörner notwendigen Freiräume unberücksichtigt. Die berechnete Anzahl liegt folglich etwas zu hoch.

Die Zwischenräume lassen sich berücksichtigen, wenn man die einkörnige Sandschicht mit einem Netz gleichseitiger Dreiecke überzieht:

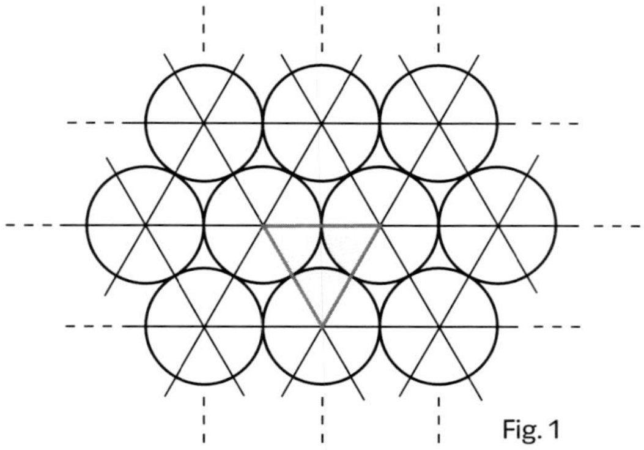

Fig. 1

Ein solches Dreieck überdeckt jeweils drei Sektoren von 60°, erfasst somit ein halbes Sandkorn.
Der Flächeninhalt eines Dreiecks ist
$\frac{1}{2} \cdot 1\,\text{mm} \cdot \frac{1}{2}\sqrt{3}\,\text{mm} = \frac{1}{4}\sqrt{3}\,\text{mm}^2$.
Ein Sandkorn benötigt somit einen Flächeninhalt von $2 \cdot \frac{1}{4}\sqrt{3}\,\text{mm}^2 \approx 0{,}866\,\text{mm}^2$.
Für eine einkörnige Schichtung werden also
$(3{,}5 \cdot 10^5\,\text{km}^2) : \left(\frac{1}{2}\sqrt{3}\,\text{mm}^2\right) = 4{,}041 \cdot 10^{17}$
Sandkörner benötigt.
10^{22} Sandkörner können nun auf
$10^{22} : (4{,}041 \cdot 10^{17}) = 2{,}475 \cdot 10^4$ solcher Schichten aufgeteilt werden, die jeweils 1 mm dick sind.
Nimmt man eine Schichtung wie in Fig. 2 an, so ergibt sich eine Sandschicht von
$2{,}475 \cdot 10^4\,\text{mm} = 24{,}75\,\text{m}$ Dicke.
Geht man von einer Schichtung wie in Fig. 3 aus, so reduziert sich die Dicke um den Faktor $\frac{1}{2}\sqrt{3}$.
Man erhält $24{,}75\,\text{m} \cdot \frac{1}{2}\sqrt{3} \approx 21{,}43\,\text{m}$

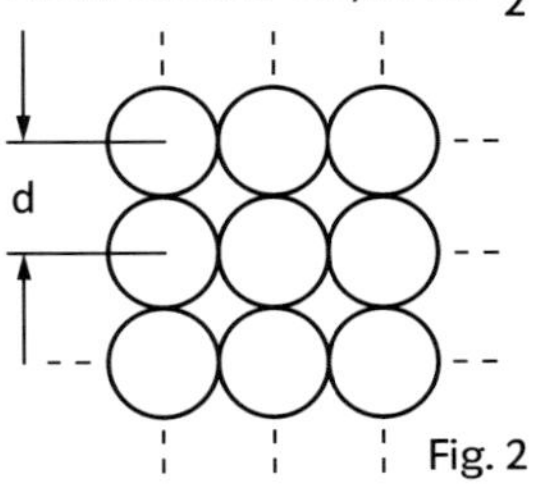

Fig. 2

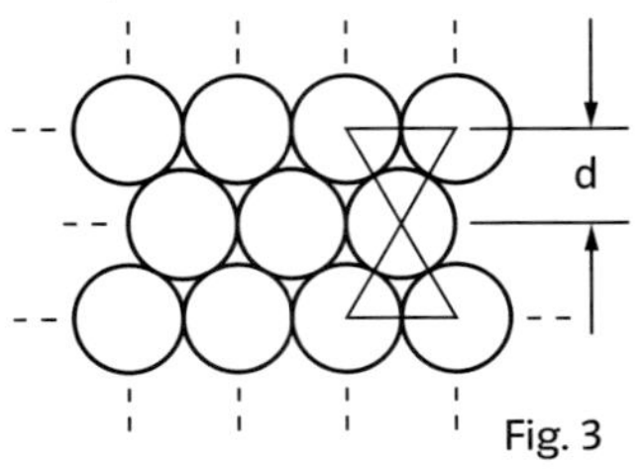

Fig. 3

Die Schichtdicke d entpricht dem Sandkorndurchmesser:
$d = 1\,\text{mm}$.

Die Schichtdicke d entspricht der Höhe eines gleichseitigen Dreiecks mit der Kantenlänge 1 mm:
$d = \frac{1}{2}\sqrt{3}\,\text{mm} \approx 0{,}866\,\text{mm}$.

Hinweis: Lässt man bei der Rechnung die Zwischenräume zwischen den Sandkörnern innerhalb einer Schicht unberücksichtig, so erhält man bei einer Schichtung gemäß Fig. 2 eine Sandschicht von etwa 22,44 m Höhe. Bei Annahme einer Schichtung gemäß Fig. 3 ergibt sich eine Höhe von etwa 19,43 m.
b) Volumen der Weltmeere:
$10^8\,\text{km}^3 = 10^8 \cdot (10^4\,\text{dm})^3 = 10^{20}\,\text{dm}^3 = 10^{20}\,\text{l}$

Die Weltmeere enthalten somit etwa $10^{20} \cdot 10^{22} = 10^{42}$ Moleküle. Unter den 10^{42} gefinden sich 10^{22} „gefärbte" Moleküle. Auf 10^{20} Moleküle kommt jeweils ein gefärbtes, das heißt, unter 10^{22} Molekülen ist durchschnittlich mit 100 gefärbten Molekülen zu rechnen. In jedem Liter Wasser sollten folglich im Durchschnitt etwa 100 gefärbte Wassermoleküle enthalten sein.

12 a) $\frac{10^{-13}\,\text{m}}{10^{-10}\,\text{m}} = 10^{-3}$
Der Kerndurchmesser ist um den Faktor
$10^{-3} = \frac{1}{1000}$ kleiner als der Atomdurchmesser.
b) $10^{-3} \cdot 10\,\text{m} = 10^{-2}\,\text{m} = 1\,\text{cm}$
Der „Modellkern" müsste einen Durchmesser von 1 cm haben.
c) $1\,\text{t} = 1000\,\text{kg}$
99,9 % der Masse entfallen auf den (winzigen) Kern.
Der „Modellkern" müsste also 999 kg wiegen.

13 Der Vergrößerungsfaktor k ergibt sich aus $4\,\text{mm} \cdot k^4 = 16\,\text{mm}$. Es gilt $k = 4^{\frac{1}{4}} = 2^{\frac{1}{2}} = \sqrt{2}$

14 a) $2^0 = 1$; $2^0 + 2^1 = 3$; $2^0 + 2^1 + 2^2 = 7$;
$2^0 + 2^1 + 2^2 + 2^3 = 15$
Die Summe ist jeweils um 1 kleiner als die Potenz, die dem letzten Summanden folgen würde:
$2^0 = 1 = 2^1 - 1$; $2^0 + 2^1 = 3 = 2^2 - 1$;
$2^0 + 2^1 + 2^2 = 7 = 2^3 - 1 \ldots$
Für n Summanden ergibt sich die Summe
$2^0 + 2^1 + 2^2 + \ldots + 2^{n-1} = 2^n - 1$.
b) $3^0 = 1$; $3^0 + 3^1 = 4$; $3^0 + 3^1 + 3^2 = 13$;
$3^0 + 3^1 + 3^2 + 3^3 = 40$
Das doppelte der Summe ist jeweils um 1 kleiner als die Potenz, die dem letzten Summanden folgen würde:
$3^0 = 1$, verdoppelt: $2 = 3^1 - 1$
$3^0 + 3^1 = 4$, verdoppelt: $8 = 3^2 - 1$
$3^0 + 3^1 + 3^2 = 13$, verdoppelt: $26 = 3^3 - 1 \ldots$
Für n Summanden ergibt sich die Summe
$3^0 + 3^1 + 3^2 + \ldots + 3^{n-1} = \frac{1}{2}(3^n - 1)$.

15 a) wahre Aussage: Mit $a > 1$ ist auch $a^n > 1$ und somit $1 > \frac{1}{a^n} = a^{-n}$.
b) wahre Aussage: Es ist $a^{-n} < 1$, also $\frac{1}{a^n} < 1$. Dann ist $a^n > 1$ und daher $a > 1$.
c) wahre Aussage: Mit $a < 1$ ist wegen $a > 0$ auch $a^n < 1$ und somit $1 < \frac{1}{a^n} = a^{-n}$.
d) wahre Aussage: Es ist $a^{-n} > 1$, also $\frac{1}{a^n} > 1$. Dann ist $a^n < 1$ und daher $a < 1$.

16 $\sqrt[4]{\sqrt{x}} = x^{\frac{1}{8}}$; $\sqrt[6]{x} = x^{\frac{1}{6}}$; $\sqrt{\sqrt[4]{x}} = x^{\frac{1}{8}}$; $\sqrt[24]{x^3} = x^{\frac{1}{8}}$;
$\sqrt[3]{\sqrt{x}} = x^{\frac{1}{3}}$

Drei der Wurzelterme lassen sich zu $x^{\frac{1}{6}}$ vereinfachen, die anderen beiden zu $x^{\frac{1}{8}}$. Für $x = 256$ ist $x^{\frac{1}{8}} < x^{\frac{1}{6}}$: $256^{\frac{1}{8}} = (2^8)^{\frac{1}{8}} = 2$; $256^{\frac{1}{6}} = (2^8)^{\frac{1}{6}} = 2^{\frac{4}{3}} > 2$.
Für $x = 0{,}5$ ist $x^{\frac{1}{8}} > x^{\frac{1}{6}}$: $0{,}5^{\frac{1}{8}} = \left(\frac{1}{2}\right)^{\frac{1}{8}} = 2^{-\frac{1}{8}} \approx 0{,}917$;
$0{,}5^{\frac{1}{6}} = 2^{-\frac{1}{6}} \approx 0{,}891$.
Für $x = 1$ ist $x^{\frac{1}{8}} = x^{\frac{1}{6}}$: $1^{\frac{1}{8}} = 1^{\frac{1}{6}} = 1$.

17 a) $\left((2^{12})^{\frac{1}{2}}\right)^{\frac{1}{3}} = 2^2 = 4$
b) $\left(\left(\left((2^2)^9\right)^{\frac{1}{3}}\right)^{\frac{1}{3}}\right)^{\frac{1}{3}} = 2^{\frac{2}{3}} = \sqrt[3]{4}$
c) $\left(2^5 \cdot (3^5)^{\frac{1}{3}}\right)^{\frac{1}{5}} = 2 \cdot 3^{\frac{1}{3}} = 2\sqrt[3]{3}$
d) $\left((2^3)^{\frac{1}{3}} + (2^4)^{\frac{1}{4}}\right)^{\frac{1}{2}} = 2$
e) $a^{\frac{23}{12}} = \sqrt[12]{a^{23}} = a\sqrt[12]{a^{11}}$
f) $a^{\frac{1}{6}} = \sqrt[6]{a}$
g) $\left(a^{\frac{1}{2}}\right)^{\frac{1}{3}} = a^{\frac{1}{6}} = \sqrt[6]{a}$
h) $\left(a \cdot a^{\frac{1}{3}}\right)^{\frac{1}{4}} = a^{\frac{1}{3}} = \sqrt[3]{a}$

18 a) $\sqrt[3]{125} + \sqrt[3]{100} - \sqrt[3]{20} - \sqrt[3]{16}$
$= 5 + 10^{\frac{2}{3}} - 20^{\frac{1}{3}} - 2^{\frac{4}{3}}$
b) $u^{\frac{3}{2}} \cdot v + u \cdot v^{\frac{3}{2}} = uv\left(\sqrt{u} + \sqrt{v}\right)$
c) $a^{\frac{2}{3}} + b^{\frac{2}{3}} = \sqrt[3]{a^2} + \sqrt[3]{b^2}$

Seite 181

19 a) Flüstern: 10^4 (lautes Rufen: 10^7, Motorrad: 10^8)
b) Disco (laute Musik)
c) Faktor 10

20 a) Auf die Sonde wirkte eine Strahlungsleistung von etwa $13{,}53\,\frac{\text{kW}}{\text{m}^2}$.
b) Die Temperatur könnte bis maximal etwa 425,7 °C anwachsen.

21 a) Die Seitenlänge des größten Dreiecks ist $s_1 = 4\,\text{cm}$. Die Seitenlänge s_{10} des 10. Dreiecks erhält man, indem man die ursprüngliche Seite nacheinander 9-mal halbiert:
$s_{10} = \left(\frac{1}{2}\right)^9 \cdot 4\,\text{cm} = 2^{-7}\,\text{cm} \approx 0{,}0078\,\text{cm} = 7{,}8 \cdot 10^{-5}\,\text{m}$.
$\Big(s_{100} = \left(\frac{1}{2}\right)^{99} \cdot 4\,\text{cm} = 2^{-97}\,\text{cm} \approx 6{,}31 \cdot 10^{-30}\,\text{cm}$
$= 6{,}31 \cdot 10^{-32}\,\text{m}$;
$s_n = \left(\frac{1}{2}\right)^{n-1} \cdot 4\,\text{cm} = 2^{3-n}\,\text{cm}\Big)$
b) Wegen $\frac{1}{1024} = 2^{-10}$ ergibt sich mit der allgemeinen Darstellung aus b) $3 - n = -10$, also $n = 13$. Somit hat das 13. Dreieck die Kantenlänge $\frac{1}{1024}\,\text{cm}$.

VII Potenzfunktionen

1 Potenzfunktionen mit ganzzahligen Exponenten

Seite 190

1 a) f: $x \to 0{,}5x^3$

x	−4	−3	−2	−1	0	1	2	3	4
f(x)	−32	−13,5	−4	−0,5	0	0,5	4	13,5	32

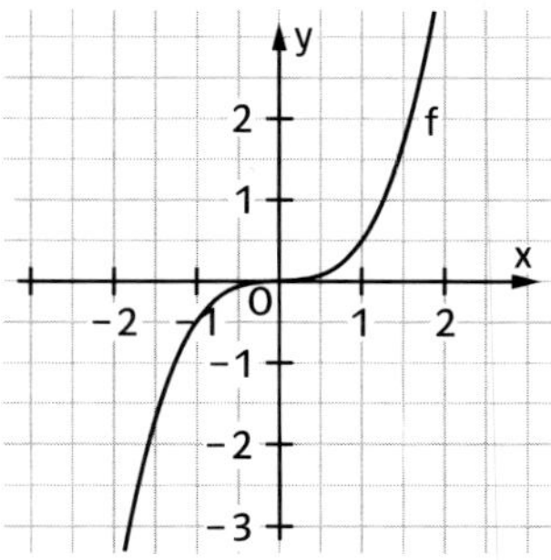

f(0,1) = 0,0005   f(10) = 5000

b) f: $x \to -x^4$

x	−4	−3	−2	−1	0	1	2	3	4
f(x)	−256	−81	−16	−1	0	−1	−16	−81	−256

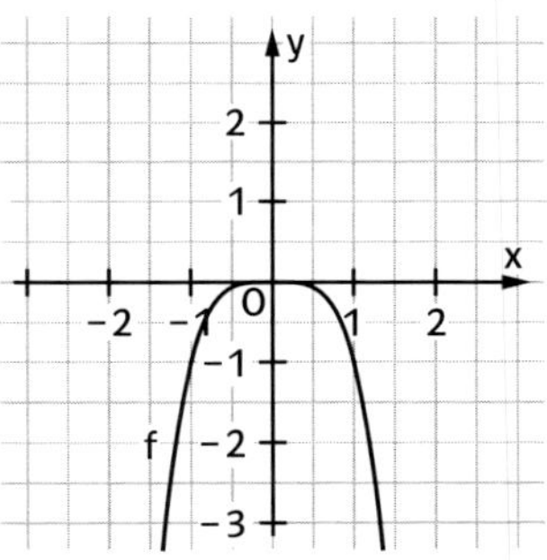

f(0,1) = −0,0001   f(10) = −10 000

c) f: $x \to 0{,}1x^5$

x	−4	−3	−2	−1	0	1	2	3	4
f(x)	−102,4	−24,3	−3,2	−0,1	0	0,1	3,2	24,3	102,4

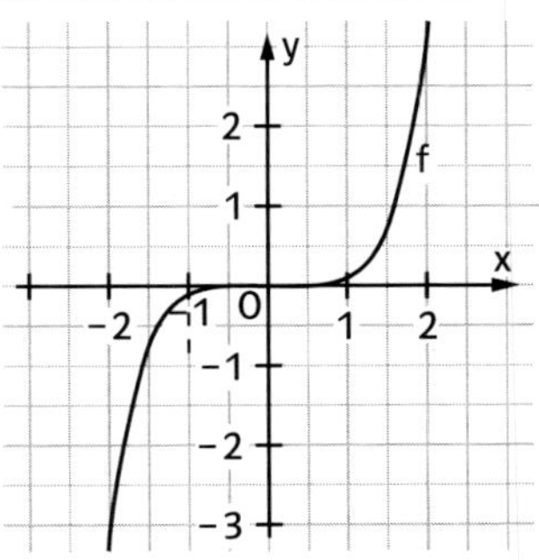

f(0,1) = 0,000 001   f(10) = 10 000

d) f: $x \to -0{,}25x^3$

x	−4	−3	−2	−1	0	1	2	3	4
f(x)	16	6,75	2	0,25	0	−0,25	−2	−6,25	−16

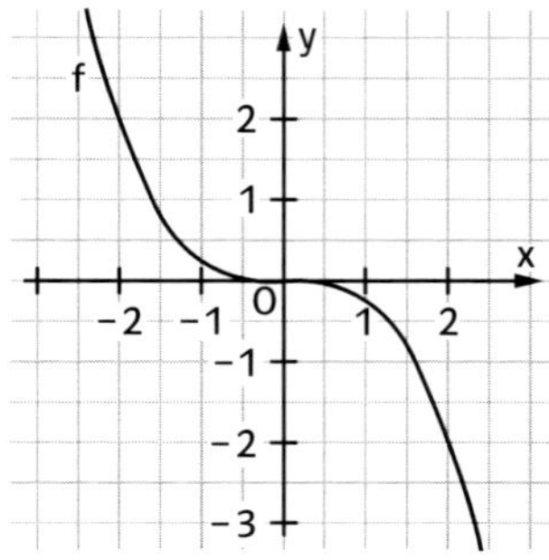

f(0,1) = −0,000 25   f(10) = −250

2 f → C; g → D; h → B; k → A

3 a) f: $x \to 4x^{-1}$

x	−4	−3	−2	−1	0	1	2	3	4
f(x)	−1	$-1\frac{1}{3}$	−2	−4	n.d.	4	2	$1\frac{1}{3}$	1

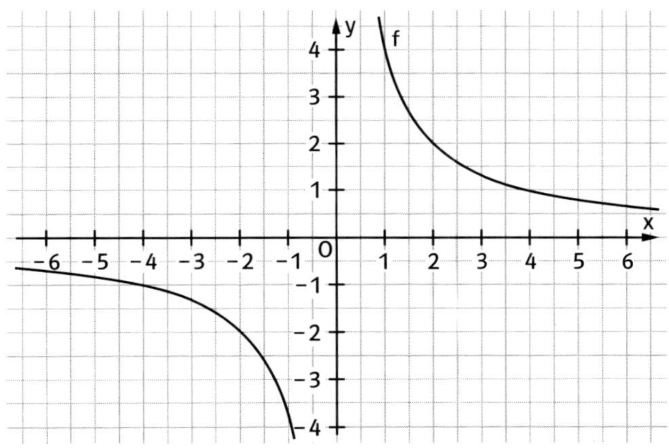

b) f: $x \to -2x^{-2}$

x	−4	−3	−2	−1	0	1	2	3	4
f(x)	$-\frac{1}{8}$	$-\frac{2}{9}$	$-\frac{1}{2}$	−2	n.d.	−2	$-\frac{1}{2}$	$-\frac{2}{9}$	$-\frac{1}{8}$

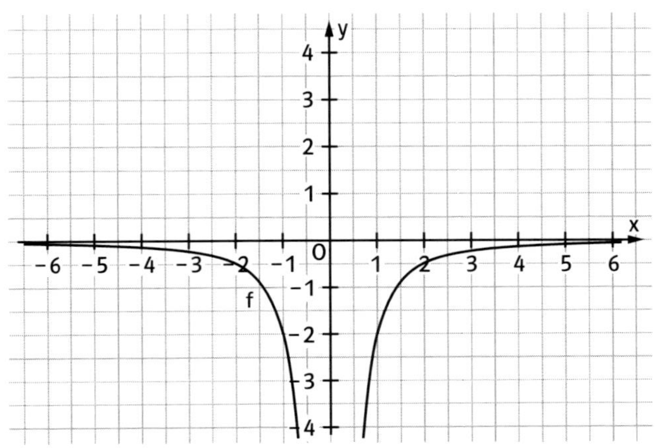

c) f: $x \to x^{-3}$

x	−4	−3	−2	−1	0	1	2	3	4
f(x)	$-\frac{1}{8}$	$-\frac{8}{27}$	−1	−8	n.d.	8	1	$\frac{8}{27}$	$\frac{1}{8}$

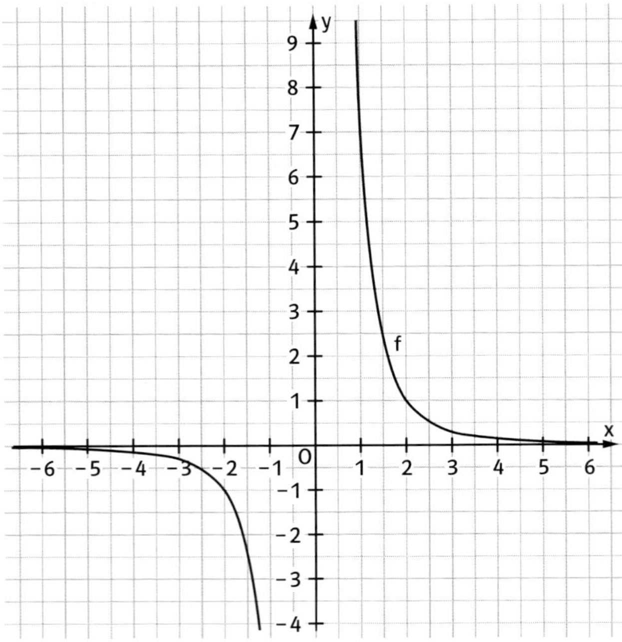

d) f: $x \to \frac{1}{2x^2}$

x	−4	−3	−2	−1	0	1	2	3	4
f(x)	$\frac{1}{32}$	$\frac{1}{18}$	$\frac{1}{8}$	$\frac{1}{2}$	n.d.	$\frac{1}{2}$	$\frac{1}{8}$	$\frac{1}{18}$	$\frac{1}{32}$

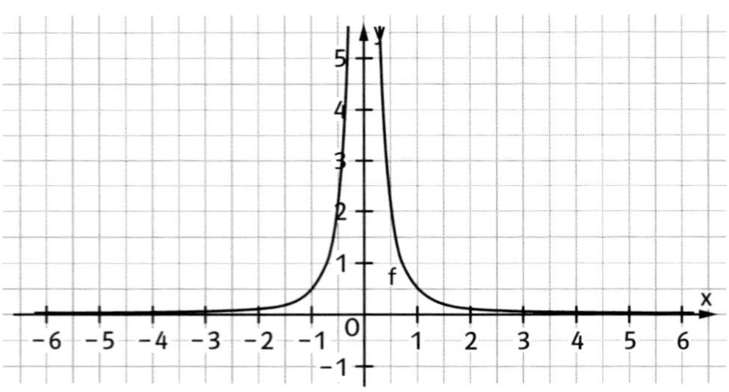

4 a) h b) g c) i d) f

5 f: Der neue Funktionswert ist 16-mal so groß.
(Der neue Funktionswert ist der 16. Teil des ursprünglichen Funktionswertes.)
g: Der neue Funktionswert ist der 16. Teil des ursprünglichen Funktionswertes.
(Der neue Funktionswert ist 16-mal so groß.)
h: Der neue Funktionswert ist 4-mal so groß.
(Der neue Funktionswert ist der 4. Teil des ursprünglichen Funktionswertes.)
k: Der neue Funktionswert ist der 4. Teil des ursprünglichen Funktionswertes.
(Der neue Funktionswert ist 4-mal so groß.)
r: Der neue Funktionswert ist 1024-mal so groß.
(Der neue Funktionswert ist der 1024. Teil des ursprünglichen Funktionswertes.)
s: Der neue Funktionswert ist der 1024. Teil des ursprünglichen Funktionswertes.
(Der neue Funktionswert ist 1024-mal so groß.)
t: Der neue Funktionswert ist 8-mal so groß.
(Der neue Funktionswert ist der 8. Teil des ursprünglichen Funktionswertes.)
u: Der neue Funktionswert ist der 8. Teil des ursprünglichen Funktionswertes.
(Der neue Funktionswert ist 8-mal so groß.)

6 $f_1(x) = 1 \cdot x^4$
$f_{-2}(x) = -2 \cdot x^4$
$f_{0,25}(x) = 0{,}25 \cdot x^4$
Je größer der Betrag von a, desto schmaler verläuft der Graph.
Für negative Werte von a ist der Graph an der x-Achse gespiegelt.

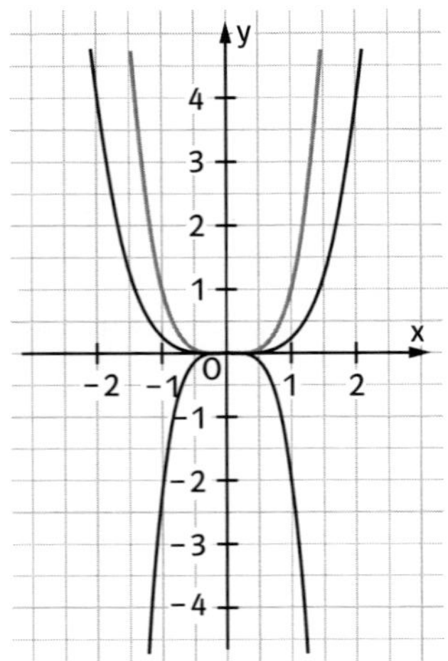

Seite 191

7 a) p = 64, q = −2 r = 0,1, s = −2
b) $a = 2^{-4} = \frac{1}{16} = 0{,}0625$
$b = 2 \cdot (-5)^{-5} = -\frac{2}{3125} = -0{,}000\,64$
$c = \frac{1}{2}$, denn $2 \cdot \left(\frac{1}{2}\right)^{-5} = 2 \cdot 2^5 = 2^6 = 64$
$d = \sqrt[5]{2000}$, denn $2 \cdot \left(\sqrt[5]{2000}\right)^{-5} = 2 \cdot 2000^{-1} = 0{,}0001$

8 Doppelte Kantenlänge, achtfaches Volumen und damit auch achtfache Masse:
Der Würfel mit 3 cm Kantenlänge hat die Masse $8 \cdot 3\,g = 24\,g$.
100-fache Kantenlänge, 10^6-faches Volumen und damit 10^6-fache Masse:
Der Würfel mit 1,5 m Kantenlänge hat die Masse $10^6 \cdot 3\,g = 3\,t$

9 a) $f(x) = \frac{1}{64}x^4$, da $f(4) = \frac{1}{64} \cdot 4^4 = 4$ ist.
b) $f(x) = 5x^4$, da $f(-2) = 5 \cdot (-2)^4 = 80$ ist.
c) $f(x) = -\frac{1}{1000}x^4$, da $f(10) = -\frac{1}{1000} \cdot 10^4 = -10$ ist.
d) $f(x) = -32x^4$, da $f(-0{,}5) = -32 \cdot (-0{,}5)^4 = -2$ ist.

10 a) P(2 | −1) ist Punkt des Graphen von f, also gilt: $f(2) = a \cdot 2^{-4} = -1$ und damit $a = -16$.
b) $f(-1) = -16 \cdot (-1)^{-4} = -16 \neq 16$;
Q(−1 | 16) liegt also nicht auf dem Graphen von f, sondern oberhalb des Graphen.
$f(0{,}5) = -16 \cdot (0{,}5)^{-4} = -256$;
R(0,5 | 256) liegt also auf dem Graphen von f.

11 Mit dem Ansatz $f(x) = ax^n$ ergibt sich durch Einsetzen der Koordinaten von A zunächst $a = f(1)$, durch Einsetzen der Koordinaten von B dann der jeweilige Exponent n.

a) $f(x) = x^3$

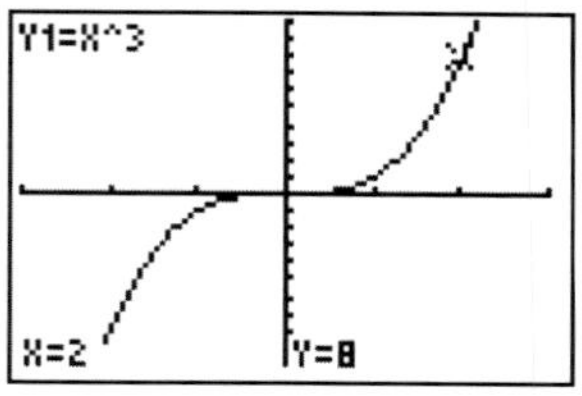

b) $f(x) = 0{,}5x^3$

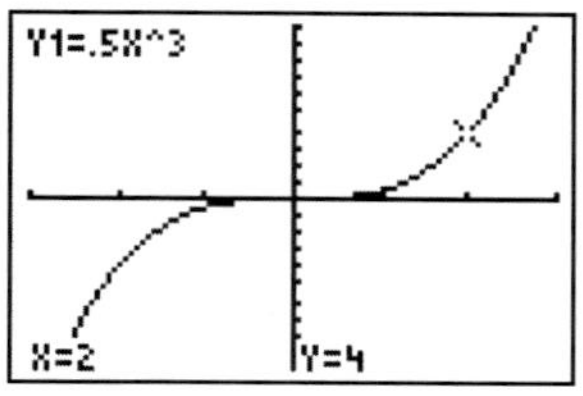

c) $f(x) = -2x^4$

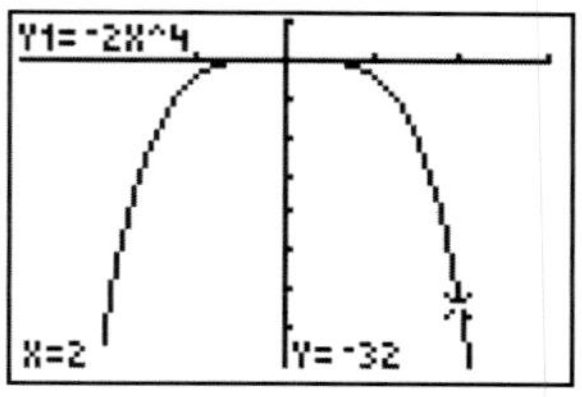

d) $f(x) = 3x^2$

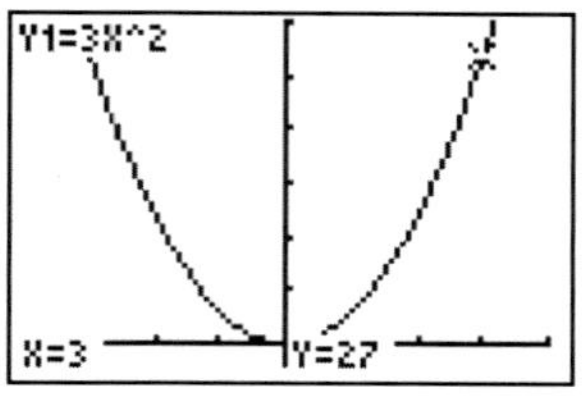

12 Mit dem Ansatz $f(x) = ax^{-n}$ ergibt sich durch Einsetzen der Koordinaten von A zunächst $a = f(1)$, durch Einsetzen der Koordinaten von B dann der jeweilige Wert für n.

a) $f(x) = -x^{-1}$

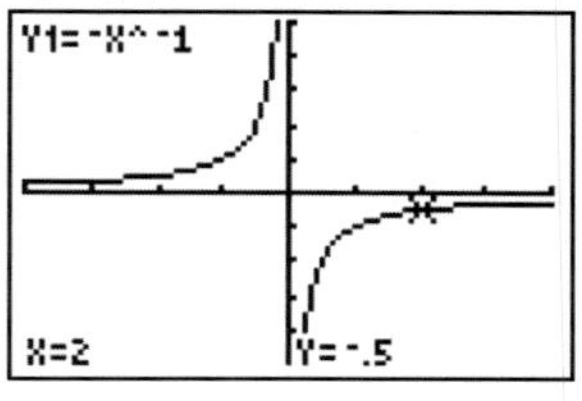

b) $f(x) = 4x^{-2}$

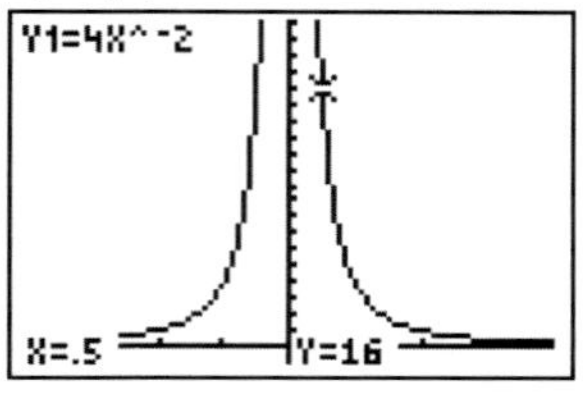

c) $f(x) = 0{,}2x^{-3}$

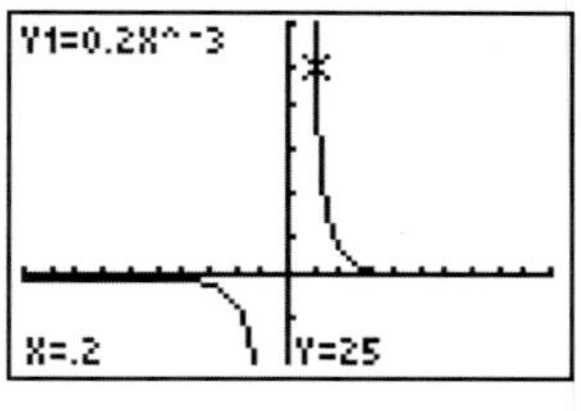

d) $f(x) = 3x^{-3}$

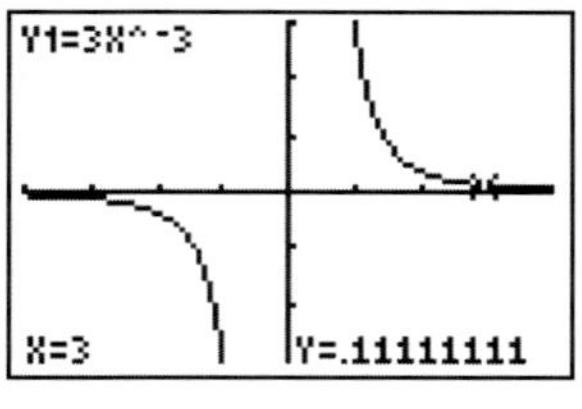

13 a)

$v\left(\text{in } \frac{m}{s}\right)$	0	1	2	3	4	5	10	15	20
P (in 10^5 W)	0	0,01	0,08	0,27	0,64	1,25	10	33,75	80

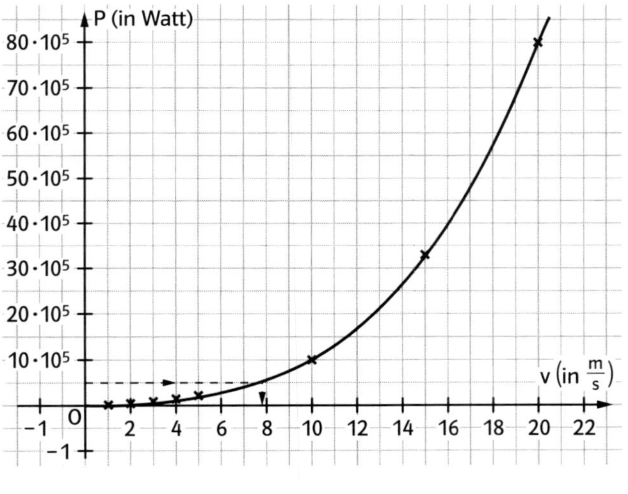

b) Bei einer Windgeschwindigkeit von etwa $8\,\frac{m}{s}$ beträgt die Leistung $5 \cdot 10^5$ Watt. $v = \sqrt[3]{500}\,\frac{m}{s} \approx 7{,}9\,\frac{m}{s}$

14 a) Für $\frac{1}{9} < x < 4$ liegen die Funktionswerte zwischen 0,25 und 9.

b) Es sind zwei Bereiche zu unterscheiden:
Gilt $-2 < x < -\frac{1}{3}$ oder $\frac{1}{3} < x < 2$, so liegen die Funktionswerte zwischen 0,25 und 9.

c) Für $\frac{4}{9} < x < 16$ liegen die Funktionswerte zwischen 0,25 und 9.

d) Es sind zwei Bereiche zu unterscheiden:
Gilt $-\sqrt{2} < x < \frac{1}{\sqrt{3}}$ oder $\frac{1}{\sqrt{3}} < x < \sqrt{2}$, so liegen die Funktionswerte zwischen 0,25 und 9.

$\left(\text{Hinweis: } \sqrt{2} = 2^{\frac{1}{2}}, \frac{1}{\sqrt{3}} = 3^{-\frac{1}{2}}\right)$

15 a) Für $|x| < 0{,}1$ folgt $f(x) > 1000$;
für $|x| > 10$ folgt $f(x) < 0{,}001$.
b) Für $|x| < 0{,}5$ folgt $f(x) > 1000$;
für $|x| > 5$ folgt $f(x) < 0{,}001$.
c) Für $|x| < 0{,}1$ folgt $f(x) > 1000$;
für $|x| > 100$ folgt $f(x) < 0{,}001$.
d) Für $|x| < 0{,}1$ folgt $f(x) > 1000$;
für $|x| > \sqrt{10}$ folgt $f(x) < 0{,}001$.

2 Wurzelfunktionen

Seite 194

1 a) $f: x \to x^4, (x \geqq 0)$;
$\bar{f}: x \to \sqrt[4]{x}, (x \geqq 0)$

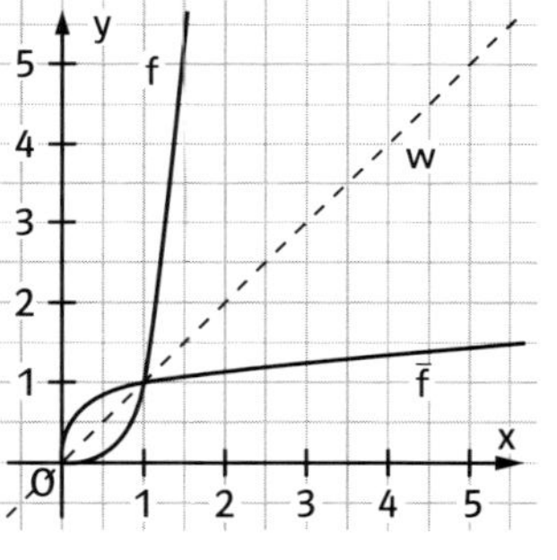

b) $f: x \to \frac{1}{5}x^3, (x \geqq 0)$;
$\bar{f}: x \to \sqrt[3]{5x}, (x \geqq 0)$

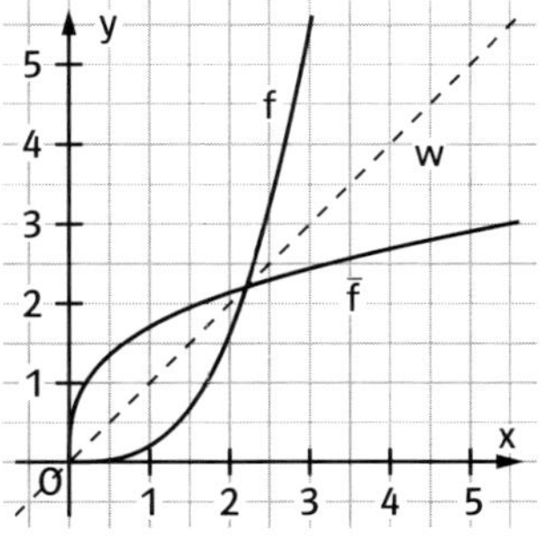

c) f: $x \to x^{\frac{1}{2}}$, $(x \geqq 0)$;
$\bar{f}$: $x \to x^2$, $(x \geqq 0)$

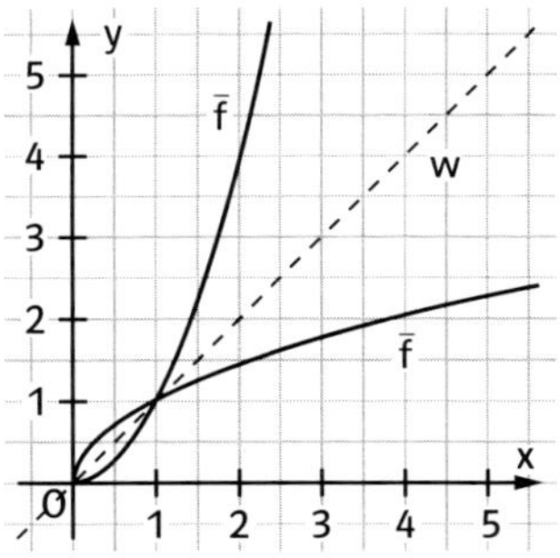

d) f: $x \to -2x^{\frac{1}{2}}$, $(x \geqq 0)$; $\bar{f}$: $x \to \left(-\frac{1}{2}x\right)^2$, $(x \leqq 0)$

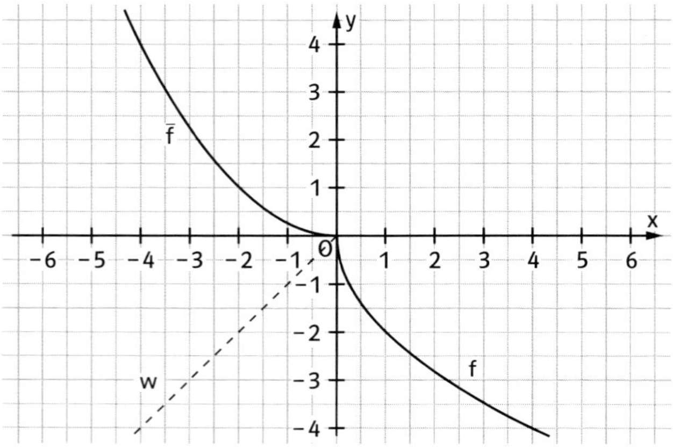

2 a) Folgende Funktionen sind Umkehrfunktionen voneinander:

$f(x) = x^2$ und $f(x) = x^{\frac{1}{2}}$; $f(x) = x^3$ und $f(x) = x^{\frac{1}{3}}$

$f(x) = x^4$ und $f(x) = x^{\frac{1}{4}}$; $f(x) = x^{10}$ und $f(x) = x^{\frac{1}{10}}$

b) Alle Funktionsgraphen verlaufen durch die Punkte $(0|0)$ und $(1|1)$, denn $0^z = 0$ und $1^z = 1$ für jedes $z \in \mathbb{Q}$.

3 a) Die Umkehrzuordnung ist nicht eindeutig, da die Funktion z.B. den Zahlen 1 und −1 den gleichen Funktionswert −2 zuordnet.
b) Die Umkehrzuordnung der Funktion ist wieder eine Funktion.
Umkehrkunktion: $x \mapsto \sqrt{\frac{x+5}{3}}$; $x \geqq -5$

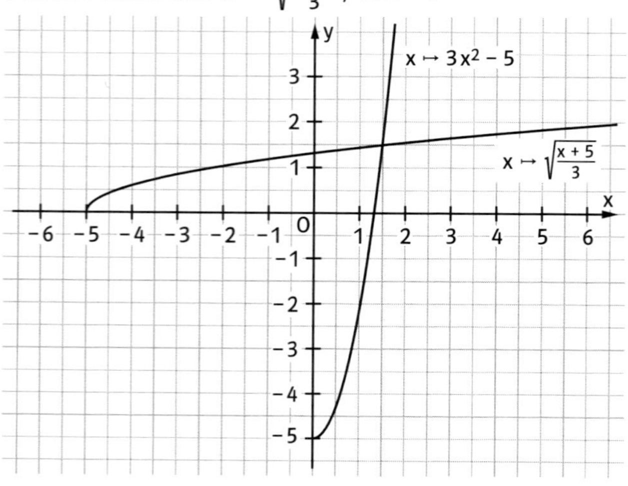

4 Die Funktion g ist nicht umkehrbar (x und −x haben gleiche Funktionswerte).

Die Funktion f und h sind umkehrbar.

5 a) $x \geqq 0 \Longrightarrow \bar{f}(x) = \sqrt{2x}$
b) $x \geqq 0 \Longrightarrow \bar{f}(x) = \sqrt{x+2}$
c) $x \geqq 0 \Longrightarrow \bar{f}(x) = \sqrt{2(x+2)}$
d) $x \geqq -1 \Longrightarrow \bar{f}(x) = \sqrt{x} - 1$
e) $x \geqq 3 \Longrightarrow \bar{f}(x) = \sqrt{x} + 3$
f) $x \geqq 1 \Longrightarrow \bar{f}(x) = \frac{1}{2}\sqrt{2x} + 1$

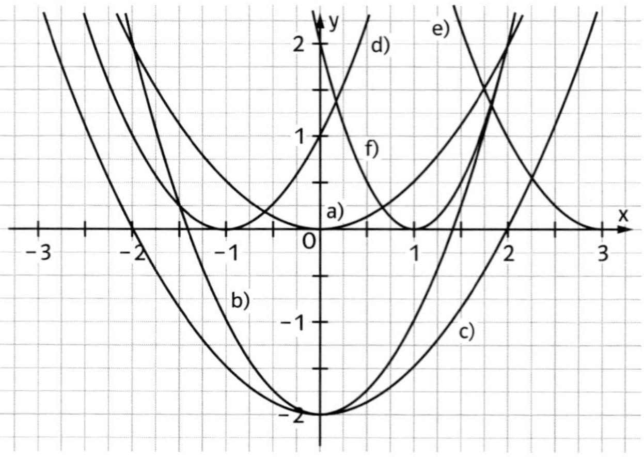

6 a) g: $x \mapsto x^2$; $x \geqq 0$ b) g: $x \mapsto x^4$; $x \geqq 0$
c) g: $x \mapsto x^{\frac{2}{3}}$; $x \geqq 0$ d) g: $x \mapsto x + 1$
e) g: $x \mapsto x^2 + 2$; $x \geqq 0$ f) g: $x \mapsto x$
g) g: $x \mapsto \sqrt{x}$; $x \geqq 0$ h) g: $x \mapsto \sqrt{x} + 2$; $x \geqq 0$
In c), g) und h) ist f nur dann die Umkehrfunktion der angegebenen Funktionen g, wenn der Definitionsbereich von f auf den Wertebereich von g eingeschränkt ist ($x \geqq 0$ in c) und g) bzw. $x \geqq 2$ in h)).

7 a) Individuelle Lösung
Die Gleichung sollte nach dem Verfahren bestimmt werden, das im Schülerbuch in Beispiel 2 auf Seite 133 erläutert ist. Beispiel:
$y = 2x + 4$; Tausch der Variablen: $x = 2y + 4$;
Auflösen nach y: $y = \frac{1}{2}x - 2$
Die Umkehrfunktion der Funktion $f(x) = 2x + 4$ hat die Gleichung $g(x) = \frac{1}{2}x - 2$.
b) Individuelle Lösung
Die Richtigkeit der zur Umkehrfunktion bestimmten Gleichung ergibt sich aus der spiegelbildlichen Lage des Geradenpaares bezüglich der Geraden mit der Gleichung $y = x$.
c) Individuelle Lösung
Anhand ausgewählter Beispiele oder auch durch eine allgemeine Rechnung wird die Gleichung $g(x) = \frac{1}{m}x - \frac{b}{m}$ $(m \neq 0)$ erarbeitet.

3 Potenzgleichungen

Seite 196

1 a) zwei Lösungen: $20^{\frac{1}{6}} = \sqrt[6]{20}$; $-20^{\frac{1}{6}} = -\sqrt[6]{20}$
b) keine Lösung
c) genau eine Lösung: 2
d) genau eine Lösung: −0,5
e) zwei Lösungen: 5; −5
f) genau eine Lösung: −4
g) genau eine Lösung: −7
h) genau eine Lösung: $\frac{1}{3}$

2 a) $x^{\frac{1}{2}} = 11$; Lösung: 121
b) $x^{\frac{1}{3}} - 8 = 0$; Lösung: 512
c) $1 - (2x)^{\frac{1}{3}} = 0$; Lösung: 0,5
d) $(5 - x)^{\frac{1}{3}} = 2$; Lösung: −3
e) $x^{\frac{3}{2}} = 2$; Lösung $2^{\frac{2}{3}} = \sqrt[3]{4}$
f) $x^{\frac{2}{3}} + 2 = 0$; keine Lösung
g) $2 \cdot (x + 4)^{\frac{1}{3}} = 6$; Lösung: 23
h) $4 - x^{\frac{3}{4}} = 5$; keine Lösung

3 a) $8x^3 = 27$; $x^3 = \left(\frac{3}{2}\right)^3$; Lösung: 1,5
b) $100x^2 = 49$; $x^2 = \frac{49}{100}$; Lösungen: 0,7; −0,7
c) $x^5 = -234$; Lösung: −3
d) $2x^4 = -32$; keine Lösung

Seite 197

4 a) L = {4,64} b) L = {−1,72}
c) L = {−1,92; 1,92} d) L = {−1,62; 1,62}
e) L = {−1,96} f) L = {−1,42; 1,42}
g) L = {1,31} h) L = {−0,63; 0,63}

5 a) L = {5} b) L = {−0,5; 1,5}
c) L = {5} d) $L = \left\{\frac{9}{7}\right\}$
e) L = {1} f) L = {−11,3; −3,3}
g) $L = \left\{\frac{9 - \sqrt[7]{2}}{5} \approx 1{,}58\right\}$ h) $L = \left\{\frac{13}{14} \approx 0{,}93; 1\right\}$
i) $L = \left\{\frac{229}{70} \approx 3{,}27; \frac{33}{10}\right\}$ j) $L = \left\{\frac{25}{13} \approx 1{,}923\right\}$
k) L = {≈ −214,37; ≈ 454,37} l) L = { }

6 a) L = {121} b) L = {−16 807}
c) L = {512} d) $L = \left\{\frac{1}{32}\right\}$
e) $L = \left\{\frac{1}{2}\right\}$ f) L = {32}
g) L = {9} h) L = { }

7 a) $L = \{\sqrt[3]{4} \approx 1{,}59\}$ b) $L = \{2\sqrt{2}; -2\sqrt{2}\}$
c) $L = \{4\sqrt{2}; -4\sqrt{2}\}$ d) $L = \{10^{-6}\}$
e) $L = \{\sqrt{27} \approx 5{,}20\}$ f) $L = \left\{\sqrt{\frac{1}{32}} \approx 0{,}18\right\}$
g) L = { } h) $L = \{\sqrt[9]{10^6} \approx 4{,}64\}$

8 a) L = { } b) L = { }
c) L = {2} d) L = {0; −1; 4}

9 a) zum Beispiel $x^3 = 125$
b) zum Beispiel $x^3 + 3 = 0$
c) $x^2 = 2$ d) $x^3 = 25$

10 a) zum Beispiel $x^3 = -1$ und $x^5 = -1$
b) Der Exponent q muss eine gerade natürliche Zahl sein, damit die Gleichung $x^q = a$ zwei Lösungen besitzt. Der Graph der Potenzfunktion $p(x) = x^q$ ist dann achsensymmetrisch zur y-Achse, für $a > 0$ gibt es zwei Lösungen, die sich allerdings nur im Vorzeichen unterscheiden. Folglich kann es keine Potenzgleichung $x^q = a$ mit den Lösungen −3 und 2 geben.

11 a) keine Lösung für $a < 0$;
zwei Lösungen, nämlich $\sqrt{a}$ und $-\sqrt{a}$ für $a > 0$
b) keine Lösung für $a > 0$;
zwei Lösungen, nämlich $\sqrt{-a}$ und $-\sqrt{-a}$ für $a < 0$
c) genau eine Lösung,
nämlich $-\sqrt[3]{a}$ für $a > 0$ bzw. $\sqrt[3]{-a}$ für $a < 0$
d) genau eine Lösung,
nämlich −a für $a > 0$ und für $a < 0$

12 a) $x_1 = 0$; $x_{2/3} = \pm\sqrt{6}$ b) $x_1 = 0$; $x_{2/3} = 3 \pm \sqrt{10}$
c) $x_1 = 0$; $x_2 = 1$

13 a) Lösungen sind alle Zahlen x, für die $x \geqq 4$ ist.
Die Lösungsmenge der Ungleichung $8x^{-\frac{3}{2}} \leqq 1$ ist
$L = \{x \mid x \geqq 4\}$.
b) a = 0,001: $L = \{x \mid x \geqq 400\}$
$a = 10^{-6}$: $L = \{x \mid x \geqq 40\,000\}$
$a = 10^{-12}$: $L = \{x \mid x \geqq 4 \cdot 10^8\}$
c) Die Funktionswerte der Funktion f nähern sich mit wachsendem x immer weiter der Zahl 0 an.
Die x-Achse ist Asymptote des Graphen von f.

4 Exponentialgleichungen und Logarithmen

Seite 200

1 a) $3 = \log_4(64)$ b) $2 = \log_7(49)$
c) $-2 = \log_3\left(\frac{1}{9}\right)$ d) $-3 = \log_{\frac{1}{3}}(27)$
e) $0{,}5 = \log_{36}(6)$ f) $0 = \log_8(1)$
g) $-6 = \log_{\sqrt{10}}\left(\frac{1}{1000}\right)$ h) $y = \log_x(z)$

2 a) $5^3 = 125$ b) $5^{-1} = 0{,}2$
c) $5^1 = 5$ d) $5^0 = 1$
e) $0{,}5^{-3} = 8$ f) $0{,}2^2 = 0{,}04$
g) $\left(\sqrt{2}\right)^{-4} = 0{,}25$ h) $b^c = a$

3 a) $\log_2(64) = 6$, da $2^6 = 64$ ist
b) $\lg(1) = 0$, da $10^0 = 1$ ist
c) $\log_3(\sqrt{3}) = \frac{1}{2}$, da $3^{\frac{1}{2}} = \sqrt{3}$ ist
d) $\log_7(7) = 1$, da $7^1 = 7$ ist
e) $\log_2\left(\frac{1}{16}\right) = -4$, da $2^{-4} = \frac{1}{16}$ ist
f) $\log_5\left(\frac{1}{\sqrt{5}}\right) = -\frac{1}{2}$, da $5^{-\frac{1}{2}} = \frac{1}{\sqrt{5}}$ ist
g) $\log_6\left(\frac{1}{\sqrt[3]{6}}\right) = -\frac{1}{3}$, da $6^{-\frac{1}{3}} = \frac{1}{\sqrt[3]{6}}$ ist
h) $\log_{\sqrt[3]{6}}\left(\frac{1}{6}\right) = -3$, da $\left(\sqrt[3]{6}\right)^{-3} = \frac{1}{6}$ ist

4 a) $\log_3(9^4) = \log_3\left((3^2)^4\right) = \log_3(3^8) = 8$
b) $\lg(10^{1,5}) = 1{,}5$
c) $\log_5(125^{-1}) = \log_5\left((5^3)^{-1}\right) = \log_5(5^{-3}) = -3$
d) $\log_a(a^3) = 3$
e) $\log_4(2^{200}) = \log_4\left((2^2)^{100}\right) = \log_4(4^{100}) = 100$
f) $\lg(10^{-120}) = -120$
g) $\log_{0,5}(2^5) = \log_{0,5}\left((0{,}5^{-1})^5\right) = \log_{0,5}(0{,}5^{-5}) = -5$
h) $\log_3\left(\sqrt{27}^{-1}\right) = \log_3\left(\left(3^{\frac{3}{2}}\right)^{-1}\right) = \log_3\left(3^{-\frac{3}{2}}\right) = -\frac{3}{2}$

5 $\lg(6) \approx 0{,}78$ b) $\lg(60) \approx 1{,}78$
c) $\lg(600) \approx 2{,}78$ d) $\log_2(5^4) \approx 9{,}29$
e) $\log_5(4^2) \approx 1{,}72$ f) $\log_{0,5}(0{,}1) \approx 3{,}32$
g) $\log_{0,5}(10) \approx -3{,}32$ h) $\log_2(10) \approx 3{,}32$

6 a) $2^x = 32$
Durch Logarithmieren erhält man $\lg(2^x) = \lg(32)$, daraus $x \cdot \lg(2) = \lg(32)$ und mit $x = \frac{\lg(32)}{\lg(2)} = 5$ die gleiche Lösung wie im Beispiel 3a), Seite 199 des Schülerbuches.
b) $10^x = -1$
Durch Logarithmieren erhält man $\lg(10^x) = \lg(-1)$, daraus $x \cdot \lg(10) = \lg(-1)$. Da Logarithmen nur zu positiven Zahlen gebildet werden können, ist $\lg(-1)$ nicht definiert, die Gleichung $10^x = -1$ hat somit keine Lösung (vgl. Beispiel 3b), Seite 199 des Schülerbuches).
c) $3 \cdot 5^x = 225 - 6 \cdot 5^x$
Umordnen liefert $9 \cdot 5^x = 225$, also $5^x = 25$.
Durch Logarithmieren erhält man $\lg(5^x) = \lg(25)$, daraus $x \cdot \lg(5) = \lg(25)$ und mit $x = \frac{\lg(25)}{\lg(5)} = 2$ die gleiche Lösung wie im Beispiel 3c), Seite 199 des Schülerbuches.
d) $2^{3x} = 100$
Durch Logarithmieren erhält man $\lg(2^{3x}) = \lg(100) = 2$, daraus $3x \cdot \lg(2) = 2$ und mit $x = \frac{2}{3 \cdot \lg(2)} \approx 2{,}215$ die gleiche Lösung wie im Beispiel 3d), Seite 199 des Schülerbuches.

7 a) 2,5 b) $-\frac{2}{3}$ c) -2 d) 0
Hinweis zu d): $5^{x+2} = 5^{x+1+1} = 5^{x+1} \cdot 5^1 = 5 \cdot 5^{x+1}$

8 a) 3,5 b) -3
c) $\log_2(70) \approx 6{,}129$ d) $\frac{1}{2}\log_3(0{,}75) \approx -0{,}131$

9 a) $\log_2(3) \approx 1{,}6$ b) $\log_2(6) \approx 2{,}6$
c) $\log_2(1{,}5) \approx 0{,}6$ d) $\log_2\left(\frac{1}{3}\right) \approx -1{,}6$

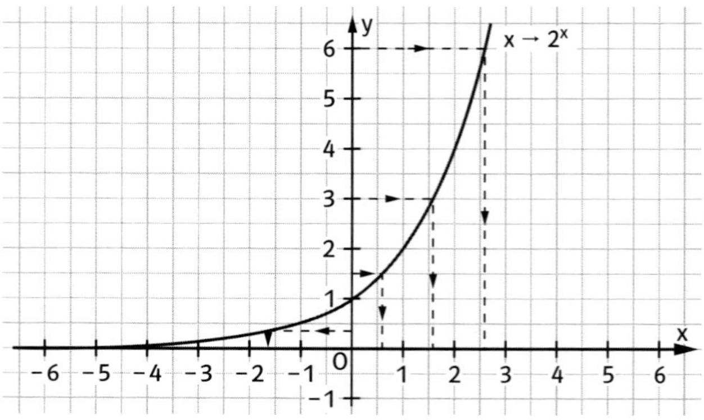

10 Man nimmt den Graphen der Funktionen $x \to 3^x$ und $x \to 5^x$ zu Hilfe.
a) $\log_3(2) \approx 0{,}65$ b) $\log_3(10) \approx 2{,}1$
c) $\log_5(2) \approx 0{,}45$ d) $\log_5(10) \approx 1{,}45$

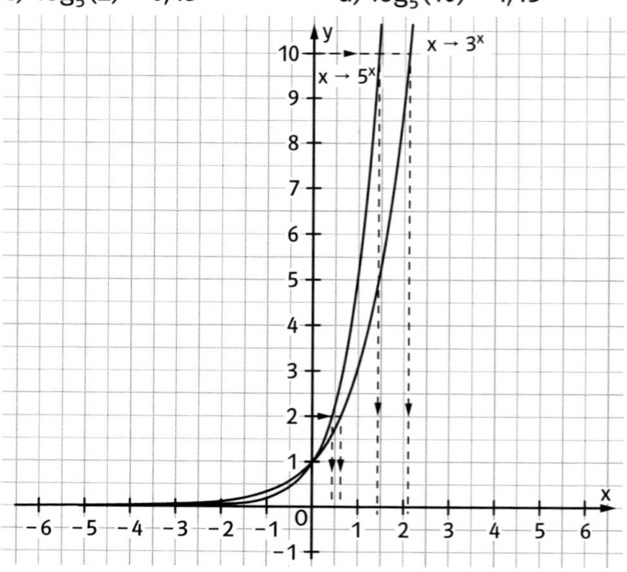

Seite 201

11 a) $b = 5$ b) $b = 7$
c) $b = 0{,}5 = 2^{-1}$ d) $b = 5$

12 a) $a = 81$ b) $a = 64$
c) $a = 27$ d) $a = 0{,}0001$

13 a) Um den Logarithmus $x = \log_4(10)$ zu bestimmen, muss die Zahl x gefunden werden, für die $4^x = 10$ ist. Durch gezieltes Probieren erhält man $4^1 < 10 < 4^2$; $4^{1,6} < 10 < 4^{1,7}$; $4^{1,66} < 10 < 4^{1,67}$; $4^{1,660} < 10 < 4^{1,661}$.
Also gilt: $\log_4(10) \approx 1{,}66$.
b) Um den Logarithmus $x = \log_8(30)$ zu bestimmen, muss die Zahl x gefunden werden, für die $8^x = 30$ ist. Durch gezieltes Probieren erhält man $8^1 < 30 < 8^2$; $8^{1,6} < 30 < 8^{1,7}$; $8^{1,63} < 30 < 8^{1,64}$; $8^{1,635} < 30 < 8^{1,636}$.
Also gilt: $\log_8(30) \approx 1{,}64$
c) Um den Logarithmus $x = \log_5(2{,}5)$ zu bestimmen, muss die Zahl x gefunden werden, für die $5^x = 2{,}5$ ist. Durch gezieltes Probieren erhält man $5^0 < 2{,}5 < 5^1$; $5^{0,5} < 2{,}5 < 5^{0,6}$; $5^{0,56} < 2{,}5 < 5^{0,57}$; $5^{0,569} < 2{,}5 < 5^{0,570}$.
Also gilt: $\log_5(2{,}5) \approx 0{,}57$.
d) Um den Logarithmus $x = \log_5(100)$ zu bestimmen, muss die Zahl x gefunden werden, für die $5^x = 100$ ist. Durch gezieltes Probieren erhält man: $5^2 < 100 < 5^3$; $5^{2,8} < 100 < 5^{2,9}$; $5^{2,86} < 100 < 5^{2,87}$; $5^{2,861} < 100 < 5^{2,862}$.
Also gilt: $\log_5(100) \approx 2{,}86$.
Hinweis: Die Genauigkeit beim grafischen Verfahren ist begrenzt. Das Einschachtelungsverfahren kann – wenn auch mit erheblichem Rechenaufwand – beliebig weiter fortgesetzt werden und führt zu Näherungen mit der jeweils gewünschten Anzahl von Nachkommastellen.

14 a) 7 b) 4 c) 10
d) Es gilt: $8^{-x-2} = 4$ bzw. $2^{-3x-6} = 2^2$.
Somit ist $-3x - 6 = 2$; $x = -\frac{8}{3}$.

15 a) $\frac{1}{2} \cdot \left(1 - \frac{\lg(17)}{\lg(5)}\right) \approx -0{,}380$
b) $\frac{1}{2} \cdot \left(\frac{\lg(6)}{\lg(7)} + 1\right) \approx 0{,}960$
c) 3 d) 1 e) 3
f) $-1{,}5$ g) 2,5 h) $\frac{2}{15}$

16 a) Mit $2^{x+1} = 2^x \cdot 2^1 = 2 \cdot 2^x$ erhält man $2^x + 3 = 2 \cdot 2^x$ und daraus $2^x = 3$ mit der Lösung $\log_2(3) \approx 1{,}585$.
b) Mit $2^x : 3^x = \left(\frac{2}{3}\right)^x$ erhält man $\left(\frac{2}{3}\right)^x = \frac{13}{7}$ mit der Lösung $\log_{\frac{2}{3}}\left(\frac{13}{7}\right) \approx -1{,}527$.
c) Mit $9^{-x} = (3^2)^{-x} = 3^{-2x}$ erhält man $3^{2x} \cdot 3^{-2x} = 5$ und daraus $3^0 = 5$. Wegen $3^0 = 1 \neq 5$ besitzt die Gleichung keine Lösung.
d) Mit $2^{x+1} = 2^x \cdot 2^1 = 2 \cdot 2^x$ und $2^{x+2} = 2^x \cdot 2^2 = 4 \cdot 2^x$ erhält man $2 \cdot 2^x + 4 \cdot 2^x = 48$ und daraus $6 \cdot 2^x = 48$, das heißt $2^x = 8$, mit der Lösung 3.

17 a), b), c) Die Gleichungen $2^x = -3$, $2^x = -\frac{1}{3}$ und $2^x = 0$ haben keine Lösung, weil 2^x stets positiv ist.
d) Die Gleichung $2^x = 3$ hat keine Lösung, weil 1^x stets gleich 1 ist.

18 a) etwa 290,2 hPa (etwa 83,2 hPa; etwa 6,8 hPa)
b)

h (in km)	0	5,5	11,0	16,5	22,0	27,5
p (in h Pa)	1013	509,4	256,1	128,8	64,8	32,6

Es gilt $0{,}8825^{5,5} = 0{,}5028\ldots \approx 0{,}5$.
Hinweis: Die „Halbierungshöhe" h (in km), bei der der Luftdruck jeweils auf den halben Wert absinkt, ergibt sich als Lösung der Gleichung $0{,}8852^h = 0{,}5$:
$h = \frac{\lg(0{,}5)}{\lg(0{,}8825)} \approx 5{,}545$.

19 a) $\log_5(125) = 3$; $\log_{\frac{1}{5}}(125) = -3$; $\log_5\left(\frac{1}{125}\right) = -3$
Die drei Logarithmen sind dem Betrage nach gleich groß.
b) $\log_3(\sqrt{3}) = 0{,}5$; $\log_{\frac{1}{3}}(\sqrt{3}) = -0{,}5$; $\log_3\left(\frac{1}{\sqrt{3}}\right) = -0{,}5$
Die drei Logarithmen sind dem Betrage nach gleich groß.
c) Individuelle Lösung, zum Beispiel:
$\log_2(16) = 4$; $\log_{\frac{1}{2}}(16) = -4$; $\log_2\left(\frac{1}{16}\right) = -4$
Allgemein gilt: $\log_b(a) = -\log_{\frac{1}{b}}(a) = -\log_b\left(\frac{1}{a}\right)$, $a, b > 0$, $b \neq 1$.
Begründung: Ist $x = \log_b(a)$, so gilt $b^x = a$.
Für $y = \log_{\frac{1}{b}}(a)$ gilt $\left(\frac{1}{b}\right)^y = a$, wegen $a = b^x$ also $(b^{-1})^y = b^x$.
Vergleicht man in der Gleichung $b^{-y} = b^x$ die Exponenten, so erhält man $y = -x$.
Die Logarithmen $\log_b(a)$ und $\log_{\frac{1}{b}}(a)$ stimmen somit bis auf das Vorzeichen überein.
Entsprechend folgt aus $z = \log_b\left(\frac{1}{a}\right)$, dass $b^z = \frac{1}{a} = \frac{1}{b^x} = b^{-x}$ ist.
Also stimmen auch die Logarithmen $\log_b(a)$ und $\log_b\left(\frac{1}{a}\right)$ bis auf das Vorzeichen überein.
Weiter folgt, dass stets $\log_{\frac{1}{b}}(a) = \log_b\left(\frac{1}{a}\right)$ ist.

20 $\log_2(32) = 5$; $\log_2(8) = 3$; $\log_2(32 \cdot 8) = 8$; $\log_2\left(\frac{32}{8}\right) = 2$
Der Logarithmus des Produktes $32 \cdot 8$ stimmt mit der Summe der Logarithmen von 32 und 8 überein. Entsprechend ist der Logarithmus des Quotienten $\frac{32}{8}$

genauso groß wie die Differenz der Logarithmen von 32 und 8.

b) $\lg(0{,}1) = -1$; $\lg\left(\sqrt[3]{100}\right) = \frac{2}{3}$; $\lg\left(0{,}1 \cdot \sqrt[3]{100}\right) = -\frac{1}{3}$; $\lg\left(\frac{0{,}1}{\sqrt[3]{100}}\right) = -\frac{5}{3}$

Es gilt $\lg\left(0{,}1 \cdot \sqrt[3]{100}\right) = \lg(0{,}1) + \lg\left(\sqrt[3]{100}\right)$

und $\lg\left(\frac{0{,}1}{\sqrt[3]{100}}\right) = \lg(0{,}1) - \lg\left(\sqrt[3]{100}\right)$.

c) Individuelle Lösung, zum Beispiel:

$\log_3(9) = 2$; $\log_3\left(\frac{1}{3}\right) = -1$; $\log_3\left(9 \cdot \frac{1}{3}\right) = 2 + (-1) = 1$;

$\log_3\left(\frac{9}{\frac{1}{3}}\right) = 2 - (-1) = 3$

Allgemein gilt: $\log_b(x \cdot y) = \log_b(x) + \log_b(y)$

und $\log_b\left(\frac{x}{y}\right) = \log_b(x) - \log_b(y)$; $b, x, y > 0$, $b \neq 1$.

Begründung: Mit $u = \log_b(x)$, $v = \log_b(y)$, $w = \log_b(x \cdot y)$ und $z = \log_b\left(\frac{x}{y}\right)$ folgt

$b^u = x$, $b^v = y$, $b^w = x \cdot y$ und $b^z = \left(\frac{x}{y}\right)$.

Ersetzt man in der dritten und vierten Gleichung x durch b^u und y durch b^v, so erhält man

$b^w = b^u \cdot b^v$ und $b^z = \frac{b^u}{b^v}$.

Mithilfe der Potenzrechengesetze ergibt sich

$b^w = b^{u+v}$ und $b^z = b^{u-v}$.

Vergleicht man die Exponenten, so erhält man, dass der Logartithmus w eines Produktes mit der Summe der Logarithmen u und v der Faktoren übereinstimmt.

Entsprechend ergibt sich der Logarithmus z eines Quotienten als Differenz der Logarithmen u und v von Dividend und Divisor.

Wiederholen – Vertiefen – Vernetzen

Seite 202

1 a)

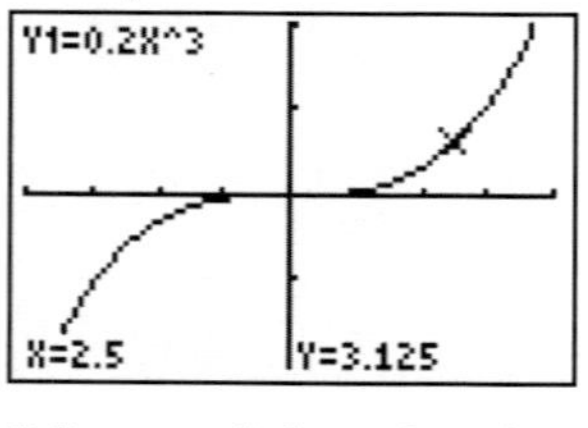

P liegt auf dem Graphen von f, weil

$f(-2) = 0{,}2 \cdot (-2)^3 = -1{,}6$

ist. Q liegt unterhalb des Graphen, weil

$f(2{,}5) = 3{,}125 > 3{,}1$ ist.

b)

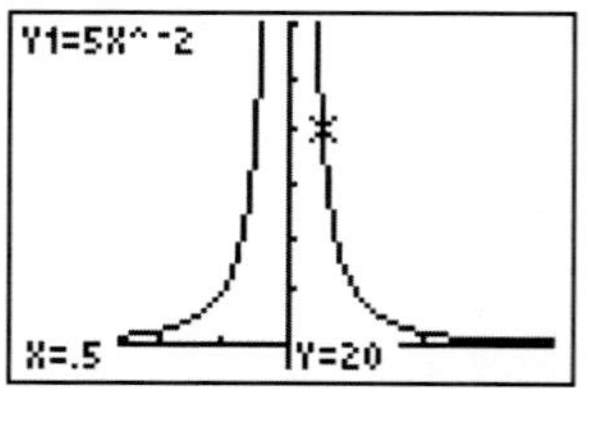

P liegt oberhalb des Graphen von f, weil

$f(-6) = \frac{5}{36} < 0{,}14$ ist.

Q liegt auf dem Graphen, weil

$f(0{,}5) = 5 \cdot 0{,}5^{-2} = 20$ ist

c)

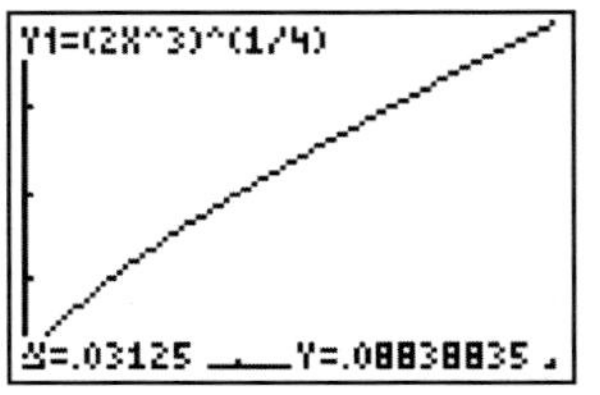

P liegt auf dem Graphen von f, weil

$f(2) = \sqrt[4]{2 \cdot 2^3} = 2$ ist.

Auch Q liegt oberhalb des Graphen, weil

$f\left(\frac{1}{32}\right) = \sqrt[4]{2 \cdot \left(\frac{1}{32}\right)^3} = \frac{1}{16}\sqrt{2}$

$\approx 0{,}09 < \frac{1}{2}$ ist.

d)

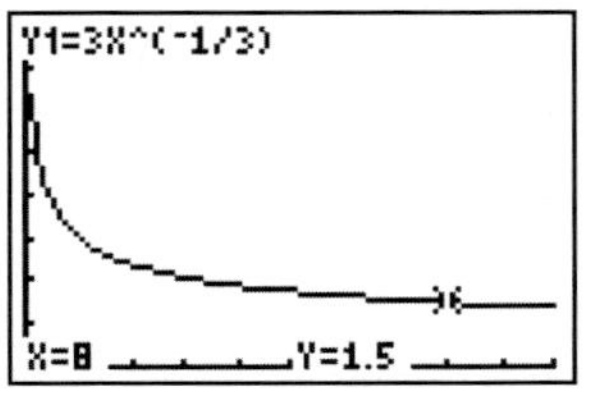

P liegt oberhalb des Graphen von f, weil

$f(0{,}1) = 3 \cdot 0{,}1^{-\frac{1}{3}} < 6{,}5$ ist.

Q liegt unterhalb des Graphen, weil

$f(8) = 3 \cdot 8^{-\frac{1}{3}} = 1{,}5 > 1{,}4$ ist.

2

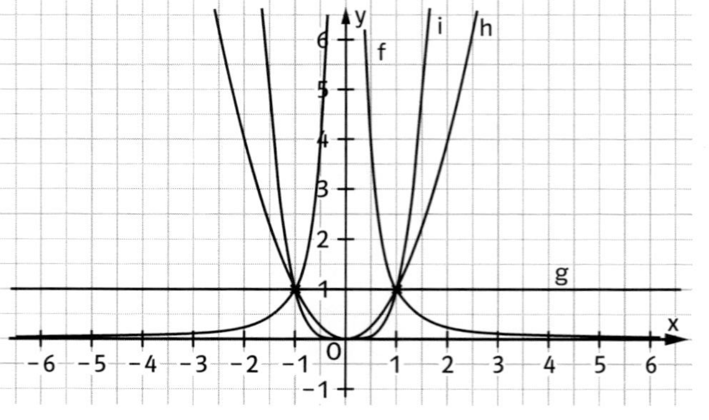

Alle vier Graphen verlaufen symmetrisch zur y-Achse, keine der vier Funktionen hat negative Funktionswerte.

Alle Graphen verlaufen durch die Punkte (1 | 1) und (−1 | 1).

Der Graph von f ist eine Hyperbel, der von g eine Gerade; die Graphen von h und i sind Parabeln.

Allgemein: Der Graph der Funktion $x \to x^{2k}$, $k \in \mathbb{Z}$, verläuft asymmetrisch zur y-Achse, hat keine negativen Funktionswerte und ist für $k < 0$ eine Hyperbel, für $k = 0$ die Gerade mit der Gleichung $y = 1$ und für $k > 0$ eine Parabel.

3 a) zu f: $z = 3$; zu g: $z = -1$; zu h: $z = 1$; zu i: $z = -3$

b) Der Graph der Funktion $x \to x^z$, z ungerade, verläuft punktsymmetrisch zum Ursprung jeweils im 1. und 3. Quadranten des Koordinatensystems.

Der Graph ist für $z < 0$ eine Hyperbel, für $z = 1$ die Gerade mit der Gleichung $y = x$ (Winkelhalbierende) und für $z \geqq 3$ eine Parabel.

4 a) $f(1) = -0{,}2$; $f(5) = -25$; 5 ist die Stelle, an der der Funktionswert −25 angenommen wird.

b) $f(1) = 3$; $f(5) = 0{,}12$; f hat keine negativen Funktionswerte, der Funktionswert −25 wird an keiner Stelle angenommen.

c) $f(1) = -3$; $f(5) = -19$; der Funktionswert -25 wird an der Stelle 6,5 angenommen.
d) $f(1) = -\sqrt{5}$, $f(5) = -5$; der Funktionswert -25 wird an der Stelle 125 angenommen.

5

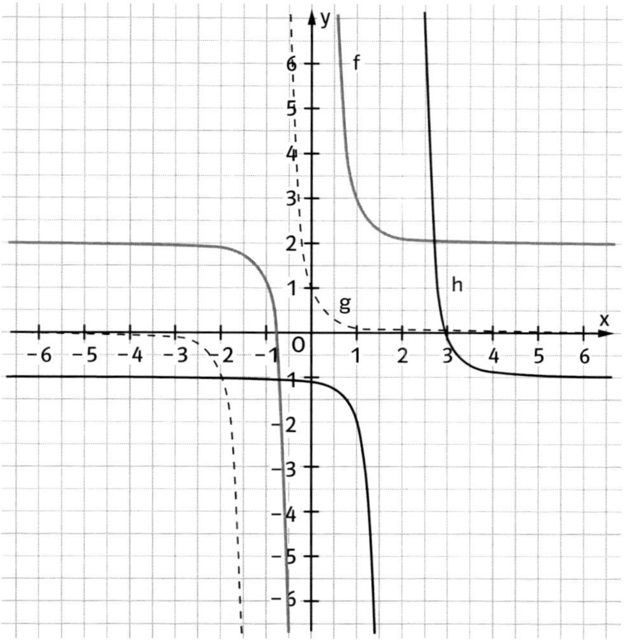

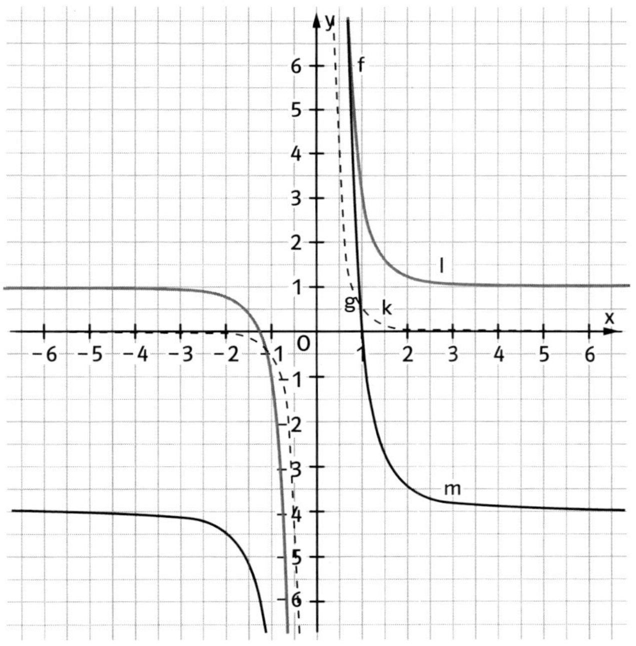

6

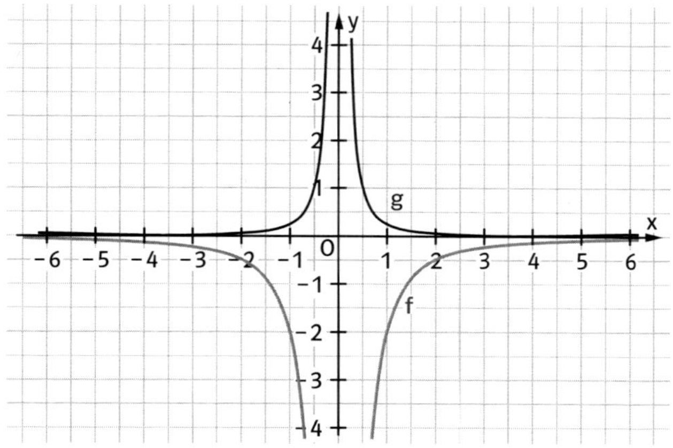

Der Graph von f lässt sich durch Achsenstreckung senkrecht zur x-Achse mit dem Streckfaktor $-\frac{1}{8}$ auf den Graphen von g abbilden.
Umgekehrt erhält man den Graphen von f, wenn man den Graphen von g senkrecht zur x-Achse mit dem Streckfaktor -8 streckt.

7 a) $y = -\frac{1}{4}x^3$
b) $y = \frac{1}{4}(-x)^3 = -\frac{1}{4}x^3$
c) $y = \frac{1}{4}x^3 = p(x)$
d) $y = -(4x)^{\frac{1}{3}} = -\sqrt[3]{4x}$, für $x \geqq 0$ und
$y = (-4x)^{\frac{1}{3}} = \sqrt[3]{-4x}$, für $x < 0$
(Der Funktionsterm muss für die Bereiche $x \geqq 0$ und $x < 0$ unterschieden werden, weil Potenzen mit gebrochenen Exponenten nur für nicht-negative Basen definiert sind.)

8

Funktionsterm g(x)	Gleichung des Bildgraphen bei Spiegelung an der x-Achse	Gleichung des Bildgraphen bei Spiegelung an der y-Achse
a) $\frac{3}{4}x$	$y = -\frac{3}{4}x$	$y = \frac{3}{4}\cdot(-x) = -\frac{3}{4}x$
b) $\frac{1}{2}x - 2$	$y = -\frac{1}{2}x + 2$	$y = -\frac{1}{2}x - 2$
c) $\frac{1}{2}x^2 + 1$	$y = -\frac{1}{2}x^2 - 1$	$y = \frac{1}{2}x^2 + 1 = g(x)$
d) $\frac{1}{2x^3}$	$y = -\frac{1}{2x^3}$	$y = \frac{1}{2\cdot(-x)^3} = -\frac{1}{2x^3}$

Funktionsterm g(x)	Gleichung des Bildgraphen bei Spiegelung am Punkt (0|0)	Gleichung des Bildgraphen bei Drehung um (0|0) mit 90°
a) $\frac{3}{4}x$	$y = -\frac{3}{4}x = g(x)$	$y = -\frac{4}{3}x$
b) $\frac{1}{2}x - 2$	$y = \frac{1}{2}x + 2$	$y = -2x + 4$
c) $\frac{1}{2}x^2 + 1$	$y = -\frac{1}{2}x^2 - 1$	$y = \sqrt{-2 + 2x}$ für $x > 1$ $y = -\sqrt{-2 - 2x}$ für $x \leqq -1$ (zwei Teilfunktionen)
d) $\frac{1}{2x^3}$	$y = \frac{1}{2x^3} = g(x)$	$y = -(2x)^{-\frac{1}{3}}$ für $x > 0$ und $y = (-2x)^{-\frac{1}{3}}$ für $x < 0$ (zwei Teilbereiche)

9 Es gilt $f(x) = \frac{1}{2x}$ und $g(x) = \frac{2}{x} = 4 \cdot \frac{1}{2x} = 4 \cdot f(x)$.
Andererseits ist $f(x) = \frac{1}{2x} = \frac{2}{4x} = g(4x)$.
Darüber hinaus ist $g(2x) = \frac{2}{2x} = 2 \cdot \frac{1}{2x} = 2 \cdot f(x)$.
Daraus ergibt sich:
Streckt man den Graphen von f mit dem Streckfaktor 4 senkrecht zur x-Achse oder senkrecht zur y-Achse, so erhält man jeweils den Graphen von g. Ebenso kann man den Graphen von f vom Ursprung aus zentrisch mit dem Streckfaktor 2 strecken, um den Graphen von g zu erhalten.
Geht man umgekehrt vom Graphen von g aus, so ergibt sich der Graph von f durch Achsenstreckungen mit dem Streckfaktor $\frac{1}{4}$ oder durch eine zentrische Streckung mit dem Streckfaktor $\frac{1}{2}$.

Seite 203

10 a) $f(x) = 0{,}5x^2$ $\quad \bar{f}(x) = \sqrt{2x}$, $(x \geqq 0)$
gemeinsame Punkte: $(0\,|\,0)$; $(2\,|\,2)$
b) $f(x) = (2x)^{\frac{1}{4}}$ $\quad \bar{f}(x) = \frac{1}{2}x^4$, $(x \geqq 0)$
gemeinsame Punkte: $(0\,|\,0)$; $\left(\sqrt[3]{2}\,|\,\sqrt[3]{2}\right)$
c) $f(x) = (x + 4)^2$ $\quad \bar{f}(x) = \sqrt{x} - 4$, $(x \geqq 0)$
keine gemeinsame Punkte
d) $f(x) = x^3 - 2$ $\quad \bar{f}(x) = \sqrt[3]{x + 2}$, $(x \geqq -2)$
Es gibt einen gemeinsamen Punkt, dessen Koordinaten auf rechnerischem Weg allerdings nicht bestimmt werden können.

11 a) $\bar{f}(x) = -\sqrt[3]{x}$ für $x \geqq 0$ und
$\bar{f}(x) = \sqrt[3]{-x} = \sqrt[3]{|x|}$ für $x < 0$
b) $\bar{f}(x) = \sqrt[5]{10x}$ für $x \geqq 0$ und
$\bar{f}(x) = \sqrt[5]{-10x} = \sqrt[5]{10 \cdot |x|}$ für $x < 0$
c) $\bar{f}(x) = \frac{1}{\sqrt[3]{x}}$ für $x > 0$ und
$\bar{f}(x) = \frac{-1}{\sqrt[3]{-x}} = -\frac{1}{\sqrt[3]{|x|}}$ für $x < 0$
d) $\bar{f}(x) = -\sqrt[3]{\frac{2}{x}}$ für $x > 0$ und
$\bar{f}(x) = \sqrt[3]{\frac{2}{-x}} = \sqrt[3]{\frac{2}{|x|}}$ für $x < 0$

12 a) Bei doppeltem Gewicht würde das Ausmaß der Straßenschädigung auf das 16-Fache ansteigen.
b) Die Erhöhung der Achslast auf das 1,15-Fache führt zu einer Erhöhung der Straßenschädigung mit dem Faktor $1{,}15^4 = 1{,}749\ldots$
Damit würde das Ausmaß der Straßenschädigung um etwa 75 % steigen.
c) Die Achslast darf höchstens mit dem Faktor $2^{\frac{1}{4}} = \sqrt[4]{2}$ erhöht werden. Daraus ergibt sich eine Achslast von höchstens etwa 11,9 t.

13 $T = 2{,}006\ldots\,s \approx 2\,s$

b) Die Schwingungsdauer verlängert sich auf das $\sqrt{2}$-Fache ($\sqrt{3}$-Fache; 2-Fache).
c) Eine Vergrößerung der Schwingungsdauer um 50 % (10 %; 75 %) bedeutet eine Vergrößerung auf das 1,5-Fache (1,1-Fache; 1,75-Fache).
Der Faden muss auf das 2,25-Fache (1,21-Fache; 3,0625-Fache) verlängert werden.

14 a)

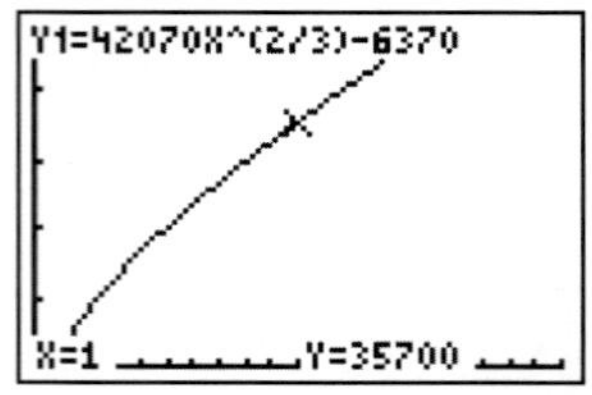

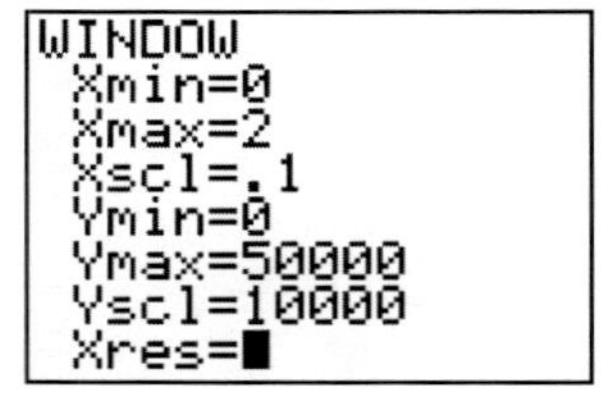

b) Ein geostationärer Satellit hat eine Umlaufzeit von einem Tag. Für die Höhe h (in km) ergibt sich $h = 42\,070 \cdot 1^{\frac{2}{3}} - 6370 = 35\,700$ (vgl. Screen zu 14 a)).
Ein geostationärer Satellit steht somit etwa 35 700 km über der Erdoberfläche.

15 a) Bei einem 71 m hohen Turm kann eine Endgeschwindigkeit von etwa $37{,}3\,\frac{m}{s}$ erreicht werden.
Das entspricht einer Geschwindigkeit von $134{,}4\,\frac{km}{h}$.
b) Aus $v = \sqrt{2g \cdot h}$ ergibt sich $h = \frac{v^2}{2g}$.
Die Birne ist aus etwa 11,5 m Höhe gefallen.
c) Wegen der mit wachsender Geschwindigkeit immer stärker anwachsenden Luftreibung kann die Geschwindigkeit bei der Fallbewegung nicht beliebig groß werden. Mithilfe einer geeigneten Sprungtechnik (vgl. Foto auf Seite 139, Schülerbuch) kann die Grenzgeschwindigkeit, die erreicht wird, auf etwa $200\,\frac{km}{h}$ begrenzt werden.

Ellipsen und Kepler'sche Gesetze

Seite 204

1
a) $e = \sqrt{a^2 - b^2} = \sqrt{5^2 - 2{,}5^2}\,cm = \sqrt{18{,}75}\,cm \approx 4{,}33\,cm$
b)

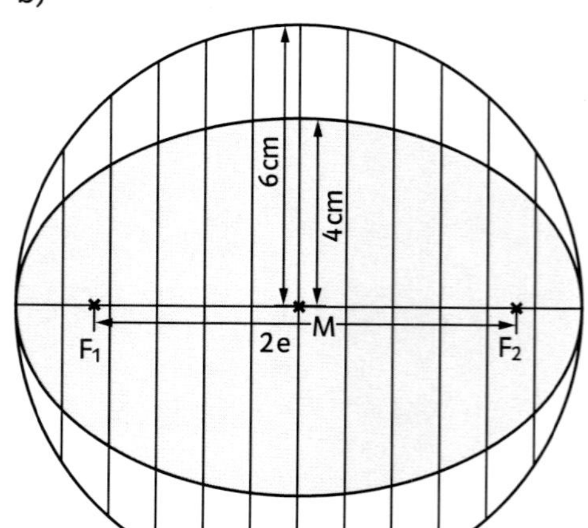

Maßstab 1:2

Die Brennpunkte F_1 bzw. F_2 liegen auf der großen Halbachse links bzw. rechts von M im Abstand von jeweils etwa 4,47 cm, denn es gilt:
$e = \sqrt{a^2 - b^2} = \sqrt{6^2 - 4^2}\,\text{cm} = \sqrt{20}\,\text{cm} \approx 4{,}47\,\text{cm}$.

2 a)

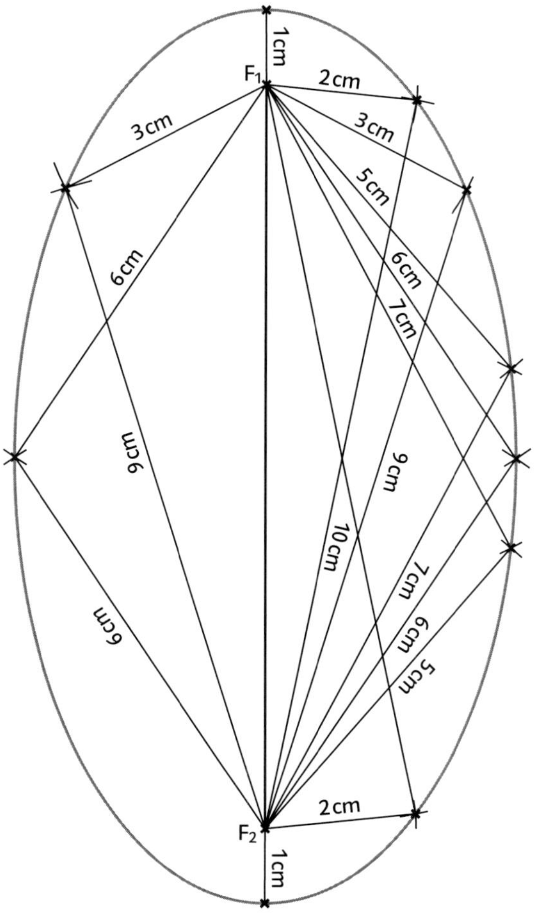

b) Aus $\overline{F_1F_2} = 2e = 10\,\text{cm}$ folgt $e = 5\,\text{cm}$.
Für die große Halbachse a gilt:
$a = \frac{d}{2} = \frac{\overline{PF_1} + \overline{PF_2}}{2} = 6\,\text{cm}$.
Aus $b^2 = a^2 - e^2$ folgt somit für die kleine Halbachse: $b = \sqrt{6^2 - 5^2}\,\text{cm} \approx 3{,}32\,\text{cm}$.

Seite 205

3 Für alle 15 möglichen Planetenpaare ist der Quotient $\frac{T_1^2}{T_2^2}$ annähernd genauso groß wie der Quotient $\frac{a_1^3}{a_2^3}$.
Beispiele:
Venus/Merkur
$\frac{T_1^2}{T_2^2} = \frac{0{,}6152^2}{0{,}2408^2} \approx 6{,}53$; $\frac{a_1^3}{a_2^3} = \frac{0{,}7233^3}{0{,}3871^3} \approx 6{,}52$
Jupiter/Erde
$\frac{T_1^2}{T_2^2} = \frac{11{,}8616^2}{1^2} \approx 140{,}70$; $\frac{a_1^3}{a_2^3} = \frac{5{,}2028^3}{1^3} = 140{,}84$
Saturn/Mars
$\frac{T_1^2}{T_2^2} = \frac{29{,}4563^2}{1{,}8808^2} \approx 245{,}29$; $\frac{a_1^3}{a_2^3} = \frac{9{,}5389^3}{1{,}5237^3} \approx 245{,}36$

4 a) Für die mittlere Sonnenentfernung r_1 des Neptuns ergibt sich zum Beispiel mithilfe der Erddaten:
$r_1^3 = \frac{T_1^2}{T_2^2} \cdot r_2^3 = \frac{165{,}49^2}{1^2} \cdot (1\,\text{AE})^3$, also $r_1 \approx 30{,}14\,\text{AE}$.

b) Für die Umlaufzeit T_2 des Uranus ergibt sich zum Beispiel mithilfe der Erddaten:
$T_1^2 = \frac{r_1^3}{r_2^3} \cdot T_2^2 = \frac{19{,}2809^3}{1^3} \cdot (1\,\text{Jahr})^2$, also $T_1 \approx 84{,}66$ Jahre.

Sachthema: Freiburg

Seite 208

z. B. Einwohnerzahl oder Fläche

Am 1.1.2008 betrug die Einwohnerzahl von Freiburg 219 430 Personen. Diese Zahl weicht gegenüber der im Lexikon angegebenen Zahl um etwa 8,7 % ab.

Im Wintersemester 2007/2008 gab es in Freiburg 27 713 Studenten. Wenn man davon ausgeht, dass die Studenten auch gleichzeitig Einwohner von Freiburg sind, erhält man als Wahrscheinlichkeit, dass unter den ersten 10 Menschen in Freiburg kein Student ist 26 %.

Seite 209

Die Erbauer des Münsters haben die Höhe noch in Ellen gemessen. In der alten Einheit betrug die Höhe 210 Ellen.

Der Turm wird genau unterhalb des „Turmhelmes" (in 130 Ellen Höhe) im Goldenen Schnitt geteilt:
$\frac{210}{130} = \frac{130}{80}$

Hinweis: Den Goldenen Schnitt findet man z. B. bei Gebäuden.

Rationale Zahlen kann man als abbrechende oder periodische Dezimalzahlen schreiben. Irrationale Zahlen sind Dezimalzahlen, die weder abbrechen noch periodisch sind. Man kann sie nicht als Bruchzahlen schreiben. Alle rationale und alle irrationale Zahlen zusammen heißen reelle Zahlen.

Ansatz: $x = \frac{a}{b}$ führt auf: $1 + \frac{1}{x} = x$.
Aus $x = 1 + \frac{1}{x}$ folgt die Gleichung $0 = x^2 - x - 1$ mit den irrationalen Lösungen $x_1 = \frac{1 + \sqrt{5}}{2}$ und $x_2 = \frac{1 - \sqrt{5}}{2}$. Damit ist auch das Verhältnis $\frac{a}{b}$ irrational.

Seite 210

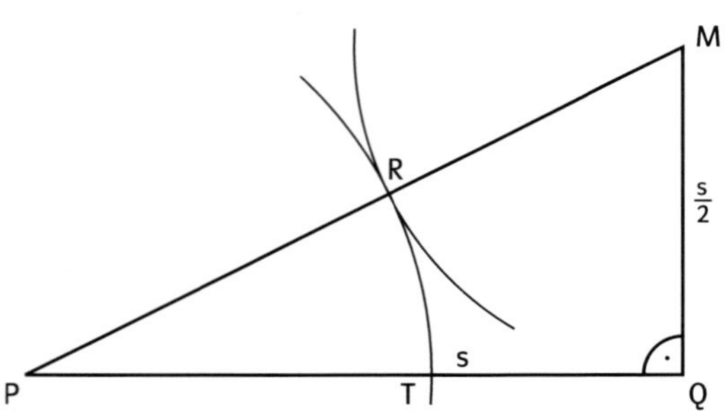

Der Winkel α beträgt ungefähr 20°.

Bei einer Entfernung von 40 m zum Turm beträgt die höchste begehbare Höhe des Münsters etwa 130 Ellen oder 70 Meter.

Würde man einen Gegenstand von einem höheren Gebäude fallen lassen, so könnte man unten stehende Personen verletzen.

Mit der Formel $h = 5t^2$ (h: Höhe in m; t: Zeit in s) würde der Gegenstand bei einer Flugzeit von 3 s von einer Höhe von 45 m fallen.
Bei einer Höhe von 113,40 m würde die Flugzeit des Gegenstandes etwa 4,8 s betragen.

Seite 211

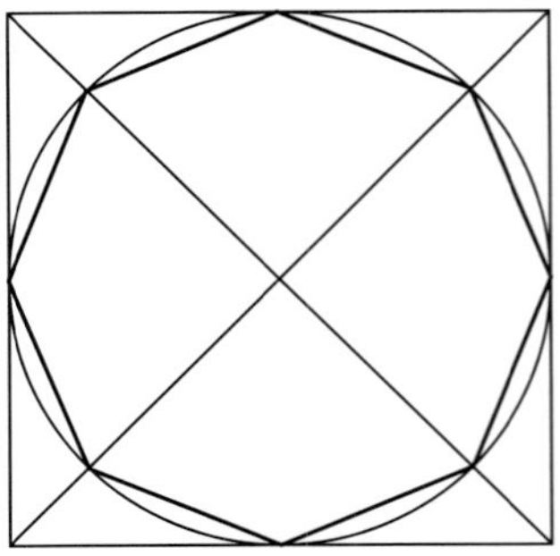

Die Seitenlänge des Achtecks beträgt ungefähr 8 Ellen.

Der Turmhelm ist 80 Ellen hoch. Die Verbindungsstreben sind 80,7 Ellen oder 43,6 m lang.

Individuelle Lösung

Als Schätzwert für die Oberfläche eines Pflastersteines kann man 43 cm^2 annehmen.

Mit der Fläche des Platzes F (in m^2) und der Anzahl der Pflastersteine a erhält man: $a = 232{,}5 \cdot F$.
Es handelt sich somit um eine lineare Funktion.
100 000 Steine benötigt man für eine Fläche von etwa 430 m^2.

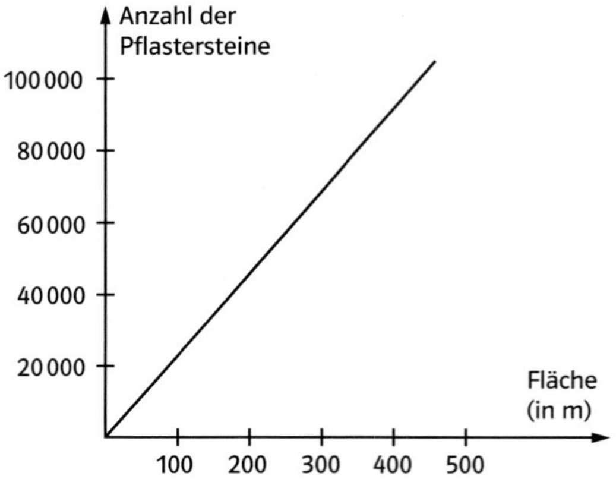

Wenn man von einer Fläche von 10 000 m^2 ausgeht, benötigt man etwa 2 325 000 Steine.

Individuelle Lösung

Seite 212

Die Höhe des Brückenbogens beträgt ungefähr 4,79 m.

Der Schwertransporter würde unter der Brücke durchfahren können. Allerdings müsste er dazu den Mittelstreifen (etwa 50 cm) überfahren.

Individuelle Lösung

Wenn das Bächle 30 cm breit ist und die Wasserhöhe 10 cm beträgt, würden bei einer Fließgeschwindigkeit von 0,6 m/s etwa 1555,2 m^3 oder 1 555 200 Liter durch das Bächle fließen.

Damit pro Tag etwa 4 Mio. Liter Wasser durch das Bächle fließen können, müsste es etwa 25,7 cm tief sein.

$x \approx 14{,}14$ cm

Individuelle Lösung

Seite 213

Die Wahrscheinlichkeit, dass man auf dem Weg von der Kronenbrücke bis zum Fahnenplatz an allen Ampeln höchstens einmal „rot“ vorfindet, beträgt 12,9 %. $(0{,}62^8 + 8 \cdot 0{,}62^7 \cdot 0{,}38)$

Die Wahrscheinlichkeit für „grün“ müsste bei beiden Ampeln etwa 70,7 % betragen.

Für Erwachsene lohnt sich die Punktekarte ab 8 Fahrten, für Kinder lohnt sich die Punktekarte nicht.

Für die Mutter ist der REGIO24-Fahrschein (1 Person und 4 Kinder) mit 4,60 € am günstigsten, vorausgesetzt, sie will auch wieder zurück fahren. Würde sie einzelne Fahrscheine kaufen, so müsste sie für Hin- und Rückfahrt 7,40 € bezahlen. Will sie allerdings nur hin- und nicht zurückfahren, dann sind Einzelfahrscheine mit 3,70 € am günstigsten.
Würde sie die Punktekarte benutzen, so bräuchte sie 30 Punkte, d. h. 6,80 €.

Das Taxi wäre für vier erwachsene Personen bis zu einer Strecke von etwa 3,2 km günstiger als die Straßenbahn.

Damit das Taxi bei einer 10 km langen Fahrt günstiger als die Straßenbahn (mit Einzelfahrscheinen) ist, müssten 9 Personen mitfahren.

Seite 214

Bei einer durchgehenden Geschwindigkeit von 30 m/s beträgt die maximale Energie für alle vier Windräder pro Jahr etwa 1,1 Milliarden kWh.

Bei einem Energieertrag von 3 000 000 kWh geht man von einer mittleren Geschwindigkeit von etwa 6,67 m/s aus.

Um den gesamten Energiebedarf von Freiburg zu decken, benötigt man bei einer Windgeschwindigkeit von 6,67 m/s etwa 304 Windkrafträder.

Die Gesamtfläche aller Photovoltaikanlagen von Freiburg wird etwa 29 167 m^2 betragen.

Um den gesamten Energiebedarf der Menschen zu decken, müsste die Photovoltaikanlage etwa $9 \cdot 10^{11}$ m^2 oder 900 000 km^2 groß sein.

Vorteile:
- keine Umweltbelastung durch Luft- oder Gewässerverschmutzung
- kein Rohstoffverbrauch
- geringe Gefahren im Betrieb

Nachteile:
- hohe Kosten in der Herstellung der Anlagen
- Energiegewinnung ist abhängig von Wind und Sonne
- große Flächen müssten mit den Anlagen bebaut werden.

Individuelle Lösung

Seite 215

Der Hahn wird etwa 13,6 m hoch sein. Der dazugehörige Schlauch ist vermutlich ungefähr 100 m lang.

Wenn man davon ausgeht, dass der Mensch 100 m groß ist und einen 13 m langen Schuh hat, dann wäre seine Schuhgröße etwa 1960.

Bei einem Durchmesser von 0,5 m würden pro Tag etwa 17 000 m^3 Wasser durch den Schlauch fließen.

Bei einem mittleren Abfluss von 21,3 m^3 pro Sekunde müsste die Fließgeschwindigkeit im Schlauch 108,5 m/s betragen.

Individuelle Lösung